ちくま学芸文庫

ワインバーグ量子力学講義 下

S・ワインバーグ

岡村 浩 訳

筑摩書房

LECTURES ON QUANTUM MECHANICS
Second Edition
by Steven Weinberg
Copyright © Cambridge University Press 2015
Japanese translation published by arrangement
with Cambridge University Press
through The English Agency (Japan) Ltd.

目　次

上巻目次

ワインバーグ量子力学講義　下

凡　例

・本書は Steven Weinberg, *Lectures on Quantum Mechanics* の邦訳である．初版は 2013 年に Cambridge University Press より刊行され，2015 年に同出版社から第 2 版が刊行された．初版と第 2 版の違いはワインバーグみずからが「序文」で述べているとおりである．この邦訳は第 2 版を底本とした．

・原書に散見された数式の誤植等は，邦訳の際に可能な限り修正した．とりわけ単位ベクトルを表すハット付き記号は，原書では細字イタリック体（$\hat{a}, \hat{b}$ など）と太字ローマン体（$\hat{\mathbf{a}}, \hat{\mathbf{b}}$ など）とが混在しているが，巻頭に付された「記号について」の表記に従い，後者で統一した．

・本文中の (1), (2), (3) ... は原注，[1], [2], [3] ... は訳注である．原注は各節の末尾にまとめ，訳注は該当ページに脚注として掲載した．

第6章　時間に依存する場合の近似法

　系が外部から孤立していれば，ハミルトニアンは時間に
依存しない．だが，孤立していなくて，時間に依存する外
場に影響されるような量子力学的な系を取り扱わねばなら
ないことがしばしばある．その場合，これらの場との相互
作用を表す部分のハミルトニアンは時間に依存する．物理
的状態はもはや決まったエネルギーで特徴づけられないか
ら，束縛状態のエネルギーの摂動の計算には興味がない．
興味があるのは，量子的な系が何らかの意味で変化する率
を計算することである．そのような計算は最も単純な場合
にしか正確に行えないから，ここでもまた近似法を考えね
ばならない．その中で最も簡単で最も多方面に使えるのは
摂動論である．

6.1　1次の摂動論

　次のようなハミルトニアンを考える．

$$H(t) = H_0 + H'(t). \qquad (6.1.1)$$

H_0 は外場のないときの系のハミルトニアンで，時間に依
存しない．$H'(t)$ は時間に依存する小さな摂動である．系
の状態ベクトル Ψ は時間に依存する場合のシュレーディ

ンガー方程式

$$i\hbar \frac{d\Psi(t)}{dt} = H(t)\Psi(t) \qquad (6.1.2)$$

を満足する．摂動がない場合の，時間に依存しない状態ベクトルの完全直交系

$$H_0\Psi_n = E_n\Psi_n, \quad (\Psi_n, \Psi_m) = \delta_{nm} \qquad (6.1.3)$$

を用意して，$\Psi(t)$ を Ψ_n で展開する．

$$\Psi(t) = \sum_n c_n(t) \exp(-iE_n t/\hbar)\Psi_n. \qquad (6.1.4)$$

$c_n(t)$ は時間に依存する係数で，後の便宜のために $\exp(-iE_n t/\hbar)$ という因子を抜き出してある．摂動 $H'(t)$ を Ψ_n に作用させた結果は，それ自体 Ψ_m で展開される．

$$H'(t)\Psi_n = \sum_m \Psi_m \big(\Psi_m, H'(t)\Psi_n\big)$$

時間に依存するシュレーディンガー方程式 (6.1.2) は

$$\sum_n \left[i\hbar \frac{dc_n(t)}{dt} + E_n c_n(t) \right] \exp(-iE_n t/\hbar)\Psi_n$$
$$= \sum_n c_n(t) \left[E_n \Psi_n + \sum_m H'_{mn}(t)\Psi_m \right] \exp(-iE_n t/\hbar)$$

となる．但し

$$H'_{mn}(t) = \big(\Psi_m, H'(t)\Psi_n\big)$$

である．E_n に比例する項は両辺で打ち消し合う．右辺でラベル m と n を交換し，両辺の Ψ_n の係数を等しいとおくと $c_n(t)$ についての微分方程式

$$i\hbar\frac{dc_n(t)}{dt} = \sum_m H'_{nm}(t)c_m(t)\exp\bigl(i(E_n - E_m)t/\hbar\bigr)$$

$$(6.1.5)$$

が得られる.

　ここまでは厳密である. $c_n(t)$ の変化率 (6.1.5) は摂動に比例するから, この摂動の1次の近似では右辺の $c_m(t)$ を, 定数（ある決まった時刻の $c_m(t)$ の値）で置き換えてよい. その時刻を仮に $t=0$ としよう. そうすると解は

$$c_n(t) \simeq c_n(0) - \frac{i}{\hbar}\sum_m c_m(0)$$

$$\times \int_0^t dt' H'_{nm}(t')\exp\bigl(i(E_n - E_m)t'/\hbar\bigr) \quad (6.1.6)$$

となる. 高次の近似はこの手続きを逐次的に繰り返すと得られる.

　以下では, 摂動論の使われ方と得られる結果は, $H'(t)$ に想定する時間依存性の種類によって決定的に違うことがわかるであろう. 二つの場合を考える. 一つは単色の摂動, すなわち, $H'(t)$ は単一の振動数で振動する場合である. もう一つはランダムなゆらぎである. そこでは $H'(t)$ が確率的な変数であるが, その統計的な性質は時間と共に変化しないとする.

6.2　単色の摂動

　振動数 $\omega/2\pi$ が一つに限られている弱い摂動

$$H'(t) = -U \exp(-i\omega t) - U^\dagger \exp(i\omega t) \qquad (6.2.1)$$

の場合に限ろう。ω は正とする。式 (6.1.6) の中の積分は簡単で，式 (6.1.4) の中の係数 $c_n(t)$ の 1 次の解

$$c_n(t) = c_n(0)$$

$$+ \sum_m U_{nm} c_m(0) \left[\frac{\exp\big(i(E_n - E_m - \hbar\omega)t/\hbar\big) - 1}{E_n - E_m - \hbar\omega} \right]$$

$$+ \sum_m U_{mn}^* c_m(0) \left[\frac{\exp\big(i(E_n - E_m + \hbar\omega)t/\hbar\big) - 1}{E_n - E_m + \hbar\omega} \right]$$

$$(6.2.2)$$

を与える。特に，$t = 0$ で $c_1(0) = 1$ 以外の $c_n(t)$ がすべて 0 だとすると，$n \neq 1$ についての振幅 $c_n(t)$ は

$$c_n(t) = U_{n1} \left[\frac{\exp\big(i(E_n - E_1 - \hbar\omega)t/\hbar\big) - 1}{E_n - E_1 - \hbar\omega} \right]$$

$$+ U_{1n}^* \left[\frac{\exp\big(i(E_n - E_1 + \hbar\omega)t/\hbar\big) - 1}{E_n - E_1 + \hbar\omega} \right] \qquad (6.2.3)$$

となる。

式 (6.2.3) の二つの項は $t = 0$ で共に 0 であり，それからしばらくは t に比例して増加する。第 1 項と第 2 項は，t が $|(E_n - E_1)/\hbar - \omega|^{-1}$ のオーダー（第 1 項）または $|(E_n - E_1)/\hbar + \omega|^{-1}$ のオーダー（第 2 項）になると増加が終わり，その後は項は振動するが成長することはない。興味深いのは，終状態のエネルギーが $E_1 + \hbar\omega$ と $E_1 - \hbar\omega$ のどちらかに近くて，項 (6.2.3) の二つの項の一つが長い間成長し続けられる場合である。エネルギーの吸収の場合，すなわち $E_n \simeq E_1 + \hbar\omega$ の場合は第 2 項は第

1項よりもずっと早く成長が止まり，結果的に後の時間には第1項に比べて無視できるようになる．したがって

$$c_n(t) \to U_{n1}\left[\frac{\exp(i(E_n - E_1 - \hbar\omega)t/\hbar) - 1}{E_n - E_1 - \hbar\omega}\right]$$

となる．すると十分長い時間 t の後に系が $n \neq 1$ の状態にある確率は

$$|(\Psi_n, \Psi)|^2 = |c_n(t)|^2$$

$$\simeq 4|U_{n1}|^2 \frac{\sin^2\big((E_n - E_1 - \hbar\omega)t/2\hbar\big)}{(E_n - E_1 - \hbar\omega)^2}$$

$$(6.2.4)$$

となる．さて，長い時間 $t \to \infty$ について

$$\frac{2\hbar\sin^2(Wt/2\hbar)}{\pi t W^2} \to \delta(W) \qquad (6.2.5)$$

と近似できる．なぜならこの関数は $W \neq 0$ なら $t \to \infty$ とすると $1/t$ のように0になる一方，$W = 0$ で大きくなり，

$$\int_{-\infty}^{\infty} \frac{2\hbar\sin^2(Wt/2\hbar)}{\pi t W^2} dW = \frac{1}{\pi}\int_{-\infty}^{\infty} \frac{\sin^2 u}{u^2} du = 1$$

が成り立つからである．したがって t が大きいとき，式 (6.2.4) から

$$|c_n(t)|^2 = 4|U_{n1}|^2 \left(\frac{\pi t}{2\hbar}\right)\delta(E_1 + \hbar\omega - E_n)$$

となり，状態 n への単位時間あたりの遷移確率（遷移率）は

$$\Gamma(1 \to n) \equiv |c_n(t)|^2/t$$
$$= \frac{2\pi}{\hbar}|U_{n1}|^2\delta(E_1 + \hbar\omega - E_n) \qquad (6.2.6)$$

となる．これはしばしば**フェルミの黄金則**と呼ばれる公
式である．刺激によるエネルギーの放出の場合で，$\hbar\omega$ が
$E_1 - E_n$ に近い場合には上式でなく

$$\Gamma(1 \to n) = \frac{2\pi}{\hbar}|U_{1n}|^2\delta(E_n + \hbar\omega - E_1)$$

である．

　ここまで，終状態 n が離散的であるかのように取り扱
ってきた．状態 n が（原子のイオン化によって現れた自
由な電子の場合のように）連続スペクトルの一部である場
合に式（6.2.6）を使うためには，系全体が大きな箱の中
に置かれていると想像すればよい．箱の壁のような人工的
な効果を避けるためには**周期的境界条件**を採用するのが便
利である．すなわち，波動関数が三つのデカルト座標のい
ずれについても $x_i \to x_i + L_i$ の並進で値が変わらないと
いう条件である．ここで L_i は大きな長さで，最終的には
無限大ととる．すると自由な粒子の規格化された波動関数
は

$$\frac{\exp(i\mathbf{p}\cdot\mathbf{x}/\hbar)}{\sqrt{L_1 L_2 L_3}} \qquad (6.2.7)$$

の形をとる．$\mathbf{p}$ の成分は n_1, n_2, n_3 を任意の正または負の
整数として，

$$p_i = \frac{2\pi\hbar n_i}{L_i} \tag{6.2.8}$$

に制限されている. 自由粒子の状態 n について遷移率
(6.2.6) の総和をとることは, 実際は n_1, n_2, n_3 につい
ての和をとることになる. さて式 (6.2.8) によれば, 範
囲 $\Delta p_i \gg \hbar/L_i$ の中の n_i の数は $L_i \Delta p_i/2\pi\hbar$ である. し
たがって運動量空間の体積要素 $d^3 p = \Delta p_1 \Delta p_2 \Delta p_3$ の中
の状態全体の数は $d^3 p L_1 L_2 L_3/(2\pi\hbar)^3$ である. 遷移率
(6.2.6) を連続的な状態について総和をとるには, その状
態にある各自由粒子について遷移率を $L_1 L_2 L_3/(2\pi\hbar)^3$ 倍
したうえで, 運動量について積分すればよい. あるいはそ
れと等価なのは, 状態 n の中の各々の自由粒子の行列要
素 U_{n1} に余計な因子 $\sqrt{L_1 L_2 L_3}/(2\pi\hbar)^{3/2}$ をあらかじめか
けておくことである. しかし, 行列要素 U_{n1} はまた状態
n の中の各々の自由粒子について, 波動関数 (6.2.7) か
らの $1/\sqrt{L_1 L_2 L_3}$ の因子を含むから, 体積の因子は打ち消
し合い, 因子 $(2\pi\hbar)^{-3/2}$ だけが各々の自由粒子について
残る. したがって, 遷移率 (6.2.6) を連続的な状態につ
いて足し上げるには, 体積の因子や離散的な和は気にせ
ず, 終状態の自由粒子の運動量について, 運動量の積分を
とればよい. その際, 波動関数は式 (6.2.7) ではなく,

$$\frac{\exp(i\mathbf{p}\cdot\mathbf{x}/\hbar)}{(2\pi\hbar)^{3/2}} \tag{6.2.9}$$

とする. これが自由粒子の波動関数 (3.5.12) である.
規格化の因子はスカラー積 (3.5.13) を与えるように選

んである.（あるいは, 運動量の代わりに波数で積分して
もよいが, そのときは式 (6.2.9) の中で $\hbar$ の3/2乗を落
としておかなければならない.）

式 (6.2.6) の中のデルタ関数は自由粒子のエネルギー
の和を定めるので, 残るのは角度およびエネルギー比の有
限の積分である. その例は次節に与える.

6.3　電磁場によるイオン化

単色の摂動の場合の時間に依存する摂動論を使用する
例として, 光の波の中の水素原子の基底状態を考えよう.
5.3節と同様に, 光の波長がボーア半径 a よりもずっと大
きければ摂動ハミルトニアンは原子の位置の電場だけに依
存する. 電場は, 平面の偏光の場合,

$$\mathbf{E} = \boldsymbol{\mathcal{E}} \exp(-i\omega t) + \boldsymbol{\mathcal{E}}^* \exp(i\omega t) \tag{6.3.1}$$

の形をとる. $\boldsymbol{\mathcal{E}}$ は一定である.（電場だけを考える, なぜ
なら電磁波の中の非相対論的な荷電粒子に対して, 磁気力
は電気力に対して粒子の速度と光速の比のオーダー程度小
さいからである.）するとハミルトニアンの中の摂動は

$$H'(t) = e\boldsymbol{\mathcal{E}} \cdot \mathbf{X} \exp(-i\omega t) + e\boldsymbol{\mathcal{E}}^* \cdot \mathbf{X} \exp(i\omega t) \tag{6.3.2}$$

である. $\mathbf{X}$ は電子の位置の演算子である. $\boldsymbol{\mathcal{E}}$ が第3軸の
方向にあり, 大きさが $\mathcal{E}$ だとすると, 式 (6.2.1) の中の
U は

$$U = -e\mathcal{E} X_3 \tag{6.3.3}$$

である. この摂動の, 二つの状態の波動関数の間の行列要
素を計算する必要がある. 一方は, 水素原子の基底状態の

規格化された波動関数

$$\psi_{1s}(\mathbf{x}) = \frac{\exp(-r/a)}{\sqrt{\pi a^3}} \qquad (6.3.4)$$

(a は式 (2.3.19) で与えられ, $a = \hbar^2/m_e e^2 = 0.529 \times 10^{-8}\text{cm}$) である. もう一方は運動量 $\hbar\mathbf{k}_e$ の自由な電子の波動関数で前節の通り

$$\psi_e(\mathbf{x}) = (2\pi\hbar)^{-3/2} \exp(i\mathbf{k}_e \cdot \mathbf{x}) \qquad (6.3.5)$$

と規格化されている.

　放出された電子を自由粒子として取り扱ってよいのは, それが水素原子の束縛エネルギーよりずっと大きいエネルギーをもっている場合に限る. さもなければ式 (6.3.5) のかわりに陽子のクーロン場の中の束縛されていない電子の波動関数を使わなければならない. 水素原子の束縛エネルギーと, 水素原子核の反跳のエネルギーを無視すると, 光の波数を k_γ としたとき, 放出された電子のエネルギーは光子のエネルギー $\hbar c k_\gamma$ に等しく, 一方水素原子の束縛エネルギー (2.3.20) は $e^2/2a$ であるから, 式 (6.3.5) を使うためには

$$k_\gamma a \gg e^2/2\hbar c \simeq 1/274 \qquad (6.3.6)$$

と仮定している. 光の波長が原子の寸法よりずっと大きいという仮定は $k_\gamma a \ll 1$ を要求するだけなので, この二つの仮定は矛盾しないことに注意しよう.

　摂動 (6.3.3) の波動関数 (6.3.4) と (6.3.5) との間の行列要素は

$$U_{e,1s} = -\frac{e\mathcal{E}}{(2\pi\hbar)^{3/2}\sqrt{\pi a^3}} \int d^3x\, e^{-i\mathbf{k_e}\cdot\mathbf{x}} x_3 \exp(-r/a)$$

$$(6.3.7)$$

である．ここの角度積分は一般に

$$\int d^3x\, e^{-i\mathbf{k}\cdot\mathbf{x}} f(r) = \frac{1}{k}\int_0^\infty 4\pi r f(r)\sin kr\, dr$$

であることを思い出して行うことができる．この式を k_3
について微分すると

$$-i\int d^3x\, e^{-i\mathbf{k}\cdot\mathbf{x}} f(r)x_3$$
$$= \frac{k_3}{k^3}\int_0^\infty 4\pi r f(r)[-\sin kr + kr\cos kr]\,dr$$

である．これを式（6.3.7）に適用すると

$$U_{e,1s} = \frac{4\pi ie\mathcal{E}k_{e3}}{k_e^3(2\pi\hbar)^{3/2}\sqrt{\pi a^3}}$$
$$\times \int_0^\infty \exp(-r/a)[\sin k_e r - k_e r\cos k_e r]r\,dr.$$

$$(6.3.8)$$

ここの積分は

$$\int_0^\infty \exp(-r/a)[\sin k_e r - k_e r\cos k_e r]r\,dr = \frac{8k_e^3 a^5}{(1+k_e^2 a^2)^3}$$

となる．終状態の電子のエネルギー $\hbar^2 k_e^2/2m_e$ は光子の
エネルギー $\hbar c k_\gamma$ と等しいので

$$k_e^2 a^2 \simeq \frac{2m_e c k_\gamma a^2}{\hbar} = 2k_\gamma a \cdot \frac{\hbar c}{e^2}$$

となる. これは式 (6.3.6) によると 1 よりずっと大きい
から, 式 (6.3.8) により

$$U_{e,1s} = \frac{8\sqrt{2}\,ie\mathcal{E}\cos\theta}{\pi\hbar^{3/2}k_e^5 a^{5/2}} \qquad (6.3.9)$$

となる. ここで θ は $\mathbf{k}_e$ と電場の偏極の方向 (ここでは 3
軸の方向) との角度である.

　式 (6.2.6) によると, イオン化率の微分は

$$d\Gamma(1s \to \mathbf{k}_e)$$

$$= \frac{2\pi}{\hbar}|U_{e,1s}|^2\delta(\hbar ck_\gamma - E_e)\hbar^3 k_e^2\, dk_e\, d\Omega \quad (6.3.10)$$

である. $E_e = \hbar^2 \mathbf{k}_e^2 / 2m_e$ である. $d\Omega = \sin\theta\, d\theta\, d\phi$ は終
状態の電子の立体角の微小要素であり, したがって
$\hbar^3 k_e^2\, dk_e\, d\Omega$ は終状態の電子の運動量空間の体積要素で
ある. (我々の仮定 (6.3.6) に呼応して, デルタ関数の
中で水素の束縛エネルギー, および非常に小さい水素原子
核の反跳のエネルギーを E_e に比べて無視してある.) さ
て, $dk_e = m_e dE_e / \hbar^2 k_e$ なので, k_e についての積分の中
の $dE_e \delta(\hbar\omega - E_e)$ の効果により, k_e はエネルギーの保存
則から要請される値

$$\hbar k_e = \sqrt{2m_e\hbar ck_\gamma} \qquad (6.3.11)$$

に定まる. したがってイオン化率の微分は

$$\frac{d\Gamma(1s \to \mathbf{k}_e)}{d\Omega} = 2\pi m_e k_e |U_{e,1s}|^2. \qquad (6.3.12)$$

k_e は式 (6.3.11) で与えられる. 式 (6.3.9) を式 (6.3.
12) の中で使うと, イオン化率の微分の最終の公式は

$$\frac{d\Gamma(1s \to \mathbf{k}_e)}{d\Omega} = \frac{256e^2\mathcal{E}^2 m_e \cos^2\theta}{\pi\hbar^3 k_e^9 a^5} \qquad (6.3.13)$$

となる. これは光の波数が

$$\frac{1}{274} \ll k_\gamma a \ll 1 \qquad (6.3.14)$$

の範囲にあるときに成り立つ.

6.4 ゆらぎのある摂動

6.2節で議論した単色の摂動は, 離散的な状態と連続的な状態との有限な遷移率を生み出すことができる. 6.3節で議論したイオン化の過程はその一例である. しかし, 単色の振動は摂動の振動数を厳密に調節しない限り, 離散的な状態どうしの遷移を引き起こすことはできない. (系を発展させるまでにかかる時間 t に比べて短い時間しか続かない摂動の場合には, 振動数分布の幅が $1/t$ に比べて大きくなるので正確な同調は不必要である. しかし, もちろんその場合, 6.1節で $|c_n(t)|^2$ と書いた遷移確率は, 摂動が終わったら増加しないので, 単位時間あたりの遷移確率 (遷移率) を考えることはできない.) しかしながら, 広い範囲の振動数を覆い, したがって離散的な状態の間の遷移を生み出すために正確な同調を必要としないが, それにもかかわらず, 遷移確率が経過時間に比例するので遷移率が有限である摂動が存在する. それはランダムにゆらぐが, その統計的な性質が時間と共に変化しない場合の摂動である.

　具体的に，二つの異なる時刻の摂動の相関が時間差だけに依存し，時間そのものには依存しない，すなわち

$$\overline{H'_{nm}(t_1)H'^{*}_{nm}(t_2)} = f_{nm}(t_1-t_2) \tag{6.4.1}$$

という場合を考えよう[1]．ここで式の上の線はゆらぎについての平均であることを示す．この種のゆらぎを**定常的**であると呼ぶ．

　$c_n(0) = \delta_{n1}$ の場合，式（6.1.6）により $n \neq 1$ の状態への遷移確率は

$$|c_n(t)|^2 = \frac{1}{\hbar^2}\int_0^t dt_1 \int_0^t dt_2 H'_{n1}(t_1)H'^{*}_{n1}(t_2)$$
$$\times \exp\big(i(E_n-E_1)(t_1-t_2)/\hbar\big) \tag{6.4.2}$$

となる．したがって平均の遷移確率は

$$\overline{|c_n(t)|^2} = \frac{1}{\hbar^2}\int_0^t dt_1 \int_0^t dt_2 f_{n1}(t_1-t_2)$$
$$\times \exp\big(i(E_n-E_1)(t_1-t_2)/\hbar\big) \tag{6.4.3}$$

である．相関関数 f_{nm} をフーリエ変換して書くことができる．

$$f_{nm}(t) = \int_{-\infty}^{\infty} d\omega F_{nm}(\omega)\exp(-i\omega t) \tag{6.4.4}$$

すると式（6.4.3）は

---

[1] ここの $f_{nm}(t_1-t_2)$ は f_{nm} が t_1-t_2 の関数であることを意味する．

$$\overline{|c_n(t)|^2} = \frac{1}{\hbar^2} \int_{-\infty}^{\infty} d\omega F_{n1}(\omega)$$
$$\times \left| \int_0^t dt_1 \exp[i((E_n - E_1)/\hbar - \omega)t_1] \right|^2$$
$$= 4 \int_{-\infty}^{\infty} d\omega F_{n1}(\omega) \frac{\sin^2[(E_n - E_1 - \hbar\omega)t/2\hbar]}{(E_n - E_1 - \hbar\omega)^2}$$
$$(6.4.5)$$

となる. 式 (6.2.5) のように時間の大きいとき,

$$\frac{2\hbar \sin^2(Wt/2\hbar)}{\pi t W^2} \to \delta(W) = \frac{1}{\hbar}\delta(W/\hbar) \qquad (6.4.6)$$

と近似できるので, 式 (6.4.5) から遷移率は

$$\Gamma(1 \to n) \equiv \frac{\overline{|c_n(t)|^2}}{t} = \frac{2\pi}{\hbar^2}F_{n1}((E_n - E_1)/\hbar) \quad (6.4.7)$$

となる. この結果は次節で応用する.

6.5 輻射の吸収と励起放出

前節の一般的な結果の例として, 光子ガスのように, ゆらぎのある電場の中の原子を考えよう. 原子の状態 $1 \to n$ の遷移を引き起こすゆらぎの振動数 $\omega/2\pi$ は $(E_n - E_1)/\hbar$ に等しいので, 空間の中で電場が変動する範囲の規模のオーダーは $c/|\omega| = \hbar c/|E_n - E_1|$ である. これは典型的には数千オングストロームであって, 典型的な原子の寸法の 2〜3 オングストロームに比べてずっと大きい. したがってここで, 式 (5.3.1) のように摂動を

$$H'_{nm}(t) = e \sum_N \left[\mathbf{x}_N\right]_{nm} \cdot \mathbf{E}(t) \qquad (6.5.1)$$

とするのは良い近似である．ここで $\mathbf{E}$ は原子の位置での
電場であり，原子の中の電子についての和をとり，

$$\left[\mathbf{x}_N\right]_{nm} = (\Psi_n, \mathbf{X}_N \Psi_m)$$

$$= \int \psi_n^*(x)\mathbf{x}_N\psi_m(x) \prod_M d^3x_M \qquad (6.5.2)$$

である．

電場のゆらぎは

$$\overline{E_i(t_1)E_j(t_2)} = \delta_{ij} \int_{-\infty}^{\infty} d\omega\, \mathcal{P}(\omega) \exp\bigl(-i\omega(t_1-t_2)\bigr)$$

$$(6.5.3)$$

の形の相関があると仮定する．（これを δ_{ij} に比例させる
に当たって，電場には特定の方向がないと仮定している．
δ_{ij} は座標系の特定の方向をもたない最も一般なテンソル
である．）左辺は実数で，t_1 と i の組と t_2 と j の組の交換
について対称的であるから，

$$\mathcal{P}(\omega) = \mathcal{P}(-\omega) = \mathcal{P}^*(\omega) \qquad (6.5.4)$$

である．すると摂動ハミルトニアンの相関関数は

$$\overline{H'_{nm}(t_1)H'^*_{nm}(t_2)}$$

$$= e^2 \left|\sum_N \left[\mathbf{x}_N\right]_{nm}\right|^2 \int_{-\infty}^{\infty} d\omega\, \mathcal{P}(\omega) \exp\bigl(-i\omega(t_1-t_2)\bigr)$$

$$(6.5.5)$$

となる．すなわち，式 (6.4.1) と式 (6.4.4) で導入し

た関数 $F_{nm}(\omega)$ は

$$F_{nm}(\omega) = e^2 \left| \sum_N [\mathbf{x}_N]_{nm} \right|^2 \mathcal{P}(\omega) \qquad (6.5.6)$$

である. そうすると式（6.4.7）は原子が $m=1$ の始状態
から高エネルギーまたは低エネルギーの状態 n への遷移
率を与える.

$$\Gamma(1 \rightarrow n) = \frac{2\pi e^2}{\hbar^2} \left| \sum_N [\mathbf{x}_N]_{n1} \right|^2 \mathcal{P}(\omega_{n1}). \qquad (6.5.7)$$

ここで $\omega_{nm} = (E_n - E_m)/\hbar$ である.

　関数 $\mathcal{P}(\omega)$ はゆらぎのある場のエネルギーの振動数分
布と関係がある. 輻射の中では磁場 $\mathbf{B}$ の大きさと電場 $\mathbf{E}$
の大きさは等しいので, エネルギー密度は（非有理化静
電単位で）$[\mathbf{E}^2 + \mathbf{B}^2]/8\pi = \mathbf{E}^2/4\pi$ である. $t_1 = t_2$ とし,
式（6.5.3）の中で $i = j$ について和をとると, 輻射のエ
ネルギー密度の平均

$$\rho = \frac{1}{4\pi} \overline{\mathbf{E}^2(t)} = \frac{3}{4\pi} \int_{-\infty}^{\infty} d\omega\, \mathcal{P}(\omega)$$

$$= \frac{3}{2\pi} \int_0^{\infty} d\omega\, \mathcal{P}(\omega) \qquad (6.5.8)$$

が求められる. したがって角振動数 $|\omega|$ と $|\omega| + d|\omega|$ の
間のエネルギー密度は $\frac{3}{2\pi} \mathcal{P}(|\omega|)\, d|\omega|$ である. 第1章で
引用された結果と比較するために, これを振動数 $\nu =$
$|\omega|/2\pi$ についてのエネルギー分布に変換しよう. 振動数
ν と $\nu + d\nu$ の間のエネルギー密度は

$$\rho(\nu)d\nu = \frac{3}{2\pi}\mathcal{P}(|\omega|)d|\omega| = 3\mathcal{P}(2\pi\nu)d\nu \qquad (6.5.9)$$

であるから，式（6.5.7）を

$$\Gamma(1 \to n) = \frac{2\pi e^2}{3\hbar^2}\left|\sum_N [\mathbf{x}_N]_{n1}\right|^2 \rho(\nu_{n1}) \qquad (6.5.10)$$

と書くことができる．ここで $\nu_{nm} = |\omega_{nm}|/2\pi = |E_n - E_m|/h$ である．1.2節で見たように，アインシュタインは定数 B_1^n を吸収の率（$E_n > E_1$ の場合）または励起放出の率（$E_1 > E_n$ の場合）の $\rho(\nu_{n1})$ の係数として導入した．どちらの場合も

$$B_1^n = \frac{2\pi e^2}{3\hbar^2}\left|\sum_N [\mathbf{x}_N]_{n1}\right|^2 \qquad (6.5.11)$$

である．水素またはアルカリ金属では，輻射と相互作用するのは本質的に１個の電子であるから，上記の式はお馴染みの

$$B_1^n = \frac{2\pi e^2}{3\hbar^2}|[\mathbf{x}]_{n1}|^2 \qquad (6.5.12)$$

の形になる．これは式（1.4.6）と一致する．式（1.4.6）は歴史的には帯電した振動子からの輻射の古典的な輻射の公式（1.4.1）と，そのような輻射と黒体輻射が平衡を保つという考察から得られた関係（1.2.16）から導出された．歴史的な導出は今や逆にたどることができる．式（6.5.11）と式（1.2.16）を使って，$1 \to n$ の自発的な放出の率の公式（1.4.5）を古典電磁気学とのアナロジーに頼らずに導くことができる．すなわち，

$$A_1^n = \frac{4e^2|\omega_{n1}|^3}{3c^3\hbar}|[\mathbf{x}]_{n1}|^2 \qquad (6.5.13)$$

である．この導出は 1926 年にディラック[1]によって初め
て与えられた．同じ結果を，11.7 節で原子と量子化され
た電磁場との相互作用を考えることにより直接的な計算で
求める．

原　注
(1) P. A. M. Dirac, *Proc. Roy. Soc.* A **112**, 661 (1926).

6.6　断熱近似

ハミルトニアンが一つまたは複数のパラメーターの関数
$H[s]$ であるとする．パラメーターをまとめて s と呼ぶと
き，s が時間のゆっくり変化する関数 $s(t)$ である場合が
ある[1]．例えば，ゆるやかに変動している磁場の中のス
ピンを考えよう．$s(t)$ は磁場の三つの成分から成る．そ
のような場合，時間に依存するシュレーディンガー方程式
の解をいわゆる**断熱近似**[2]を使って求めることができる．

任意の s について，$H[s]$ の完全規格化された固有状態
$\Phi_n[s]$ の組を見出すことができる．固有値は $E_n(s)$ であ
る．

$$H[s]\Phi_n[s] = E_n[s]\Phi_n[s], \quad (\Phi_n[s], \Phi_m[s]) = \delta_{nm}. \qquad (6.6.1)$$

$\Phi_n[s]$ と $\Phi_n[s']$ は任意のパラメーターの対 s と s' につ
いて共に完全な直交規格化状態の組を形成するから，両者

はユニタリー変換で関係づけられる. 特に $t=0$ での $s(t)$ の初期値に $s(0)=s_0$ というラベルをつけると，次のようなユニタリー変換 $U[s]$ が存在する.

$$\begin{cases} \Phi_n[s] = U[s]\Phi_n[s_0], \\ U[s]^{-1} = U[s]^\dagger, \quad U[s_0] = 1. \end{cases} \quad (6.6.2)$$

ここで $U[s]$ はダイアドの和で

$$U[s] = \sum_n \left[\Phi_n[s]\Phi_n^\dagger[s_0] \right] \quad (6.6.3)$$

である.

ハミルトニアンを

$$\widetilde{H}[s] \equiv U[s]^\dagger H[s]U[s] \quad (6.6.4)$$

のように変換すると，その固有値は s に依存するが，固有状態は s に依存しない.

$$\widetilde{H}[s]\Phi_n[s_0] = E_n[s]\Phi_n[s_0]. \quad (6.6.5)$$

つまり，任意の演算子 O について

$$O_{nm} \equiv (\Phi_n[s_0], O\Phi_m[s_0]) \quad (6.6.6)$$

と定義するなら，変換されたハミルトニアンはこの基底で

$$\widetilde{H}_{nm}[s] = E_n[s]\delta_{nm} \quad (6.6.7)$$

と書ける.

時間に依存するシュレーディンガー方程式

$$i\hbar\frac{d}{dt}\Psi(t) = H[s(t)]\Psi(t) \quad (6.6.8)$$

は，

$$i\hbar\frac{d}{dt}\widetilde{\Psi}(t) = \left\{ \widetilde{H}[s(t)] + \Delta(t) \right\}\widetilde{\Psi}(t) \quad (6.6.9)$$

の形に書ける．ここで

$$\widetilde{\Psi}(t) \equiv U[s(t)]^{\dagger}\Psi(t) \qquad (6.6.10)$$

および

$$\Delta(t) \equiv i\hbar \left[\frac{d}{dt}U[s(t)]\right]^{\dagger}U[s(t)] \qquad (6.6.11)$$

である．U はユニタリーなので $\dot{U}^{\dagger}U + U^{\dagger}\dot{U} = 0$ であり，したがって Δ はエルミートであることに注意しよう．

ここで，$\Delta(t)$ は $H[s(t)]$ の固有ベクトルの変化率と関係した量なので，変化率に関係しない $\widetilde{H}[s(t)]$ と比べて無視したくなるかもしれない．しかしそれは正当化されない．なぜならハミルトニアンのパラメーター $s(t)$ の発展がどんなにゆっくりだとしても，私たちとしては，$s(t)$ の変化の分量が無視できなくなる時間まで微分方程式 (6.6.9) を積分したいからである．時間間隔が長いのだから，どんなに小さくても，一般に $\Delta(t)$ を無視してはならない．

この点に対処するため，もう一つユニタリー変換を行う．ユニタリー演算子 $V(t)$ を微分方程式

$$i\hbar\frac{d}{dt}V(t) = \widetilde{H}[s(t)]V(t) \qquad (6.6.12)$$

および初期条件 $V(0) = 1$ で定義する．解は基底 (6.6.6) のもとでは簡単であって

$$V_{nm}(t) = \delta_{nm}\exp(i\phi_n(t)). \qquad (6.6.13)$$

ここで $\phi_n(t)$ はいわゆる**動力学的（ダイナミカルな）位相**

$$\phi_n(t) = -\frac{1}{\hbar} \int_0^t E_n[s(\tau)] d\tau \qquad (6.6.14)$$

である. 式 (6.6.12) を使うと式 (6.6.9) は

$$i\hbar \frac{d}{dt} \widetilde{\widetilde{\Psi}}(t) = \widetilde{\Delta}(t) \widetilde{\widetilde{\Psi}}(t) \qquad (6.6.15)$$

と書ける. ここで

$$\widetilde{\widetilde{\Psi}}(t) \equiv V(t)^\dagger \widetilde{\Psi}(t) = V(t)^\dagger U(t)^\dagger \Psi(t) \qquad (6.6.16)$$

また

$$\widetilde{\Delta}(t) \equiv V(t)^\dagger \Delta(t) V(t). \qquad (6.6.17)$$

表現 (6.6.6) のもとでは式 (6.6.13) により,

$$\begin{aligned}
\widetilde{\Delta}_{nm}(t) &= \Delta_{nm}(t) \exp[i\phi_m(t) - i\phi_n(t)] \\
&= \Delta_{nm}(t) \exp\left[\frac{i}{\hbar} \int_0^t (E_n[s(t)] - E_m[s(t)]) dt\right]
\end{aligned}$$
$$(6.6.18)$$

となる.

　さて, $s(t)$ の相対変化率がすべての $n \neq m$ についての $(E_n[s] - E_m[s])/\hbar$ に比べて非常に小さいとする（これが成り立つのは縮退のない場合に限る）. すると $s(t)$ が目に見えるくらい変化する時間のうちに, 式 (6.6.18) の位相因子は $n \neq m$ については多数回振動するので, $\widetilde{\Delta}$ の非対角成分の蓄積が妨げられる. したがって $\widetilde{\Delta}$ の成分のうちで, 小さいにもかかわらず状態ベクトルの長期間の進化に寄与するのは対角成分に限られる. したがって, 実質的に

$$\widetilde{\Delta}_{nm}(t) \to \delta_{nm}\rho_n(t) \tag{6.6.19}$$

と置き換えられる．ここで $\rho_n(t)$ は実数の量である．

$$\begin{aligned}
\rho_n(t) &\equiv \widetilde{\Delta}_{nn}(t) = \Delta_{nn}(t) \\
&= i\hbar\left(\left[\frac{d}{dt}U[s(t)]\right]^\dagger U[s(t)]\right)_{nn} \\
&= i\hbar\left(\frac{d}{dt}\Phi_n[s(t)], \Phi_n[s(t)]\right). \tag{6.6.20}
\end{aligned}$$

すると式 (6.6.15) の解は

$$\begin{aligned}
\widetilde{\widetilde{\Psi}}(t) &= \sum_n \Phi_n[s_0]\exp[i\gamma_n(t)]\Big(\Phi_n[s_0], \widetilde{\widetilde{\Psi}}(0)\Big) \\
&= \sum_n \Phi_n[s_0]\exp[i\gamma_n(t)]\Big(\Phi_n[s_0], \Psi(0)\Big)
\end{aligned}$$

$$\tag{6.6.21}$$

となる．$\gamma_n(t)$ は位相

$$\gamma_n(t) = -\frac{1}{\hbar}\int_0^t \rho_n(\tau)d\tau \tag{6.6.22}$$

である．これを式 (6.6.16), (6.6.2) および (6.6.13) と組み合わせると，時間に依存するシュレーディンガー方程式 (6.6.8) の解が得られる．

$$\begin{aligned}
\Psi(t) &\\
&= U(t)V(t)\widetilde{\widetilde{\Psi}}(t) \\
&= \sum_n U(t)\Phi_n[s_0]\Big(\Phi_n[s_0], V(t)\widetilde{\widetilde{\Psi}}(t)\Big)
\end{aligned}$$

$$=\sum_n \exp[i\phi_n(t)] \exp[i\gamma_n(t)] \Phi_n[s(t)] \big(\Phi_n[s_0], \Psi(0)\big).$$

$$(6.6.23)$$

つまり，位相 $\phi_n(t)$ および $\gamma_n(t)$ を別とすると，断熱近似
により状態ベクトルの時間依存性を求める処方とは，状態
ベクトルを $H[s(t)]$ の固有状態に分解し，各々の固有状
態に，それが $H[s(t)]$ の固有状態であり続けるような時
間依存性を与える，というものである．

　既に述べたように，上の議論は縮退のない場合にだけ適
用できる．縮退のある場合には，n を複合的な添え字 $N\nu$
で置き換えればよい．エネルギーは N, M などでラベル
づけされ，したがって $N \neq M$ なら $E_N \neq E_M$ である．一
方，ν, μ などは決まったエネルギーの状態を区別するラ
ベルである．この場合，式 (6.6.15) の中の $\widetilde{\Delta}$ は

$$\widetilde{\Delta}_{N\nu, M\mu}(t) \to \delta_{NM} R^{(N)}_{\nu\mu}(t) \qquad (6.6.24)$$

と置き換えられる．ここで $R^{(N)}$ はエネルギー E_N の状態
の空間の中のエルミート演算子である．

$$R^{(N)}_{\nu\mu}(t) \equiv \widetilde{\Delta}_{N\mu, N\nu}(t) = \Delta_{N\mu, N\nu}(t)$$

$$= i\hbar \left(\left[\frac{d}{dt} U[s(t)] \right]^{\dagger} U[s(t)] \right)_{N\mu, N\nu}$$

$$= i\hbar \left(\frac{d}{dt} \Phi_{N\mu}[s(t)], \Phi_{N\nu}[s(t)] \right). \qquad (6.6.25)$$

式 (6.6.23) を導いたのと同様にして，時間に依存する
シュレーディンガー方程式 (6.6.8) の解はここでは

$$\Psi(t) = \sum_N \exp[i\phi_N(t)] \sum_{\mu\nu} \Gamma_{\mu\nu}^{(N)}(t) \Phi_{N\mu}[s(t)]$$

$$\times \left(\Phi_{N\nu}[s_0], \Psi(0) \right) \quad (6.6.26)$$

となる. ここで動力学的位相 $\phi_N(t)$ は式 (6.6.14) の n を N で置き換えたものである. $\Gamma^{(N)}(t)$ はユニタリー行列であり, 初期条件は $\Gamma^{(N)}(0) = 1$ のもとでの方程式

$$i\hbar \frac{d}{dt} \Gamma^{(N)}(t) = R^{(N)}(t)\Gamma^{(N)}(t) \quad (6.6.27)$$

の解として定義される. このユニタリー行列が, 縮退のある場合に位相因子 $e^{i\gamma_n(t)}$ の代わりになる[3].

原　注

(1) この節では角括弧 [　] はさまざまな量の s への依存性を示し, 普通の括弧 (　) は時間への依存性を示す.

(2) この近似が現代量子力学に導入されたのは M. Born and V. Fock, *Z. Physik* **51**, 165 (1928)である. より手に取りやすい文献としては Albert Messiah, *Quantum Mechanics*, Vol. II (North-Holland Publishing Co. 1962)〔メシア（小出昭一郎・田村二郎訳）『量子力学』東京図書, 1971-72〕の第 17 章 10-14 節を参照.

(3) F. Wilczek and A. Zee, *Phys. Rev. Lett.* **52**, 2111 (1984).

6.7　ベリー位相

　時間に依存するシュレーディンガー方程式の断熱近似による解 (6.6.23) に現れる, 動力学的でない位相 $\gamma_n(t)$ には面白い性質があり, 物理的にも応用が広い. これはマ

イケル・ベリー[1]によってはじめて指摘された．第一に
注意しなければならないのは，$\gamma_n(t)$ が**幾何学的**であるこ
とである．すなわち，それはハミルトニアンのパラメー
ター空間の中での $s(0)$ から $s(t)$ への道筋に依存するが，そ
の道筋に沿った運動の時間依存性には依存しない．このこ
とを見るには式（6.6.20）と式（6.6.22）を使って，結
果を

$$\gamma_n(t) = -i \int_{C(t)} \sum_i ds_i \left(\frac{\partial}{\partial s_i} \Phi_n[s], \Phi_n[s] \right) \quad (6.7.1)$$

と書けばよい．ここで $C(t)$ は，ハミルトニアンのパラメ
ーター空間において，関数 $s(\tau)$ の $\tau=0$ から $\tau=t$ まで
の範囲で表される経路に沿って積分が行われることを示し
ている．

　$\gamma_n(t)$ の値自体には物理的に意味がないことに注意する
のも重要である．エネルギーの固有状態 $\Phi_n[s]$ は，任意
の s に依存する位相によりいつでも

$$\Phi_n[s] \to e^{i\alpha_n[s]} \Phi_n[s] \quad (6.7.2)$$

と変更できるからである．こうすると位相 $\gamma_n(s)$ は

$$\gamma_n(t) \to \gamma_n(t) + \alpha_n[s(0)] - \alpha_n[s(t)] \quad (6.7.3)$$

のようにずれるが，もちろん状態ベクトル（6.6.23）は
影響されない．物理的に意味があるのは位相 γ_n の**クラ
ス（同値類）**である．つまり，互いに変換（6.7.3）で関
係づけられる位相は，同じクラスに属するとみなすのであ
る．

　ベリーが注意したように，一般にこのクラス分けは自明

ではない．すなわち，一般に位相 $\gamma_n(t)$ を基底状態の変更
（6.7.2）によって消し去ることはできない．そのような
場合を見分けるためには，$t=0$ から始まり，それより後
の t で同じ点に戻って終わる閉じた経路 $C(t)$ についての
位相 $\gamma_n(t)$ を考えるだけでよい．この位相は明らかに経路
の途中の点 s でのエネルギーの固有状態 $\Phi_n[s]$ の位相の
とり方に依存しないので，もし位相 $\gamma_n(t)$ が（6.7.2）の
ような変換で必ず消し去ることができるなら，閉じた経路
についての位相 $\gamma_n(t)$ は $\Phi_n[s]$ の位相をどのように選ん
でも 0 でなければならない．逆に，もしすべての閉じた
経路 $C(t)$ について位相（6.7.1）が 0 となるなら，$s(0)$
から $s(t)$ までの道筋についての位相は，途中の道筋が違
っても等しい．なぜなら，そのような二つの経路につい
ての位相の差は，第一の経路に沿って $s(0)$ から $s(t)$ に行
き，次に第二の経路に沿って $s(0)$ に戻るという閉じた経
路についての位相に等しいからである．これは $\gamma_n(t)$ が
$s(t)$ だけの関数であり，したがって（6.7.3）の形の変換
で消し去ることができることを意味する．閉じた経路 C
についての $\gamma_n(t)$ を以後 $\gamma_n[C]$ と表し，これをベリー位
相と呼ぶことが多い．

　ベリー位相は計算に便利な形に書き換えることができ
る．この書き方をすれば，ベリー位相がエネルギー固有
状態 $\Phi_n[s]$ についての位相の約束と無関係なことは明ら
かである．ストークスの定理の一般化によると，（6.7.1）
の線積分は閉曲線 C を境界とする任意の面 $A[C]$ 上の積

分

$$\gamma_n[C] = -i \iint_{A[C]} \sum_{ij} dA_{ij} \frac{\partial}{\partial s_i}\Big(\frac{\partial}{\partial s_j}\Phi_n[s], \Phi_n[s]\Big)$$

(6.7.4)

と表すことができる. $dA_{ij} = -dA_{ji}$ は表面積のテンソル成分である[2]. 例えば, ハミルトニアンが三つの独立なパラメーター s_i だけに依存する場合, $dA_{ij} = \sum_k \epsilon_{ijk} e_k dA$ である. ここで ϵ_{ijk} はいつものように, ϵ_{123} = +1 とした完全反対称テンソルである. dA は通常の表面積である. $\mathbf{e}$ は面に垂直な単位ベクトルである.(ここで通常の法線単位ベクトル $\mathbf{n}$ を避けて $\mathbf{e}$ を使ったのは, 状態ベクトルのラベル n との混同を防ぐためである.)この場合, 式(6.7.4)は普通のストークスの定理の結果であり

$$\gamma_n[C] = -i \iint_{A[C]} dA\, \mathbf{e}[s] \cdot \Big(\boldsymbol{\nabla} \times (\boldsymbol{\nabla}\Phi_n[s], \Phi_n[s])\Big)$$

(6.7.5)

と表される. ここでこの勾配(グラディエント)は3個の s_i について行う.

一般的な場合に戻ると, dA_{ij} は i と j について反対称であるから, 式(6.7.4)は

$$\gamma_n[C] = i \iint_{A[C]} \sum_{ij} dA_{ij} \Big(\frac{\partial}{\partial s_i}\Phi_n[s], \frac{\partial}{\partial s_j}\Phi_n[s]\Big)$$

$$= i \iint_{A[C]} \sum_{ij} dA_{ij} \sum_m \left(\frac{\partial}{\partial s_i} \Phi_n[s], \Phi_m[s] \right)$$

$$\times \left(\Phi_m[s], \frac{\partial}{\partial s_j} \Phi_n[s] \right) \tag{6.7.6}$$

と書ける. $(\Phi_n[s], \Phi_n[s]) = 1$ を微分すると

$$\left(\frac{\partial}{\partial s_i} \Phi_n[s], \Phi_n[s] \right) = - \left(\Phi_n[s], \frac{\partial}{\partial s_i} \Phi_n[s] \right)$$

となるので, 式 (6.7.6) の中の $m = n$ の項の寄与は

$$-i \iint_{A[C]} \sum_{ij} dA_{ij} \left(\frac{\partial}{\partial s_i} \Phi_n[s], \Phi_n[s] \right) \left(\frac{\partial}{\partial s_j} \Phi_n[s], \Phi_n[s] \right)$$

であり, A_{ij} が反対称だからこれは 0 となる. 他方, $m \neq n$ の項はエネルギー固有値の微分を含まない形にすることができる. シュレーディンガー方程式 (6.6.1) を s_j で微分し, $m \neq n$ の場合の $\Phi_m[s]$ とのスカラー積をとると

$$\left(E_n[s] - E_m[s] \right) \left(\Phi_m[s], \frac{\partial}{\partial s_j} \Phi_n[s] \right)$$

$$= \left(\Phi_m[s], \left[\frac{\partial H[s]}{\partial s_j} \right] \Phi_n[s] \right) \tag{6.7.7}$$

となる. したがって, 式 (6.7.6) は

$$\gamma_n[C]$$

$$= i \iint_{A[C]} \sum_{ij} dA_{ij} \sum_{m \neq n} \left(\Phi_n[s], \left[\frac{\partial H[s]}{\partial s_i} \right] \Phi_m[s] \right)^*$$

$$\times \left(\Phi_n[s], \left[\frac{\partial H[s]}{\partial s_j} \right] \Phi_m[s] \right)$$

$$\times \left(E_m[s] - E_n[s] \right)^{-2} \tag{6.7.8}$$

と書ける．こうすると，ベリー位相はエネルギー固有状態
の位相の約束に無関係なことが見て取れる．動力学的な
位相と異なり，ベリー位相はまたハミルトニアンの尺度
（スケール）にもよらない．すなわち，$H[s]$ に定数 λ を
かけると $\partial H[s]/\partial s_i$ と $E_m[s] - E_n[s]$ の両方が λ 倍に
なるが，式（6.7.8）の中で λ の因子は打ち消し合う．式
（6.7.8）のもう一つの利点は，一般に s_i によるハミルト
ニアンの微分のほうがエネルギーの固有状態の微分に比べ
て容易に計算できることである．ベリー位相のこの表現は
実数であることが，面積要素 dA_{ij} が反対称であることか
らわかる．

特別な場合として，i と j が三つの値しかとらないとす
ると，式（6.7.8）は

$$\gamma_n[C] = \iint_{A[C]} dA\,\mathbf{e}[s]\cdot\mathbf{V}_n[s] \qquad (6.7.9)$$

の形になる．ここで $\mathbf{e}[s]$ は点 s で面 $A[C]$ に垂直な単位
ベクトルであり，$\mathbf{V}_n[s]$ はパラメーター空間内の３元ベ
クトル

$$\mathbf{V}_n[s] \equiv i\sum_{n\neq m}\left\{\left(\Phi_n[s],[\boldsymbol{\nabla}H[s]]\Phi_m[s]\right)^*\right.$$
$$\times\left(\Phi_n[s],[\boldsymbol{\nabla}H[s]]\Phi_m[s]\right)\Big\}$$
$$\times(E_m[s]-E_n[s])^{-2} \quad (6.7.10)$$

である．

この定式化は，0 でない角運動量 $\mathbf{J}$ をもった粒子または

他の系が，緩やかに変動する磁場の中にある場合に自然に応用できる．本節の冒頭で述べたように，パラメーター s_i はここでは磁場 **B** の成分を表す．ハミルトニアンは

$$H(\mathbf{B}) = \kappa \mathbf{B} \cdot \mathbf{J} + H_0 \qquad (6.7.11)$$

とする．ここで κ は，磁気モーメントに関係した定数である． H_0 は磁場やその他の外場と無関係であり，したがって **J** と可換である．エネルギー固有状態は **B** に沿っての **J** の成分， $\mathbf{J}^2$ および H_0 の固有状態であって

$$\begin{cases} \widehat{\mathbf{B}} \cdot \mathbf{J} \Phi_n[\mathbf{B}] = \hbar n \Phi_n[\mathbf{B}], \\ \mathbf{J}^2 \Phi_n[\mathbf{B}] = \hbar^2 j(j+1) \Phi_n[\mathbf{B}], \qquad (6.7.12) \\ H_0 \Phi_n[\mathbf{B}] = E_0 \Phi_n[\mathbf{B}] \end{cases}$$

である．エネルギーは

$$E_n[\mathbf{B}] = \kappa[\mathbf{B}] \hbar n + E_0 \qquad (6.7.13)$$

であり，ここで n は整数または半整数で $-j$ から $+j$ まで，間隔1の値をとる．断熱近似の精神に従い，ここで磁場の変化の際， n の一つの値， E_0 の一つの値のみに注目する．上で述べたように， κ の因子は3元ベクトル (6.7.10) の中で打ち消し合って

$$\mathbf{V}_n[\mathbf{B}] \equiv \frac{i}{\hbar^2 |\mathbf{B}|^2} \sum_{m \neq n} \{ (\Phi_n[\mathbf{B}], \mathbf{J}\Phi_m[\mathbf{B}])^*$$

$$\times (\Phi_n[\mathbf{B}], \mathbf{J}\Phi_m[\mathbf{B}]) \} (m-n)^{-2} \qquad (6.7.14)$$

となる．

はじめにこの3元ベクトルを場の空間内の領域 $A[C]$ の上で，ある決まった **B** の値について計算しよう．このためには第3軸を **B** の方向にとるのが便利である． Φ_m

と Φ_n は J_3 の固有状態であるから，$n \neq m$ の場合の行列要素 $(\Phi_n[\mathbf{B}], \mathbf{J}\Phi_m[\mathbf{B}])$ は 1-2 平面でだけ値をもつ．したがって式 (6.7.14) は第 3 方向にある．また $(\Phi_n[\mathbf{B}],$ $J_1\Phi_m[\mathbf{B}])$ または $(\Phi_n[\mathbf{B}], J_2\Phi_m[\mathbf{B}])$ が 0 とならないような Φ_m は $m = n \pm 1$ の場合に限られるから，これらの状態については $(m-n)^2 = 1$ が成り立つ．したがってベクトル (6.7.14) のゼロでない唯一の成分は，以下の第 3 成分である．すなわち

$$
\begin{aligned}
&V_{n3}[\mathbf{B}] \\
&= \frac{i}{\hbar^2|\mathbf{B}|^2} \\
&\quad \times \sum_{\pm} \Big[\Big(\Phi_n[\mathbf{B}], J_1\Phi_{n\pm1}[\mathbf{B}]\Big)^* \Big(\Phi_n[\mathbf{B}], J_2\Phi_{n\pm1}[\mathbf{B}]\Big) \\
&\qquad - \Big(\Phi_n[\mathbf{B}], J_2\Phi_{n\pm1}[\mathbf{B}]\Big)^* \Big(\Phi_n[\mathbf{B}], J_1\Phi_{n\pm1}[\mathbf{B}]\Big) \Big] \\
&= \frac{1}{2\hbar^2|\mathbf{B}|^2} \sum_{\pm} \Big\{ \Big| \Big(\Phi_n[\mathbf{B}], (J_1+iJ_2)\Phi_{n\pm1}[\mathbf{B}]\Big) \Big|^2 \\
&\qquad - \Big| \Big(\Phi_n[\mathbf{B}], (J_1-iJ_2)\Phi_{n\pm1}[\mathbf{B}]\Big) \Big|^2 \Big\}.
\end{aligned}
$$

4.2 節の結果によると，ここでの 0 でない行列要素は

$$
\Big(\Phi_n[\mathbf{B}], (J_1+iJ_2)\Phi_{n-1}[\mathbf{B}]\Big) = \hbar\sqrt{(j-n+1)(j+n)}
$$

および

$$
\Big(\Phi_n[\mathbf{B}], (J_1-iJ_2)\Phi_{n+1}[\mathbf{B}]\Big) = \hbar\sqrt{(j-n)(j+n+1)}
$$

であり，したがって

$$V_{n3}[\mathbf{B}] = \frac{n}{|\mathbf{B}|^2}, \quad V_{n1}[\mathbf{B}] = V_{n2}[\mathbf{B}] = 0$$

である．この結果は第3軸を $\mathbf{B}$ 方向に選択したものであったが，それによらない一般的な形で表すと

$$\mathbf{V}_n[\mathbf{B}] = \frac{n\mathbf{B}}{|\mathbf{B}|^3}. \tag{6.7.15}$$

ベリー位相（6.7.9）はしたがって

$$\gamma_n[C] = n \iint_{A[C]} dA \frac{\mathbf{B}\cdot\mathbf{e}[\mathbf{B}]}{|\mathbf{B}|^3} \tag{6.7.16}$$

となる．積分は磁場のベクトル空間の曲線 C で囲まれた任意の面について行う．この積分はガウスの定理を使って計算できる．錐体を考えよう（C がたまたま円であれば円錐かも知れないが，そうとは限らない）．錐体の底面は $A[C]$ であり，側面は場の空間の原点と曲線 C とを結ぶすべての線の集合である．積分（6.7.16）はこの錐体の表面全体についての積分と書けるが，この錐体の側面上の法線 $\mathbf{e}$ は磁場 $\mathbf{B}$ と垂直だから，この側面は表面積分には寄与しない．そうするとガウスの定理により，ベクトル $\mathbf{B}/|\mathbf{B}|^3$ の法線成分の $A[C]$ 上の積分はこのベクトルの発散を錐体の体積 $V[C]$ について積分したもの，

$$\gamma_n[C] = n \int_{V[C]} d^3B\, \boldsymbol{\nabla}\cdot\frac{\mathbf{B}}{|\mathbf{B}|^3} \tag{6.7.17}$$

に等しい．$\mathbf{B}/|\mathbf{B}|^3$ の発散は原点での $4\pi\delta^3(\mathbf{B})$ の特異点の他ではすべて0である．この特異点は球対称なので，式（6.7.17）における $\mathbf{B}$ についての積分は，4π に錐体

が球面に占める割合をかけたものになる. この割合は, 場の空間の原点から見たときに C によって張られる立体角 $\Omega[C]$ を 4π で割った値である. したがって積分は単に $\Omega[C]$ であり, ベリー位相は単に

$$\gamma_n[C] = n\Omega[C] \qquad (6.7.18)$$

となる. 例えば, 磁場が方向だけが変化し, その第3成分は固定されているとすると, C は B_3 と $|\mathbf{B}|$ の両方が固定された円であり,

$$\gamma_n[C] = n\int_0^{\arccos(B_3/|\mathbf{B}|)} 2\pi \sin\theta \, d\theta = 2\pi n(1 - B_3/|\mathbf{B}|)$$

である. 物理学の中では他の多くの場所でもベリー位相やそれに似た位相が現れる[3]. アハラノフ-ボーム効果について論じた10.4節ではその一つに出会うことになる.

原　注

(1) M. V. Berry, *Proc. Roy. Soc.* A **392**, 45 (1984).

(2) 任意の次元において, 平坦な曲線 C (平面上に描ける曲線) が k-l 平面内にあるなら, 任意のテンソル T_{ij} についての積分 $\sum_{ij} \int_{A[C]} dA_{ij} T_{ij}$ は, C を境界とする面積 $A[C]$ の上で $T_{kl} - T_{lk}$ を通常の意味で積分したものに等しい. 平坦でない曲線の場合は, 曲線を境界とする面を小さい平坦な面に分ける. 上の積分は, 各々の平坦な面上についての積分の和である.

(3) そのような位相の展望は A. Shapere and F. Wilczek (ed.), *Geometric Phases in Physics* (World Scientific Publishers Co., Singapore, 1989)で論じられている.

6.8　ラビ振動とラムゼー干渉計

6.2節では，エネルギー E_m をもった初期状態にあっ
た系が，$\exp(\mp i\omega t)$ に比例した摂動を受ける場合を考察
した．そこでわかったのは，時間 t が経過したあとに系
が別の離散的なエネルギー E_n の状態に見出される確
率は時間とともに増加し，その確率は最終的には $\omega =$
$\pm(E_n - E_m)/\hbar$ を満たす状態にピークをもつということ
だった．ピークの幅は，オーダー $1/t$ だった．しかしそ
の系を本当に長い間放置しておくと，エネルギー E_n の
状態の振幅が大きくなるのに伴い，元のエネルギー E_m
の状態に戻ってくる．さらにそれが E_n に行く．これは
I. I. ラビ（1898-1998）にちなんで**ラビ振動**[1]と呼ばれ
る．これから説明するように，この現象は遷移の振動数
$(E_n - E_m)/\hbar$ の正確な測定の邪魔になるが，この問題を
解決したのが，ノーマン・ラムゼー（1915-2011）の開発
した干渉計[2]である．これによって原子や分子の遷移振
動数が極めて正確に測定できるようになった．

ラビ振動を研究するためには以前と同様に，時間に依存
するシュレーディンガー方程式の中で係数が時間と共に
非常に速く振動する項を無視する近似を行う．この近似は
6.2節でも行ったが，ここでは振動する摂動のすべての次
数の項を捨てずに解析を行う．

摂動が（6.2.1）の形をしているとする．すると厳密な
時間依存するシュレーディンガー方程式（6.1.5）は

$$i\hbar\frac{d}{dt}c_n(t) = -\sum_m c_m(t)U_{nm}\exp\bigl(i(E_n - E_m - \hbar\omega)t/\hbar\bigr)$$

$$-\sum_m c_m(t)U_{mn}^*\exp\bigl(i(E_n - E_m + \hbar\omega)t/\hbar\bigr)$$

$$(6.8.1)$$

の形をしている. ここで $c_n(t)$ は式 (6.1.4) で定義される波動関数の成分である. 摂動の振動数 ω は共鳴振動数の一つに非常に近い値に調節してあると仮定する. 例えばその値を $(E_e - E_g)/\hbar$ としよう. (ここでは「励起状態 (excited state)」と「基底状態 (ground state)」を念頭において e と g としているが, 実際的には任意の二つの状態であってよい.) 6.2 節のように, 式 (6.8.1) の中の係数が急激に振動する項を無視して, 振動数の小さい方, つまり $\pm[\omega - (E_e - E_g)/\hbar]$ に依存する項だけを保持する. 偶然の一致[2]を除けば式 (6.8.1) の中のそのような項は U_{eg} または U_{eg}^* に比例する項だけである. したがってこの近似では式 (6.8.1) は

$$\begin{cases} i\hbar\dfrac{d}{dt}c_e = -U_{eg}e^{-i\Delta\omega t}c_g, \\ i\hbar\dfrac{d}{dt}c_g = -U_{eg}^*e^{i\Delta\omega t}c_e \end{cases} \qquad (6.8.2)$$

となる. ここで $\Delta\omega$ は加えられた振動数と共鳴振動数と

----

〔2〕偶然の一致とは, $(E_n - E_m)/\hbar$ が ω にほぼ等しいという条件を満たす状態が, 状態 e と g の他にも存在する (かつ, そのような状態が e や g から遷移可能である) という意味である.

のずれ

$$\Delta\omega \equiv \omega - (E_e - E_g)/\hbar \qquad (6.8.3)$$

である. 厳密解

$$c_g(t) = Ce^{i\Delta\omega t/2}\Big[-i\hbar\Omega\cos(\Omega t + \delta)$$

$$-\frac{\hbar\Delta\omega}{2}\sin(\Omega t + \delta)\Big], \qquad (6.8.4)$$

$$c_e(t) = CU_{eg}e^{-i\Delta\omega t/2}\sin(\Omega t + \delta) \qquad (6.8.5)$$

は容易に求めることができる. ここで C と δ は任意の複素数の定数であり, ラビ振動の振動数 Ω は

$$\Omega^2 = \frac{\Delta\omega^2}{4} + \frac{|U_{eg}|^2}{\hbar^2} \qquad (6.8.6)$$

で与えられる.(この解を求めるには, まず c_e が式 (6.8.5) の形をとると仮定する. Ω は未定である. これを式 (6.8.2) の第一の方程式に代入すると, c_g が式 (6.8.4) の形に決まる. この c_e についての結果を式 (6.8.2) の第二の方程式に代入することにより, Ω が条件 (6.8.6) を満足するならば, c_g がたしかに出発点の式 (6.8.5) の形になることがわかる.)

　例えば $c_g(0) = 1$ および $c_e(0) = 0$ と仮定しよう. すると $\delta = 0$ および $C = i/\hbar\Omega$ となるから, 解 (6.8.4), (6.8.5) は

$$c_g(t) = e^{i\Delta\omega t/2}\Big[\cos(\Omega t) - \frac{i\Delta\omega}{2\Omega}\sin(\Omega t)\Big] \qquad (6.8.7)$$

$$c_e(t) = \frac{iU_{eg}}{\hbar\Omega} e^{-i\Delta\omega t/2} \sin(\Omega t) \qquad (6.8.8)$$

となる. したがって系が $t=0$ のとき状態 g にあれば, その後の時刻 t に系が状態 e にある確率は

$$|c_e|^2 = \left|\frac{U_{eg}}{\hbar\Omega}\right|^2 \sin^2(\Omega t) \qquad (6.8.9)$$

となる. $|U_{eg}| \ll \hbar\Delta\omega/2$ については $\Omega \simeq \Delta\omega/2$ となるから, 式 (6.8.9) は1次の摂動論の結果 (6.2.4) に等しい.

　時刻 t を決めたとき, 確率 (6.8.9) は $\Delta\omega = 0$, すなわち, $\omega = (E_e - E_g)/\hbar$ にピークをもつ. したがって励起の確率 $|c_e|^2$ が最大になる ω の値を求めることによって, 遷移振動数 $(E_e - E_g)/\hbar$ を測ることができる. しかし, この測定の精度は $|c_e|^2$ 対 ω のグラフのピークの幅によって制限されている. 経過時間 t が $\hbar/|U_{eg}|$ よりもはるかに小さければ, ピークの幅は $1/t$ に比例する. なぜならこのとき, $\Delta\omega \approx 1/t$ とすると, Ω^2 についての式 (6.8.6) の中で $|U_{eg}|^2/\hbar^2$ を無視できて $|\Omega| \simeq |\Delta\omega|/2$ だからである. こうして励起の確率を測るまでの時間 t をある程度大きくすることにより, $(E_e - E_g)/\hbar$ の測定の精度を改善することができるが, t が $\hbar/|U_{eg}|$ のオーダーになると改善ができなくなるので, 測定の精度は $\hbar/|U_{eg}|$ のオーダーである. これでは本当に精密な振動数の標準を確立するには不十分である.

　これよりも良い方法がある. ラムゼーの発明した有名な

工夫を使うのである。ラムゼー干渉計では，長い導波管が
角振動数 ω のコヒーレントなマイクロ波輻射の源に接続
してある。導波管には両端に二つの短い垂直な突起があ
る。基底状態 g の原子が突起の一つに入り，時間 t_1 だけ
マイクロ波輻射のパルスを受ける。原子はその後，さらに
導波管の外で長い時間 T だけ導波管に沿って進む。それ
から導波管のもう一端の突起に入り，短い時間 t_2 だけマ
イクロ波輻射を受ける。それから導波管を出て測定器に進
み，基底状態 g にある原子の数と特定の励起状態 e にあ
る原子の数が測定される。以上のことからわかるように，
励起状態にある原子の数は $\Delta\omega = 0$ で非常に鋭いピーク
をもつ。したがって ω を調節してこのピークを求めれば，
共鳴振動数 $(E_e - E_g)/\hbar$ の非常に正確な測定が可能にな
る。

　式（6.8.7）と（6.8.8）によると，原子が第一のパル
スを時間 t_1 だけ受けると，それは基底状態と励起状態の
コヒーレントな重ね合わせとなり，その振幅は

$$c_g(t_1) = e^{i\Delta\omega t_1/2}\left[\cos(\Omega t_1) - \frac{i\Delta\omega}{2\Omega}\sin(\Omega t_1)\right] \quad (6.8.10)$$

$$c_e(t_1) = \frac{iU_{eg}}{\hbar\Omega}e^{-i\Delta\omega t_1/2}\sin(\Omega t_1) \quad (6.8.11)$$

である。振幅 $c_g(t)$ と $c_e(t)$ は定義上，摂動がなければ時
間に依存しない。したがって式（6.8.10）と（6.8.11）
はこれらの振幅の t_1 から $t_1 + T$ の間の，原子が導波管の
外にある間の値であり，また $t_1 + T$ で再び導波管に入っ

たときの値である．第二のパルスを受けている間は振幅は
再び式 (6.8.4) と (6.8.5) で与えられるが，今度は定
数 C と δ は，時刻 $t_1 + T$ で振幅 (6.8.4) と (6.8.5) が
(6.8.10) と (6.8.11) の値をとるという条件

$$Ce^{i\Delta\omega(t_1+T)/2}\Big[-i\hbar\Omega\cos\big(\Omega(t_1+T)+\delta\big)$$
$$-\frac{\hbar\Delta\omega}{2}\sin\big(\Omega(t_1+T)+\delta\big)\Big]$$
$$= e^{i\Delta\omega t_1/2}\Big[\cos(\Omega t_1)-\frac{i\Delta\omega}{2\Omega}\sin(\Omega t_1)\Big], \quad (6.8.12)$$

$$CU_{eg}e^{-i\Delta\omega(t_1+T)/2}\sin\big(\Omega(t_1+T)+\delta\big)$$
$$= \frac{iU_{eg}}{\hbar\Omega}e^{-i\Delta\omega t_1/2}\sin(\Omega t_1) \quad (6.8.13)$$

から決定される．まず定数 δ を決定する方程式を，左辺
同士と右辺同士の比を等しいとおくことによって導ける．
いくつかの因子が打ち消し合い，

$$e^{i\Delta\omega T}\Big[\cot\big(\Omega(t_1+T)+\delta\big)-i\frac{\Delta\omega}{2\Omega}\Big]$$
$$= \Big[\cot(\Omega t_1)-i\frac{\Delta\omega}{2\Omega}\Big] \quad (6.8.14)$$

が得られる．また，C は式 (6.8.13) から

$$C = e^{i\Delta\omega T/2}\Big(\frac{i}{\hbar\Omega}\Big)\frac{\sin(\Omega t_1)}{\sin\big(\Omega(t_1+T)+\delta\big)} \quad (6.8.15)$$

となる．原子が時刻 $t_1 + t_2 + T$ に導波管から出ていくと
きの励起状態の振幅は，式 (6.8.5) と，以上で求められ

た定数 δ と C を使って

$$c_e(t_1+t_2+T) = CU_{eg}e^{-i\Delta\omega(t_1+t_2+T)/2}$$
$$\times \sin\big(\Omega(t_1+t_2+T)+\delta\big)$$
$$= e^{-i\Delta\omega(t_1+t_2)/2}\Big(\frac{iU_{eg}}{\hbar\Omega}\Big)$$
$$\times \frac{\sin(\Omega t_1)\sin\big(\Omega(t_1+t_2+T)+\delta\big)}{\sin\big(\Omega(t_1+T)+\delta\big)}$$
$$= e^{-i\Delta\omega(t_1+t_2)/2}\Big(\frac{iU_{eg}}{\hbar\Omega}\Big)\sin(\Omega t_1)$$
$$\times \Big[\sin(\Omega t_2)\cot\big(\Omega(t_1+T)+\delta\big)$$
$$+\cos(\Omega t_2)\Big]$$

と書ける．したがって，式（6.8.14）を使うと

$$c_e(t_1+t_2+T) = e^{-i\Delta\omega(t_1+t_2)/2}\Big(\frac{iU_{eg}}{\hbar\Omega}\Big)\sin(\Omega t_1)$$
$$\times \Big[i\frac{\Delta\omega}{2\Omega}\sin(\Omega t_2)(1-e^{-i\Delta\omega T})$$
$$+e^{-i\Delta\omega T}\sin(\Omega t_2)\cot(\Omega t_1)+\cos(\Omega t_2)\Big]$$

$$(6.8.16)$$

となる．

ω は $\Delta\omega$ が十分小さくなるよう調節するので $\hbar|\Delta\omega|$ は $|U_{eg}|$ よりはるかに小さいと想定する．つまり，Ω は $|U_{eg}|$ に非常に近く，$|\Delta\omega|$ は Ω よりはるかに小さいとする．そうすると，原子が導波管から出てくるときに励起状態にある確率は

$$P_e \equiv |c_e(t_1+t_2+T)|^2$$
$$= \sin^2(\Omega t_1)|e^{-i\Delta\omega T}\sin(\Omega t_2)\cot(\Omega t_1)+\cos(\Omega t_2)|^2$$
(6.8.17)

となる．時間間隔 T が大きければ，位相の因子 $e^{-i\Delta\omega T}$ は ω の変化に非常に敏感である．したがってこの表現全体の感度を最大にするには，この位相因子の係数を T に依存しない項と等しくするのが通例である．すなわち，時間 t_1 と t_2 を調節して $\sin(\Omega t_2)\cot(\Omega t_1)=\cos(\Omega t_2)$ とする．そのためには $t_1=t_2\equiv\tau$ とすればよい．これは原子が導波管の二つの突起を通る道筋が同じ長さをもつということに他ならない．こう調節してあるとすると，式 (6.8.17) は

$$P_e = \sin^2(\Omega\tau)\cos^2(\Omega\tau)|e^{-i\Delta\omega T}+1|^2 \qquad (6.8.18)$$

となる．$\sin^2(\Omega\tau)\cos^2(\Omega\tau)$ の因子を最大にするには $\Omega\tau = \pi/4$ ととればよい．そうすると

$$P_e = \frac{1}{2}\left[1+\cos(\Delta\omega T)\right] \qquad (6.8.19)$$

となる．（厳密には Ω は ω に依存するが，$\hbar|\Delta\omega| \ll |U_{eg}|$ と想定しているのでこの依存性は非常に弱い．したがってすべての興味ある ω の値について，$\Omega\tau$ が $\pi/4$ に非常に近くなるように τ の値を定めることが可能である．）

式 (6.8.19) は $\Delta\omega = 2n\pi/T$ で最大値 1 をもつ．n は任意の整数で正でも負でも 0 でもよい．ω が $(E_e-E_g)/\hbar$ の近くで変動するのに伴い，確率 P_e はある最大と次の最

大との間で激しく振動する. T が大きいので, これらの
最大は互いに近接しているが, ピークの幅が非常に狭くも
あるから, $\Delta\omega = 0$ に対応する最大を同定することができ
たら, それに対応する ω は振動数 $(E_e - E_g)/\hbar$ の非常に
正確な測定になる. 但し, 式 (6.8.19) 自体からはどこ
が $\Delta\omega = 0$ の最大なのかを同定する手立てはない.

最初から明らかだったことだが, この問題は異なる原子
の速度にばらつきがあれば解決する. そのためには, 第一
のパルスと第二のパルスの間の T と $T + dT$ の間で, 原
子が導波管の外で費やす時間がガウス分布をしていると仮
定しよう.

$$P(T)\,dT = \exp\left(-(T-\overline{T})^2/\Delta T^2\right)\frac{dT}{\Delta T\sqrt{\pi}}. \quad (6.8.20)$$

ここで $\overline{T}$ はパルスの間の平均時間, ΔT は T の分布の広
がりである.

$$\begin{aligned}
\overline{P}_e &= \frac{1}{2}\int_{-\infty}^{+\infty}\exp\left(-(T-\overline{T})^2/\Delta T^2\right)\frac{dT}{\Delta T\sqrt{\pi}} \\
&\quad \times [1+\cos(\Delta\omega T)] \\
&= \frac{1}{2} + \frac{1}{2}\cos(\Delta\omega\overline{T})\exp(-\Delta\omega^2\Delta T^2/4) \quad (6.8.21)
\end{aligned}$$

となる. $\Delta\omega = 0$ における最大値はこの場合も $\overline{P}_e = 1$ で
あるが, 隣の極大 $\Delta\omega = 2\pi/\overline{T}$ での励起の確率は少し小さ
くなる.

$$\overline{P}_e = [1+\exp(-\pi^2\Delta T^2/\overline{T}^2)]/2$$

例えば $\Delta T = 0.3\overline{T}$ とすると, $\Delta\omega = 2\pi/\overline{T}$ での最大で

は $\overline{P_e} = 0.91$ となり，十分な統計をとればはっきりと $\overline{P_e} = 1$ と区別できる．実際の T の分布は一般的には式（6.8.20）とは異なるであろう．（実際は，ガウス分布に従うのは到着時間ではなく速度である．速度には熱的な分布による広がりがあるためである．）したがって，$\Delta\omega = 2\pi/T$ での最大の高さはいくらか上記の計算と異なるかもしれない．しかし，$(E_e - E_g)/\hbar$ の測定は $\Delta\omega = 0$ での最大を同定することによって行われるのであって，他の極大の高さについての正確な知識は必要ない．現代の実験では，速度の広がりが上記よりずっと小さいものもあるが，$\Delta\omega = 0$ の最大は導波管の長さ cT を変化させても値の変わらない場合の値として同定される．

　いずれにせよ，何らかの方法で $\Delta\omega = 0$ の最大が同定される限り，式（6.8.19）はこの最大での ω の値から振動数 $(E_e - E_g)/\hbar$ がオーダー $1/T$ の精度で決定できることを示している．T を大きくすることにより精度は改善され，$|U_{eg}|$ が有限の値をもつことによる障害はない．

原　注
(1) I.I. Rabi, *Phys. Rev.* **51**, 652 (1937).
(2) N.F. Ramsey, *Phys. Rev.* **76**, 996 (1949). 他に N.F. Ramsey, *Molecular Beams* (Oxford University Press, London, 1956) の第 V 章も参照．歴史的な経緯については D. Kleppner, *Physics Today*, January, p. 25 (2013); S. Haroche, M. Brune, and J.-M. Raimond, *Physics Today*, January, p. 27 (2013).

6.9 開かれた系

　閉じた系は時間に依存しないシュレーディンガー方程式
に支配される．したがってその密度行列の時間依存性はユ
ニタリー変換（3.6.24）で決まる．ユニタリー変換は一
般の線形変換の特別な場合であり，一つの時刻での ρ の
成分を他の時刻の ρ の成分の線形結合として与える．開
かれた系〔外の環境にさらされた系〕の多くでは，密度行
列の時間依存性が，式（3.6.24）より複雑であったとし
ても依然として線形変換で与えられる．その一般形は

$$[\rho(t)]_{MN} = \sum_{M'N'} K_{MM',NN'}(t-t')[\rho(t')]_{M'N'}$$

$$(6.9.1)$$

である．但し，系および環境の統計的性質が時間に依存し
ないと仮定して，係数は経過時間 $t'-t$ のみの関数として
いる．（ここで物理的なヒルベルト空間は有限な次元 d を
もち，添え字 M, N などは d 個の値をとるとする．だが，
ここでの考察の多くは，無限次元のヒルベルト空間に拡張
できる．）

　例として 6.4 節のように，環境の効果によってシュレ
ーディンガー描像の状態ベクトル $\Psi(t)$ が急激にかつラン
ダムにゆらぐハミルトニアン $H(t)$ に支配されると仮定し
よう．

$$i\hbar\frac{d}{dt}\Psi(t) = H(t)\Psi(t)$$

この解は

$$\Psi(t) = U(t, t')\Psi(t')$$

と書けるであろう．ここで $U(t, t')$ は微分方程式

$$i\hbar \frac{d}{dt} U(t, t') = H(t)U(t, t')$$

の解である．初期条件は

$$U(t', t') = 1$$

である．よって，任意のゆらぎを一つ決めると，密度行列
(3.3.35) の時間依存性はユニタリー変換によって

$$\rho(t) = U(t, t')\rho(t')U^\dagger(t, t')$$

と与えられることになる．(U がユニタリーであることは
容易にわかる．なぜなら $H(t)$ がエルミートなら，

$$\frac{d}{dt}\{U^\dagger(t, t')U(t, t')\} = 0$$

であり[3]，初期条件 $U^\dagger(t', t')U(t', t') = 1$ を満足してい
るからである．）$H(t)$ が急激にかつランダムにゆらいでい
る場合には，密度行列の一つの履歴よりも，多くのゆらぎ

---

[3] 原著では「式 (6.9.3) により」と書いてあるが，実際はすぐ
　　前にある $i\hbar \dfrac{d}{dt} U(t, t') = H(t)U(t, t')$ およびそのエルミート共
　　役の式 $-i\hbar \dfrac{d}{dt} U^\dagger(t, t') = U(t, t')^\dagger H(t)$ のことだと考えられる
　　($H^\dagger = H$).

$$i\hbar \frac{d}{dt} U^\dagger(t, t')U(t, t')$$
$$= U^\dagger(t, t')(-H)U(t, t') + U^\dagger(t, t')HU(t, t')$$
$$= 0.$$

についての平均した密度行列に興味がある．任意の量の多くのゆらぎについての平均を，その量の上に線を引いた量として表すと，時間依存性の平均は

$$\overline{\rho(t)} = \overline{U(t,t')\rho(t')U^\dagger(t,t')}$$

となる．ハミルトニアンのゆらぎの典型的な時間の間に密度行列がほとんど変化しないと仮定すると，密度行列の平均の時間依存性は式（6.9.1）の時間依存性をもつ．

$$K_{MM',NN'}(t-t') \equiv \overline{[U(t,t')]_{MM'}[U^\dagger(t,t')]_{N'N}}$$

である．

　注目すべきことに，核 K がこの特別な形をとるかどうかにかかわらず，核の一般的な性質を使って密度行列についての有用な微分方程式を導くことができる[1]．式（6.9.1）で与えられる $\rho(t)$ が任意のエルミートな $\rho(t')$ についてエルミートであるための必要十分条件は，K が

$$K^*_{MM',NN'}(\tau) = K_{NN',MM'}(\tau) \qquad (6.9.2)$$

の意味でエルミートであることである．また，任意のトレース1である $\rho(t')$ について，式（6.9.1）で与えられる $\rho(t)$ がトレース1となるための必要十分条件は，

$$\sum_M K_{MM',MN'}(\tau) = \delta_{M'N'} \qquad (6.9.3)$$

である．これらの条件は非常に一般的なので，K が式（6.9.2）と（6.9.3）を満足する場合の式（6.9.1）は，量子力学の修正版に従う閉じた系の時間変化の研究に使うことができる．3.7節では観測の問題を解決するためにそのような理論を導入した[2]．

エルミート性の条件 (6.9.2) から，K を展開して

$$K_{MM',NN'}(\tau) = \sum_i \eta_i(\tau) u_{MM'}^{(i)}(\tau) u_{NN'}^{(i)*}(\tau) \qquad (6.9.4)$$

とすることができる．ここで $u_{MM'}^{(i)}(\tau)$ は核 $K_{MM',NN'}(\tau)$ の固有行列であり，$\eta_i(\tau)$ は対応する実の固有値である．すなわち

$$\sum_{N'N} K_{MM',NN'}(\tau) u_{NN'}^{(i)}(\tau) = \eta_i(\tau) u_{MM'}^{(i)}(\tau) \qquad (6.9.5)$$

が成り立つ．また固有行列は直交規格化の条件

$$\sum_{N'N} u_{NN'}^{(i)*}(\tau) u_{NN'}^{(j)}(\tau) = \delta_{ij} \qquad (6.9.6)$$

を満足する．式 (6.9.4) の中の和はこれらの固有行列のすべてにわたっている．そこで写像 (6.9.1) は

$$\rho_{MN}(t) = \sum_i \sum_{M'N'} \eta_i(t-t') u_{MM'}^{(i)}(t-t')$$
$$\times \rho_{M'N'}(t') u_{NN'}^{(i)*}(t-t') \qquad (6.9.7)$$

となる．あるいは行列の記法では

$$\rho(t) = \sum_i \eta_i(t-t') u^{(i)}(t-t') \rho(t') u^{(i)\dagger}(t-t'). \qquad (6.9.8)$$

またトレースの条件 (6.9.3) は

$$\sum_i \eta_i(\tau) u^{(i)\dagger}(\tau) u^{(i)}(\tau) = 1 \qquad (6.9.9)$$

となる．ここで 1 は単位行列である．

そうすると，$\rho(t)$ のための微分方程式の導出は 1 次の摂動論の演習問題である．まず，$t' = t$ の場合．式 (6.9.

1）から，任意の $\rho(t)$ について $\rho(t') = \rho(t)$ でなければならない．したがってこの場合の K は

$$K_{MM', NN'}(0) = \delta_{M'M}\delta_{N'N} \qquad (6.9.10)$$

である．これには固有値 d の固有行列が一つある．すなわち，

$$u^{(1)}_{MM'}(0) = \frac{1}{\sqrt{d}}\delta_{MM'}, \quad \eta_1(0) = d \qquad (6.9.11)$$

である．さらに固有値 0 の固有行列が $d^2 - 1$ 個あり，それを $u^{(a)}(0)$ と表すと，これはトレースレスな行列

$$\sum_M u^{(a)}_{MM}(0) = 0, \quad \eta_a(0) = 0 \qquad (6.9.12)$$

の形をしている．しかし任意のトレースレスな行列で良いのではない．固有値 0 が縮退しているので，5.1 節で詳説した，縮退のある場合の摂動論の規則を適用しなければならない．固有行列 $u^{(a)}(0)$ が，τ の小さい場合の $K(\tau)$ の固有行列 $u^{(a)}(\tau)$ に滑らかに接続するためには，これらの固有行列は $K(0)$ の固有行列（したがってトレースレス）であるだけでなく，次の条件を満足しなければならない．すなわち $K(\tau)$ の中の τ について 1 次の項の行列要素が $\tau \to 0$ の極限で，これらの固有行列について対角的になるよう選ばれねばならない．すると

$$\sum_{M'N'MN} u^{(b)*}_{MM'}(0)\left[\frac{dK_{MM', NN'}(\tau)}{d\tau}\right]_{\tau=0} u^{(a)}_{NN'}(0)$$
$$= \Delta_a \delta_{ab}. \qquad (6.9.13)$$

ここで $u^{(a)}(\tau)$ は $K(\tau)$ の固有行列で，$u^{(a)}(0)$ に滑らか

に接続するものとする．このとき対応する固有値 $\eta_a(\tau)$ の微分は

$$\left[\frac{d\eta_a(\tau)}{d\tau}\right]_{\tau=0} = \Delta_a \qquad (6.9.14)$$

となる．

$\rho(t)$ についての微分方程式を導くために，式 (6.9.1) の，経過時間 $t'-t$ が非常に小さくなったときの極限を考える．式 (6.9.8) と (6.9.11) および $\eta_a(0)$ が 0 であることを使うと，式 (6.9.1) の中で $t'-t$ の 1 次の項から

$$\dot{\rho}(t) = \sum_a \Delta_a u^{(a)}(0)\rho(t)u^{(a)\dagger}(0) + B\rho(t) + \rho(t)B^\dagger \qquad (6.9.15)$$

となる．ここで

$$B = \frac{1}{2d}\dot{\eta}_1(0)\mathbf{1} + d^{1/2}\dot{u}^{(1)}(0). \qquad (6.9.16)$$

行列 B のもっと役に立つ表式を求めるために，トレースの条件 (6.9.9) を使う．この条件は $\tau=0$ では固有行列 (6.9.11) と (6.9.12) で自動的に満足されるが，式 (6.9.9) を $\tau=0$ で微分することにより，自明でない和則が得られる．

$$\sum_a \Delta_a u^{(a)\dagger}(0)u^{(a)}(0) + \frac{1}{d}\dot{\eta}^{(1)}(0)\mathbf{1}$$
$$+ d^{1/2}\dot{u}^{(1)}(0) + d^{1/2}\dot{u}^{(1)\dagger}(0) = 0.$$

言い換えると

$$B + B^\dagger = -\sum_a \Delta_a u^{(a)\dagger}(0) u^{(a)}(0). \qquad (6.9.17)$$

ここで，エルミート行列 $\mathcal{H}$ で表される新しい種類のハミルトニアンを導入しよう．その定義は $-i\mathcal{H}$ が B の反エルミート部分であるということである．そうすると式 $(6.9.17)$ は

$$B = -i\mathcal{H} - \frac{1}{2}\sum_a \Delta_a u^{(a)\dagger}(0) u^{(a)}(0) \qquad (6.9.18)$$

となる．すると微分方程式 $(6.9.15)$ は

$$\dot{\rho}(t) = -i[\mathcal{H}, \rho(t)] + \sum_a \Delta_a \Big[u^{(a)}(0)\rho(t)u^{(a)\dagger}(0)$$
$$- \frac{1}{2} u^{(a)\dagger}(0) u^{(a)}(0)\rho(t) - \frac{1}{2}\rho(t) u^{(a)\dagger}(0) u^{(a)}(0) \Big]$$
$$(6.9.19)$$

の形になる．

　ハミルトニアンの定義には以下の不定性がある．式 $(6.9.19)$ の中のトレースレスの行列 $u^{(a)}(0)$ を，任意のトレースをもった行列 N_a で置き換えるというものである．

$$\begin{cases} N_a \equiv u^{(a)}(0) + \xi_a \mathbf{1}, \\ \mathcal{H}' \equiv \mathcal{H} - \frac{1}{2i}\sum_a \Delta_a\big(\xi_a u^{(a)\dagger}(0) - \xi_a^* u^{(a)}(0)\big) \end{cases}$$
$$(6.9.20)$$

と定義する．ξ_a は任意の複素数の組である．すると微分方程式 $(6.9.19)$ が次のように書き換えられることは容

易にわかる.

$$\dot{\rho}(t) = -i[\mathcal{H}', \rho(t)]$$
$$+ \sum_a \Delta_a \Big[N_a \rho(t) N_a^\dagger - \frac{1}{2} N_a^\dagger N_a \rho(t) - \frac{1}{2} \rho(t) N_a^\dagger N_a \Big].$$

$$(6.9.21)$$

$u^{(a)}(0)$ はトレースレスな行列の空間を張るから,上の式から,行列 N_a のトレースを特定しない限り式 (6.9.21) のハミルトニアンは一意的に定義されず,一般のトレースレスな行列のエルミート部分だけの不定性があることがわかる.

ここまで,正定値性については何も仮定してこなかった.行列 A が正定値であるとは,任意の u_M について $\sum_{MN} u_M^* A_{MN} u_N$ が正(または 0)ということである.定義 (3.3.35) から密度行列が正定値であることは明らかである.(これはまた,正定値な演算子 A で表される任意の観測量の平均値 $\mathrm{Tr}(A\rho)$ が正定値であるという要求からも理解することができる.)もしすべての固有値 $\eta^{(i)}(t-t')$ が正なら,密度行列 $\rho(t)$ は任意の正定値な $\rho(t')$ について正定値である(その逆は言えない)[3].このことは式 (6.9.8) を $\eta_i(\tau) \geqq 0$ について,いわゆる**クラウス形式**に書き換えると明らかである[4].

$$\rho(t') = \sum_i A^{(i)}(t-t') \rho(t') A^{(i)\dagger}(t-t'). \qquad (6.9.22)$$

ここで $A^{(i)}(\tau) \equiv \sqrt{\eta_i(\tau)} u^{(i)}(\tau)$ である.

　固有値 $\eta^{(1)}(\tau)$ の値は $\tau=0$ で1である．したがって
$\eta^{(1)}(\tau)$ は少なくとも $\tau=0$ の何らかの近傍では正定値
であると考えられる．他方，すべての $\eta^{(a)}(\tau)$ は $\tau=0$
で0である．したがって式 (6.9.14) によると，すべて
の Δ_a が正なら，少なくとも正のある範囲の τ について
$\eta^{(a)}(\tau)$ は正であるが，その場合，小さな負の τ につい
ては $\eta^{(a)}(\tau)$ は負であろう．通常，すべての Δ_a を正とし
て，式 (6.9.21) を未来の予言を行うだけに使う．その
場合 $\rho(t')$ が正なら，t' より後の少なくとも有限の範囲
の t で $\rho(t)$ も正であることが保証される．(6.9.21) を使
って過去を回復することはあきらめる．式 (6.9.21) は，
そのときいわゆるリンドブラード方程式の形になる[5].

$$\dot{\rho}(t) = -i[\mathcal{H}', \rho(t)]$$
$$+ \sum_a \left[L_a \rho(t) L_a^\dagger - \frac{1}{2} L_a^\dagger L_a \rho(t) - \frac{1}{2} \rho(t) L_a^\dagger L_a \right].$$
$$(6.9.23)$$

ここで $L_a \equiv \sqrt{\Delta_a} N_a$ である．

　リンドブラード方程式の導出の際に仮定されていたよ
うに，(6.9.1) の形の任意の物理的に許される変換の核
のすべての固有値が，正でなければならないという議論も
ある．これは完全正定値性の要求に基づいている[6]．核
が完全正定値であるとは，当該の系の密度行列の正定値
性を保つだけでなく，以下の意味で拡張した系の正定値
性を保つことをいう．その拡張の仕方は，系に，核が単位
演算子として作用するような任意の有限の次元の孤立し

た部分系を加えるというものである．その部分系の上で，チェ（Choi）の定理は，完全正定値な核のすべての固有値が正であることを示している[7]．しかし現実の世界では，その上で時間並進が単位演算子として作用するような物理的状態は真空状態以外はない．真空状態は1次元のヒルベルト空間である．したがって一時は，チェの定理が物理的に意味があるかどうかは明らかでなかった．しかしながら，逃れようなく必要に見える他の要求から，固有値の正定値性について同じ結論が導かれた．もし何らかの系 S が物理的に実現可能なら，S の二つの孤立したコピーから成り立つ系 $S \otimes S$ もおそらく実現可能であろう．核 K をもつ系 S の密度行列に作用する任意の対称性は直積 $K \otimes K$ で表される核として複合系の密度行列にも作用するだろう．ベナッティ，フロレアニーニ，ロマーノ[8]はこの場合，$K \otimes K$ が正定値である（$S \otimes S$ のすべてのエンタングルした正のエルミート密度行列を正のエルミート密度行列に変換する）ためには，K が正定値であるだけでなく完全正定値でなければならず，したがって K の固有値はすべて実際に正定値でなければならないことを証明した．

　微分方程式（6.9.23）は，L_α がエルミートである場合にはある特に面白い性質をもつ．一つの特徴はフォン・ノイマン・エントロピーが減少しないことである[9]．エントロピー（3.3.38）の増加率は[10]

$$\frac{d}{dt}S[\rho] = -k_{\mathrm{B}}\mathrm{Tr}\left[\frac{d\rho}{dt}[\mathbf{1}+\ln\rho]\right] = -k_{\mathrm{B}}\mathrm{Tr}\left[\frac{d\rho}{dt}\ln\rho\right].$$

式 (6.9.23) の第1項は dS/dt にまったく寄与しない.
なぜなら $\mathrm{Tr}\big[[\mathcal{H}',\rho]\ln\rho\big] = \mathrm{Tr}\big[\mathcal{H}'[\rho,\ln\rho]\big] = 0$ だから
である. したがって残るのは

$$\frac{d}{dt}S[\rho] = -k_{\mathrm{B}}\sum_a \mathrm{Tr}\big[(L_a\rho L_a - L_a^2\rho)\ln\rho\big]$$

$$= -k_{\mathrm{B}}\sum_a\sum_{ij}\big|[L_a]_{ij}\big|^2(p_j - p_i)\ln p_i.$$

ここで i と j は ρ の固有ベクトルのラベルであり, p_i と
p_j は対応する固有値である. L_a はエルミートだと仮定し
ているから, 因子 $\big|[L_a]_{ij}\big|^2(p_j - p_i)$ は i と j について反
対称的であり, 総和は

$$\frac{d}{dt}S[\rho] = \frac{k_{\mathrm{B}}}{2}\sum_a\sum_{ij}\big|[L_a]_{ij}\big|^2(p_j - p_i)(\ln p_j - \ln p_i)$$

$$(6.9.24)$$

のように書いてよい. しかし $\ln p$ は p の増加関数であ
るから, $(p_j - p_i)(\ln p_j - \ln p_i)$ は常に正であり, エント
ロピー S は減少しない. 証明終わり. 特に, 純粋状態
$(S=0)$ は, 一般に様々な確率をもった状態のアンサ
ンブル $(S>0)$ に発展する.

長い時間が経った後の密度行列の振舞いもまた面白い特
徴がある. ここではすべての L_a がエルミートである. 式
(6.9.23) は線形微分方程式であるから, $\rho(t)$ は総和[11]

$$\rho(t) = \sum_n \rho_n \exp(\lambda_n t) \qquad (6.9.25)$$

で与えられると考えられる．ここで ρ_n と λ_n は各々式
（6.9.23）の中の線形演算子の固有行列と固有値である．

$$\lambda_n \rho_n = -i[\mathcal{H}', \rho_n]$$

$$+ \sum_a \left[L_a \rho_n L_a^\dagger - \frac{1}{2} L_a^\dagger L_a \rho_n - \frac{1}{2} \rho_n L_a^\dagger L_a \right]. \qquad (6.9.26)$$

すべての L_a がエルミートである場合には

$$\lambda_n \mathrm{Tr}(\rho_n^\dagger \rho_n) = -i \mathrm{Tr}(\rho_n^\dagger [\mathcal{H}', \rho_n])$$

$$- \frac{1}{2} \sum_a \mathrm{Tr}([\rho_n, L_a]^\dagger [\rho_n, L_a]). \qquad (6.9.27)$$

右辺第 1 項は純虚数である．なぜなら $\mathrm{Tr}(\rho_n^\dagger [\mathcal{H}, \rho_n])^*$
$= \mathrm{Tr}([\rho_n^\dagger, \mathcal{H}] \rho_n) = \mathrm{Tr}(\rho_n^\dagger [\mathcal{H}, \rho_n])$ だからである．一方，
第 2 項は実数で負である．よって，すべての λ_n の実数部
は負であると結論できる．したがって式（6.9.25）の大
部分の項は指数関数的に減衰し，$\mathrm{Re}\,\lambda_n = 0$ の項だけが残
る．$\mathrm{Re}\,\lambda_n = 0$ となるのは，式（6.9.27）によれば，ρ_n
がすべての L_a と可換な場合である．

上記の議論から，ある観測可能量の組の測定を行うため
に用意された系において，どのような演算子 L_a が現れる
か見当がつく．式（3.7.2）で見たように，測定の効果は
始状態の密度行列を射影演算子 $\Lambda_\alpha = [\Psi_\alpha \Psi_\alpha^\dagger]$ の線形結
合に変換することであるはずである．この射影演算子は，
測定される演算子の直交規格化された固有ベクトル Ψ_α へ
の射影を表す．上記の結果によると，密度行列がこの形の

未来の極限をもつためには，（「ハミルトニアン」$\mathcal{H}'$ による振動の可能性は別として）すべての L_a が Λ_α と可換でなければならない．この条件から，L_a が Λ_α の線形結合でなければならないことが要請される[12]．

$$L_a = \sum_\alpha l_{a\alpha} \Lambda_\alpha. \qquad (6.9.28)$$

ここで，係数 $l_{a\alpha}$ は L_a がエルミートであるためには実数でなければならない．測定は巨視的な装置を必要とするから，L_a による密度行列の変化の率は $\mathcal{H}'$ による普通の量子力学の変化の率よりはるかに速いと考えられる．式（6.9.23）の第1項を無視すると，それは

$$\dot{\rho}(t) = \sum_{\alpha\beta} C_{\alpha\beta} \left[\Lambda_\alpha \rho(t) \Lambda_\beta - \frac{1}{2} \Lambda_\alpha \Lambda_\beta \rho(t) - \frac{1}{2} \rho(t) \Lambda_\alpha \Lambda_\beta \right]$$

$$(6.9.29)$$

の形になる．ここで $C_{\alpha\beta} = \sum_a l_{a\alpha} l_{a\beta}$ である．

$$\rho(t) = \sum_{\alpha\beta} f_{\alpha\beta}(t) \Lambda_\alpha \rho(0) \Lambda_\beta. \qquad (6.9.30)$$

の形の解を試してみよう．状態 Ψ_α が完全系をなすということは $\sum_\alpha \Lambda_\alpha = 1$ を意味するから，密度行列が $t = 0$ で $\rho(0)$ だという初期条件は，すべての α と β について $f_{\alpha\beta}(0) = 1$ ならば満足される．式（6.9.30）を式（6.9.29）に代入し，また関係 $\Lambda_\alpha \Lambda_\beta = \delta_{\alpha\beta} \Lambda_\alpha$ を使えば

$$\dot{f}_{\alpha\beta} = \lambda_{\alpha\beta} f_{\alpha\beta} \qquad (6.9.31)$$

となる．ここで

$$\lambda_{\alpha\beta} = C_{\alpha\beta} - \frac{1}{2}(C_{\alpha\alpha} + C_{\beta\beta})$$

$$= -\frac{1}{2}\sum_a (l_{a\alpha} - l_{a\beta})^2 \qquad (6.9.32)$$

である. 初期条件 $f_{\alpha\beta}(0) = 1$ を満足する解はもちろん $f_{\alpha\beta}(t) = \exp[\lambda_{\alpha\beta}t]$ である. したがって

$$\rho(t) = \sum_{\alpha\beta} \Lambda_\alpha \rho(0) \Lambda_\beta \exp[\lambda_{\alpha\beta}t]. \qquad (6.9.33)$$

α と β が異なるなら, すべての L_a について $l_{a\alpha}$ と $l_{a\beta}$ が一致することはない, という一般的な場合, $\alpha \neq \beta$ についての $\lambda_{\alpha\beta}$ は負定値である. したがって式 (6.9.33) の $\alpha = \beta$ 以外のすべての項は $t \to \infty$ で 0 となる. したがって時間が経つと

$$\rho(t) \to \sum_\alpha \Lambda_\alpha \rho(0) \Lambda_\alpha \qquad (6.9.34)$$

となる. これは (3.7.2) によって, Ψ_α が固有状態である量の測定についてまさに期待される振舞いである. したがって式 (6.9.29) は, 以下の二つの場合を再現し得るだけの一般性をもっていることがわかる. 一つは式 (6.9.29) の中の L_a の項が $\mathcal{H}'$ の項よりもずっと小さい場合, 密度行列は, 通常の量子力学に従ってユニタリー的に時間変化する. この式は, それだけでなく, 測定による密度行列の変化も記述できる.

原　注

(1) ここで記述する証明は P. Pearle, *Eur. J. Phys.* **33**, 805 (2012) [arXiv:1204. 2016]の取り扱いにしたがっている.

(2) G. C. Ghirardi, A. Rimini, and T. Weber, *Phys. Rev. D* **34**, 470 (1986); P. Pearle, *Phys. Rev. A* **39**, 2277 (1989); G. C. Ghirardi, P. Pearle, and A. Rimini, *Phys. Rev. A* **42**, 78 (1990); P. Pearle, in *Quantum Theory: A Two-Time Success Story* (Yakir Aharonov Festschrift), eds. D. C. Struppa & J. M. Tollakson (Springer, Berlin, 2013), Chapter 9 [arXiv: 1209. 5082]. 総合報告は A. Bassi and G. C. Ghirardi, *Physics Reports* **379**, 257 (2003).

(3) (6. 9. 1) の変換で, 核 K が負の固有値も正の固有値ももつにもかかわらず ρ の正定値性が保たれる標準的な例は, 転置写像 $K_{MM',NN'} = \delta_{MN'}\delta_{NM'}$ である. この核の場合, 式 (6. 9. 1) は ρ をその転置に変換する. ρ が正定値ならその転置ももちろん正定値である. しかしこの核の (式 (6. 9. 5) の意味での) 固有行列はすべて対称または反対称な行列であり, その固有値はそれぞれ +1 と −1 である.

(4) K. Kraus, *States, Effects, and Operations — Fundamental Notions of Quantum Theory*, Lecture Notes in Physics 190 (Springer-Verlag, Berlin, 1983), Chapter 3.

(5) G. Lindblad, *Commun. Math. Phys.* **48**, 119 (1976); V. Gorini, A. Kossakowski, and E. C. G. Sudarshan, *J. Math. Phys.* **17**, 821 (1976). またこれ以前に得られた A. Kossakowski, *Reports Math. Phys.* **3**, 247 (1972)の方程式 77 を素直に応用すればリンドブラード方程式が導かれる.

(6) W. F. Stinespring, *Proc. Am. Math. Soc.* **6**, 211 (1955); M. D. Choi, *J. Canad. Math.* **24**, 520 (1972). 総合報告は F. Benatti and R. Floreanini, *Int. J. Mod. Phys. B* **19**, 3063 (2005) [arXiv: quant-ph/0507271].

(7) M. D. Choi, *Linear Algebra and its Applications* **10**, 285 (1975).

(8) F. Benatti, R. Floreanini, and R. Romano, *J. Phys. A Math. Gen.* **35**, L351 (2002).
(9) ここの証明は T. Banks, L. Susskind, and M. H. Peskin, *Nuclear Phys.* B **244**, 125 (1984)が与えた証明の修正版である.

(10) これは任意の演算子関数 ρ の任意の微分可能な関数 $f(\rho)$ について $d\rho/dt$ が ρ と可換でない場合でも,

$$\frac{d}{dt}\operatorname{Tr} f(\rho) = \operatorname{Tr}\left[f'(\rho)\frac{d\rho}{dt}\right]$$

が成り立つという一般規則からただちに導かれる. これを見るには, $\rho(t)$ が固有値 p_i の規格化された固有ベクトル Ψ_i をもてば,

$$\operatorname{Tr}\left[f'(\rho)\frac{d\rho}{dt}\right] = \sum_i f'(p_i)\left(\Psi_i, \frac{d\rho}{dt}\Psi_i\right)$$

となることに注意しよう. しかし Ψ_i のノルムは時間に依存しないから

$$\begin{aligned}\frac{dp_i}{dt} &= \frac{d}{dt}(\Psi_i, \rho\Psi_i)\\ &= \left(\Psi_i, \frac{d\rho}{dt}\Psi_i\right) + p_i\left(\Psi_i, \frac{d}{dt}\Psi_i\right) + p_i\left(\frac{d}{dt}\Psi_i, \Psi_i\right)\\ &= \left(\Psi_i, \frac{d\rho}{dt}\Psi_i\right)\end{aligned}$$

したがって

$$\begin{aligned}\operatorname{Tr}\left[f'(\rho)\frac{d\rho}{dt}\right] &= \sum_i f'(p_i)\frac{dp_i}{dt}\\ &= \frac{d}{dt}\sum_i f(p_i) = \frac{d}{dt}\operatorname{Tr} f(\rho).\end{aligned}$$

これが望んでいた関係である. $\dot{S}$ の最終形は $\operatorname{Tr}\rho$ が定数であることから出てくる.

(11) これは固有値が縮退してない場合の一般式である. 固有値 λ_n が $\mathcal{N}$ 重に縮退している場合には指数関数 $\exp(\lambda_n t)$ に t の $\mathcal{N}-1$ 次の多項式がかかる.

(12) この条件が十分条件であることは明らかである. $\Lambda_\alpha\Lambda_\beta =$

$\delta_{\alpha\beta}\Lambda_\alpha$ であるから，すべての Λ はお互いに可換である．必要条件であることを見るためには，まず L_a が Λ_α と可換だという条件から

$$L_a\Psi_\alpha = L_a\Lambda_\alpha\Psi_\alpha = \Lambda_\alpha L_a\Psi_\alpha = \Psi_\alpha(\Psi_\alpha, L_a\Psi_\alpha)$$

がわかることに注意しよう．よって，すべての Ψ_α はあらゆる L_a の固有状態である．L_a はしたがって測定される観測量の関数にすぎない．3.3節で見たように，最も一般的なそのような関数は射影演算子 Λ_α の線形結合である．

問　題

1.　時間に依存するハミルトニアン $H = H_0 + H'(t)$ を考える．

$$H'(t) = U \exp(-t/T)$$

である．H_0 と U は時間に依存しない演算子で T は定数である．この摂動が，H_0 の固有状態 n から H_0 の固有状態 m への遷移を $t = 0$ から $t \gg T$ までの時間に引き起こす確率を U の最低次で求めよ．

2.　$2p$ 状態の水素原子が単色の外的電場の中でイオン化する率を求めよ．場の方向の角運動量成分についての平均をとれ（スピンは無視せよ）．

3.　いくつかの緩やかに変動するパラメーターをまとめて $s(t)$ とする．$s(t)$ に依存するハミルトニアン $H[s]$ を考える．$H[s]$ が $f[s]H[s]$ で置き換えられたとすると，与えられた閉曲線 C についてベリー位相 $\gamma_n[C]$ はどう影響されるかを述べよ．$f[s]$ は s の任意の実のスカラー関数である．

第7章 ポテンシャル散乱

　分子，原子，原子核中の粒子の軌跡は観察されない．その代わりこれらの系についての情報は，そのとびとびの準位からくるものは別として，もっぱら散乱によって得る必要がある．実際1.2節で見たように，原子物理学のまさに最初，原子の中心の小さな重い原子核の部分に正の電荷が集中していることが理解されたのは，1911年にラザフォードの研究室で行われた散乱実験によってであった．その実験では，ラジウムの原子核から放出されたアルファ粒子が金の原子で散乱される様子が観測された．今日でも素粒子の性質の研究は，主に高エネルギーの加速器からきた粒子の散乱の研究である．

　この章では，局所的なポテンシャルの中の非相対論的な弾性散乱という，単純だが重要な場合の散乱の理論を学ぶ．もっと一般的な問題に容易に拡張できるような現代的な方法を用いた，散乱理論の一般的な定式化は次の第8章で説明する．

7.1 in 状態

　質量 μ の非相対論的な粒子がポテンシャル $V(\mathbf{x})$ の中

にいるとする．ハミルトニアンは

$$H = H_0 + V(\mathbf{x}) \qquad (7.1.1)$$

である．$H_0 = \mathbf{p}^2/2\mu$ は運動エネルギーの演算子であり，$\mathbf{x}$ は位置の演算子である．ポテンシャル $V = V(r)$ という中心力の場合にのちほど話を限る（$r \equiv |\mathbf{x}|$）．当面は $V = V(\mathbf{x})$ という一般的な場合を考えるが，中心力の場合と同じくらい容易である．$r \to \infty$ で $V(\mathbf{x}) \to 0$ と仮定する．エネルギーが負になる束縛状態の粒子は考えない．ここでは正のエネルギーをもった粒子が遠くから運動量 $\hbar\mathbf{k}$ でポテンシャルに入射し，散乱されて無限遠に飛んでいく場合を考える．一般に，散乱された粒子は入射方向と異なるさまざまな方向へ飛んでいく．

ハイゼンベルクの描像では，この状況は時間に依存しない状態ベクトル $\Psi_{\mathbf{k}}^{\mathrm{in}}$ で表現される．上付きの添え字「in」は，測定が散乱される十分前に行われたとした場合に，この状態が散乱の中心から離れたところで運動量 $\hbar\mathbf{k}$ をもった粒子であることを示す．このことが何を意味するかについては気をつけなければならない．非常に早い時期には粒子はポテンシャルが無視できる場所にいるから，そのエネルギーは $\hbar^2\mathbf{k}^2/2\mu$ であり，この状態ベクトルはハミルトニアンの固有状態である．

$$H\Psi_{\mathbf{k}}^{\mathrm{in}} = \frac{\hbar^2\mathbf{k}^2}{2\mu}\Psi_{\mathbf{k}}^{\mathrm{in}}. \qquad (7.1.2)$$

シュレーディンガーの描像では，時間に依存する状態ベクトル $\exp(-itH/\hbar)\Psi_{\mathbf{k}}^{\mathrm{in}}$ は，一見して自明な位相因子

$\exp(-i\hbar t \mathbf{k}^2/2\mu)$ と $\Psi_{\mathbf{k}}^{\mathrm{in}}$ との積である．上記の $\Psi_{\mathbf{k}}^{\mathrm{in}}$ の定義を解釈するためには，エネルギーの広がりをもち時間依存性の異なる状態ベクトルの**重ね合わせ**

$$\Psi_g(t) = \int d^3 k \, g(\mathbf{k}) \exp(-i\hbar t \mathbf{k}^2/2\mu) \Psi_{\mathbf{k}}^{\mathrm{in}} \qquad (7.1.3)$$

を考えなければならない．$g(\mathbf{k})$ は滑らかな関数であり，ある波数 $\mathbf{k}_0$ にピークをもつ．状態ベクトル $\Psi_{\mathbf{k}}^{\mathrm{in}}$ は固有値をもつ方程式（7.1.2）の特殊解で，さらに，任意の十分滑らかな関数 $g(\mathbf{k})$ について $t \to -\infty$ で

$$\Psi_g(t) \to \int d^3 k \, g(\mathbf{k}) \exp(-i\hbar t \mathbf{k}^2/2\mu) \Phi_{\mathbf{k}} \qquad (7.1.4)$$

を満足する解だと定義できる．$\Phi_{\mathbf{k}}$ は運動量演算子 $\mathbf{P}$ の直交規格化された固有ベクトルであり，その固有値は $\hbar\mathbf{k}$ である．

$$\mathbf{P}\Phi_{\mathbf{k}} = \hbar\mathbf{k}\Phi_{\mathbf{k}}, \quad (\Phi_{\mathbf{k}}, \Phi_{\mathbf{k}'}) = \delta^3(\hbar\mathbf{k} - \hbar\mathbf{k}'). \qquad (7.1.5)$$

したがって $\Phi_{\mathbf{k}}$ は H_0 の固有ベクトルである（H の固有ベクトルではない！）．固有値は $E(|\mathbf{k}|) = \hbar^2\mathbf{k}^2/2\mu$ である．（状態のラベルは波数であるが，それらのスカラー積が運動量のデルタ関数であるように規格化するのが実際上便利である．したがって波数のデルタ関数とはしない．）そうすると規格化の条件 $(\Psi_g, \Psi_g) = 1$ は，条件

$$\hbar^{-3} \int d^3 k \, |g(\mathbf{k})|^2 = 1 \qquad (7.1.6)$$

と等価である．

シュレーディンガー方程式を積分方程式に書き換えて条

件 (7.1.4) を表すことができる. 方程式 (7.1.2) は

$$\big(E(|\mathbf{k}|)-H_0\big)\Psi_{\mathbf{k}}^{\mathrm{in}} = V\Psi_{\mathbf{k}}^{\mathrm{in}}$$

と書ける. この方程式の解は, 形式的だが

$$\Psi_{\mathbf{k}}^{\mathrm{in}} = \Phi_{\mathbf{k}} + \big(E(|\mathbf{k}|)-H_0+i\epsilon\big)^{-1}V\Psi_{\mathbf{k}}^{\mathrm{in}} \qquad (7.1.7)$$

である. ここで ϵ は正の無限小の量であり, これが挿入されたのは演算子 $\big(E(|\mathbf{k}|)-H_0+i\epsilon\big)^{-1}$ を H_0 の固有値について積分するときに意味を与えるためである. これをリップマン-シュウィンガー方程式と呼ぶ[1]. (これは「形式的な」解にすぎない. なぜなら $\Psi_{\mathbf{k}}^{\mathrm{in}}$ が右辺にも左辺にもあるからである.)

もちろん, シュレーディンガー方程式の解として似たような解 $E(|\mathbf{k}|)-H_0-i\epsilon$ を $E(|\mathbf{k}|)-H_0+i\epsilon$ の代わりにすることもできたであろう. あるいは $E(|\mathbf{k}|)-H_0-i\epsilon$ と $E(|\mathbf{k}|)-H_0+i\epsilon$ の任意の平均をとったり, あるいは式 (7.1.7) の第1項を落とすことさえもできたであろう. この特定の「解」(7.1.7) の特徴は初期条件 (7.1.4) を満足することである.

このことを理解するには, $V\Psi_{\mathbf{k}}^{\mathrm{in}}$ を直交規格化した自由粒子の状態 $\Phi_{\mathbf{q}}$ で

$$V\Psi_{\mathbf{k}}^{\mathrm{in}} = \hbar^3 \int d^3q\, \Phi_{\mathbf{q}}(\Phi_{\mathbf{q}}, V\Psi_{\mathbf{k}}^{\mathrm{in}}) \qquad (7.1.8)$$

と展開すればよい. すると式 (7.1.7) は

$$\Psi_{\mathbf{k}}^{\mathrm{in}} = \Phi_{\mathbf{k}} + \hbar^3 \int d^3q\big(E(|\mathbf{k}|)-H_0+i\epsilon\big)^{-1}$$

$$\times \Phi_{\mathbf{q}}(\Phi_{\mathbf{q}}, V\Psi_{\mathbf{k}}^{\mathrm{in}}) \qquad (7.1.9)$$

となる. 式 (7.1.3) の中の $\mathbf{k}$ についての積分を計算する
ために

$$\int d^3k\, g(\mathbf{k})\, \frac{\exp(-i\hbar t \mathbf{k}^2/2\mu)}{E(|\mathbf{k}|)-E(q)+i\epsilon}(\Phi_{\mathbf{q}}, V\Psi^{\text{in}}_{\mathbf{k}})$$
$$= \int d\Omega \int_0^\infty k^2 g(\mathbf{k})dk\, \frac{\exp(-i\hbar t k^2/2\mu)}{E(k)-E(q)+i\epsilon}(\Phi_{\mathbf{q}}, V\Psi^{\text{in}}_{\mathbf{k}})$$

に注意する. ここで $d\Omega = \sin\theta\, d\theta\, d\phi$ である. 次に k につ
いての積分をエネルギーについての積分に変換する. そ
れには $dk = \mu\, dE/k\hbar^2$ を使う. さて $t \to -\infty$ のとき, 指
数関数は非常に激しく振動するから, 積分に寄与する
E の値は $E(q)$ に非常に近い値だけである. したがって
$t \to -\infty$ では, 指数関数と分母が激しく変動する場合を
除いて $k=q$ とすることができる. 結果は

$$\int_{-\infty}^{\infty} \frac{\exp(-iEt/\hbar)}{E-E(q)+i\epsilon}dE$$

に比例する. (積分範囲を実軸全体に延長した. それが
許されるのは, 積分が $|E-E(q)| \gg \hbar/|t|$ の範囲の外か
らはほとんど寄与を受けないからである.) そうすると
$t \to -\infty$ について, 積分路を複素平面の上半分の非常に
大きな半円で閉じることができる. 半円上では積分を無
視できるが, それは $\text{Im}\, E > 0$ と $t \to -\infty$ のために分子の
$\exp(-iEt/\hbar)$ が指数関数的に小さいからである. しかし
被積分関数の唯一の極が $E = E(q)-i\epsilon$ にある. それは下
側の半平面にあるから $t \to -\infty$ では 0 となる. こうして
残るのは式 (7.1.9) の第 1 項の寄与だけとなり, 結果は

$t \to -\infty$ について（7.1.4）となる.

条件（7.1.4）の意味を明らかにするためには，それと，位置の確定した状態 $\Phi_{\mathbf{x}}$ とのスカラー積を考えよう. 普通の平面波の波動関数は運動量が確定していて，式（3.5.12）のように，

$$(\Phi_{\mathbf{x}}, \Phi_{\mathbf{k}}) = (2\pi\hbar)^{-3/2} e^{i\mathbf{k}\cdot\mathbf{x}} \qquad (7.1.10)$$

の形をしている. これから $t \to -\infty$ について

$$(\Phi_{\mathbf{x}}, \Psi_g(t)) \to (2\pi\hbar)^{-3/2} \int d^3k\, g(\mathbf{k})$$

$$\times \exp(i\mathbf{k}\cdot\mathbf{x} - i\hbar t\mathbf{k}^2/2\mu). \qquad (7.1.11)$$

粒子は第3軸の負領域に沿って長い距離やってきたと仮定するから，t と x_3 が負で非常に大きい極限に興味がある. 但し x_3/t は一定に保つ. しかしまた粒子の速度は十分密接に第3軸の方向にせまく制限されており，その範囲でだけ $g(\mathbf{k})$ が無視できないと仮定する. すなわち

$$\hbar|t|\mathbf{k}_\perp^2/2\mu \ll 1. \qquad (7.1.12)$$

ここで $\mathbf{k}_\perp$ は2元ベクトル (k_1, k_2) である. 式（7.1.11）は

$$(\Phi_{\mathbf{x}}, \Psi_g(t)) \to (2\pi\hbar)^{-3/2} \int d^2k_\perp \int_{-\infty}^{\infty} dk_3\, g(\mathbf{k}_\perp, k_3)$$

$$\times \exp(i\mathbf{k}_\perp\cdot\mathbf{x}_\perp) \exp(ix_3^2\mu/2\hbar t)$$

$$\times \exp\left(-i\hbar t(k_3 - \mu x_3/\hbar t)^2/2\mu\right) \qquad (7.1.13)$$

と書かれる. 最後の因子は k_3 の関数として激しく振動するから，$t \to -\infty$ についての積分の寄与は k_3 が定常点

$k_3 = \mu x_3$ に近いところからの寄与に限られる．したがって $t \to -\infty$ で x_3/t が一定の場合，積分は

$(\Phi_{\mathbf{x}}, \Psi_g(t))$

$\to (2\pi\hbar)^{-3/2} \int d^2 k_\perp \, g(\mathbf{k}_\perp, \mu x_3/\hbar t) \exp(i\mathbf{k}_\perp \cdot \mathbf{x}_\perp)$

$\times \exp(i x_3^2 \mu / 2\hbar t) \int_{-\infty}^{\infty} dk_3 \, \exp(-i\hbar t(k_3 - \mu x_3/\hbar t)^2/2\mu)$

$= (2\pi\hbar)^{-3/2} \exp(i x_3^2 \mu / 2\hbar t) \sqrt{\dfrac{2\mu\pi}{i\hbar t}}$

$\times \int d^2 k_\perp \, g(\mathbf{k}_\perp, \mu x_3/\hbar t) \exp(i\mathbf{k}_\perp \cdot \mathbf{x}_\perp) \qquad (7.1.14)$

となる．関数 $g(\mathbf{k}_\perp, k_3)$ は滑らかではあるが，$k_3 = k_0$ と $\mathbf{k}_\perp = 0$ に鋭いピークがあり，したがって，粒子が x_3 軸に沿って速度 $\hbar k_0/\mu$ で運動していることに対応して，式 (7.1.14) には $x_3 = \hbar k_0 t/\mu$ に鋭いピークがあると仮定する．特に，$t \to -\infty$ については空間的な確率分布は

$\big| (\Phi_{\mathbf{x}}, \Psi_g(t)) \big|^2$

$\to \dfrac{\mu}{4\pi^2 \hbar^4 t} \left| \int d^2 k_\perp \, g(\mathbf{k}_\perp, \mu x_3/\hbar t) \exp(i\mathbf{k}_\perp \cdot \mathbf{x}_\perp) \right|^2$

$\qquad\qquad\qquad\qquad\qquad\qquad\qquad\qquad (7.1.15)$

であり，確率の保存が正しく成り立っている．

$\int d^3 x \big| (\Phi_{\mathbf{x}}, \Psi_g(t)) \big|^2$

$\to \dfrac{\mu}{\hbar^4 t} \int d^2 k_\perp \int_{-\infty}^{\infty} dx_3 \big| g(\mathbf{k}_\perp, \mu x_3/\hbar t) \big|^2$

$$= \hbar^{-3} \int d^2 k_\perp \int_{-\infty}^{\infty} dk_3 \, \big| g(\mathbf{k}_\perp, k_3) \big|^2 = 1.$$

$$(7.1.16)$$

$$* \quad * \quad * \quad * \quad *$$

以上がうまく行っていることは，関数 $g(\mathbf{k})$ について簡単な例をとるともっと詳しく理解できる．

$$g(\mathbf{k}) \propto \exp\Big(-\frac{\Delta_0^2}{2}(\mathbf{k}-\mathbf{k}_0)^2 - i\frac{\hbar \mathbf{k} \cdot \mathbf{k}_0 t_0}{\mu} + \frac{i\hbar t_0 \mathbf{k}^2}{2\mu}\Big)$$

とする．ここで t_0 は始まりの時間で大きな負の値である．$\mathbf{k}_0$ は第 3 軸の方向であり，Δ_0 は定数である．（指数関数の中で t_0 に比例する項は，次の計算でわかる通り，Δ_0 が時間 $t=t_0$ での座標空間での波動関数の広がりであるように選んである．これらの項は $\mathbf{k}$ について $\mathbf{k}=\mathbf{k}_0$ で定常的であるから，それらが存在することは式（7.1.14）を導くための議論と反していない．）式（7.1.11）を使ってひたすら計算すると，$t \to -\infty$ での空間的確率分布は

$$\big| (\Phi_{\mathbf{x}}, \Psi_g(t)) \big|^2 \propto \Delta^{-3} \exp\Big(-\frac{1}{\Delta^2}\big(\mathbf{x}-(\hbar\mathbf{k}_0/\mu)t\big)^2\Big)$$

となる．

$$\Delta \equiv \Big(\Delta_0^2 + \frac{\hbar^2(t-t_0)^2}{\mu^2 \Delta_0^2}\Big)^{1/2}$$

である．したがって確率分布は速度が運動量の平均 $\hbar\mathbf{k}_0$ を質量 μ で割った値を中心としており，$t=0$ で散乱の中心 $\mathbf{x}=0$ に近づく．

　この分布の広がりは $t = t_0$ で Δ_0 であるが，$t - t_0 > \mu\Delta_0^2/\hbar$ では増え始める．これは運動学に基づいて簡単に理解できる．波動関数の速度の広がり Δv は $\hbar/\mu$ と波数の広がりの積であるから $\hbar/\mu\Delta_0$ のオーダーである．時間間隔 $t - t_0$ の後，これは $\Delta v(t - t_0) \approx \hbar(t - t_0)/\mu\Delta_0$ だけ位置の広がりに加わる．これは $t - t_0 > \mu\Delta_0^2/\hbar$ については始めの広がり Δ_0 より大きくなる．

　波束の広がりは典型的な例では重大ではない．$t = t_0$ と $t = 0$ の時間内に波束が目に見て拡がらないためには $\Delta_0^2 > \hbar|t_0|/\mu$ を要する．しかしまた $\Delta_0 \ll \hbar k_0|t_0|/\mu$ でなければならない．これは t_0 が十分早くて，$t = t_0$ で波束が散乱中心まで広がっていないためである．この二つの条件は $\hbar k_0^2|t_0|/\mu \gg 1$ ならば両立する．そのことは，波動関数の振動が粒子が散乱中心に当たる前に多数回振動する時間をもつことを意味する．この要求は「散乱過程」の意味の一部と考えられる．

原　注
(1) B. Lippmann and J. Schwinger, *Phys. Rev.* **79**, 469 (1950).

7.2　散乱振幅

　前節では，早い時期に粒子が散乱中心での衝突に向かって進行してくるように見える状態を定義した．そこで次に，この状態が衝突の後にどう見えるかを考えなければな

らない.

このために, 座標空間での波動関数の状態 $\Psi_{\mathbf{k}}^{\mathrm{in}}$ を考える. 式 (7.1.8) に戻って,

$$
\begin{aligned}
V\Psi_{\mathbf{k}}^{\mathrm{in}} &= \int d^3x\, \Phi_{\mathbf{x}}(\Phi_{\mathbf{x}}, V\Psi_{\mathbf{k}}^{\mathrm{in}}) \\
&= \int d^3x\, \Phi_{\mathbf{x}} V(\mathbf{x})\phi_{\mathbf{k}}(\mathbf{x}) \tag{7.2.1}
\end{aligned}
$$

と書こう. $\phi_{\mathbf{k}}(\mathbf{x})$ は in 状態の座標空間での波動関数である.

$$
\phi_{\mathbf{k}}(\mathbf{x}) \equiv (\Phi_{\mathbf{x}}, \Psi_{\mathbf{k}}^{\mathrm{in}}). \tag{7.2.2}
$$

すると, リップマン - シュウィンガー方程式 (7.1.7) と位置の決まった状態 $\Phi_{\mathbf{x}}$ のスカラー積をとり, 式 (7.1.10) を使うと,

$$
\phi_{\mathbf{k}}(\mathbf{x}) = (2\pi\hbar)^{-3/2}e^{i\mathbf{k}\cdot\mathbf{x}} + \int d^3y\, G_k(\mathbf{x}-\mathbf{y})V(\mathbf{y})\phi_{\mathbf{k}}(\mathbf{y}) \tag{7.2.3}
$$

となる. G_k はグリーン関数である.

$$
\begin{aligned}
G_k(\mathbf{x}-\mathbf{y}) &= \left(\Phi_{\mathbf{x}}, [E(k)-H_0+i\epsilon]^{-1}\Phi_{\mathbf{y}}\right) \\
&= \int \frac{\hbar^3 d^3q}{(2\pi\hbar)^3}\frac{e^{i\mathbf{q}\cdot(\mathbf{x}-\mathbf{y})}}{E(k)-E(q)+i\epsilon} \\
&= \frac{4\pi}{(2\pi)^3}\int_0^\infty q^2 dq\frac{\sin(q|\mathbf{x}-\mathbf{y}|)}{q|\mathbf{x}-\mathbf{y}|}\frac{2\mu/\hbar^2}{k^2-q^2+i\epsilon} \\
&= -i\frac{2\mu}{\hbar^2}\frac{1}{4\pi^2|\mathbf{x}-\mathbf{y}|}\int_{-\infty}^\infty \frac{e^{iq|\mathbf{x}-\mathbf{y}|}q\,dq}{k^2-q^2+i\epsilon}
\end{aligned}
$$

$$= -\frac{2\mu}{\hbar^2}\frac{1}{4\pi|\mathbf{x}-\mathbf{y}|}e^{ik|\mathbf{x}-\mathbf{y}|}. \qquad (7.2.4)$$

（最後の式を得るには，積分路を上半面の大きな半円を追加して閉じる．その上で $q = k + i\epsilon$ にある極の寄与を拾い出す．）ポテンシャル $V(\mathbf{y})$ が $|\mathbf{y}| \to \infty$ で十分急に減少するなら，式 (7.2.3) から $|\mathbf{x}| \to \infty$ について

$$\psi_{\mathbf{k}}(\mathbf{x}) \to (2\pi\hbar)^{-3/2}\left[e^{i\mathbf{k}\cdot\mathbf{x}} + f_{\mathbf{k}}(\hat{\mathbf{x}})e^{ikr}/r\right] \qquad (7.2.5)$$

が与えられる．$r \equiv |\mathbf{x}|$ である．$f_{\mathbf{k}}(\hat{\mathbf{x}})$ を**散乱振幅**という．

$$f_{\mathbf{k}}(\hat{\mathbf{x}}) = -\frac{\mu}{2\pi\hbar^2}(2\pi\hbar)^{3/2}\int d^3y\, e^{-ik\hat{\mathbf{x}}\cdot\mathbf{y}}V(\mathbf{y})\psi_{\mathbf{k}}(\mathbf{y}).$$
$$(7.2.6)$$

さて，重ね合わせ (7.1.3) が散乱後に十分長い時間が経ったらどうなるかを考えよう．波動関数

$$\psi_g(\mathbf{x}, t) \equiv \left(\Phi_{\mathbf{x}}, \Psi_g^{\mathrm{in}}(t)\right)$$
$$= \int d^3k\, g(\mathbf{k})\psi_{\mathbf{k}}(\mathbf{x})\exp(-i\hbar t\mathbf{k}^2/2\mu) \qquad (7.2.7)$$

を考える．ここで $t \to +\infty$ の極限を考える．r/t を一定に保ち $r \to +\infty$ でもあるとする．$\mathbf{x}$ は第3軸を離れる場合である．この極限で式 (7.2.5) を使うと，式 (7.2.7) より

$$\psi_g(\mathbf{x}, t) \to \frac{(2\pi\hbar)^{-3/2}}{r}\int d^2k_\perp \int_{-\infty}^{\infty} dk_3\, g(\mathbf{k}_\perp, k_3)$$
$$\times \exp(ik_3 r - i\hbar t k_3^2/2\mu)f_{\mathbf{k}_0}(\hat{\mathbf{x}}) \qquad (7.2.8)$$

となる．散乱振幅の下付きの添え字を $\mathbf{k}_0$ としたのは，関数 g がこの $\mathbf{k}$ の値で鋭いピークをもっているからである．

また指数関数の引数の中で $k \equiv \sqrt{k_3^2 + \mathbf{k}_\perp^2}$ を $k \simeq k_3$ と近似
した. なぜなら $g(\mathbf{k}_\perp, k_3)$ は $|\mathbf{k}_\perp| \ll k_3$ でなければ無視で
きると想定されるからである. 前節と同様, r と t が大き
ければ $g(\mathbf{k}_\perp, k_3)$ の中の k_3 を値 $k_3 = \mu r/\hbar t$ に等しいとお
くことができる. ここで指数関数の引数は定常的である.
したがって

$$
\begin{aligned}
\psi_g(\mathbf{x}, t) &\to \frac{(2\pi\hbar)^{-3/2}}{r} f_{\mathbf{k}_0}(\widehat{\mathbf{x}}) \int d^2k_\perp \, g(\mathbf{k}_\perp, \mu r/\hbar t) \\
&\quad \times \int_{-\infty}^{\infty} dk_3 \exp(ik_3 r - i\hbar t k_3^2/2\mu) \\
&= \frac{(2\pi\hbar)^{-3/2}}{r} f_{\mathbf{k}_0}(\widehat{\mathbf{x}}) \int d^2k_\perp \, g(\mathbf{k}_\perp, \mu r/\hbar t) \\
&\quad \times \exp(i\mu r^2/2\hbar t) \sqrt{\frac{2\mu\pi}{i\hbar t}}
\end{aligned} \tag{7.2.9}
$$

となる. 粒子がその後の時間で, $\widehat{\mathbf{x}}$ の方向の無限小の立体
角 $d\Omega$ の円錐部分のどこかに存在する確率 $dP(\widehat{\mathbf{x}})$ は, そ
の円錐についての $|\psi_g(\mathbf{x}, t)|^2$ の積分によって,

$$
\begin{aligned}
dP(\widehat{\mathbf{x}}, \mathbf{k}_0) &= d\Omega \int_0^\infty r^2 dr \, |\psi_g(r\widehat{\mathbf{x}}, t)|^2 \\
&\to \frac{1}{(2\pi)^2} \frac{\mu}{\hbar^4 t} |f_{\mathbf{k}_0}(\widehat{\mathbf{x}})|^2 d\Omega \int_0^\infty dr \left| \int d^2k \, g(\mathbf{k}_\perp, \mu r/\hbar t) \right|^2
\end{aligned} \tag{7.2.10}
$$

となる. 積分変数を r から $k_3 \equiv \mu r/\hbar t$ に変えると

$$\frac{dP(\hat{\mathbf{x}}, \mathbf{k}_0)}{d\Omega} = \frac{1}{(2\pi)^2 \hbar^3} |f_{\mathbf{k}_0}(\hat{\mathbf{x}})|^2$$
$$\times \int_0^\infty dk_3 \left| \int d^2 k_\perp \, g(\mathbf{k}_\perp, k_3) \right|^2. \tag{7.2.11}$$

さて，式 (7.2.11) の中の $|f_{\mathbf{k}_0}(\hat{\mathbf{x}})|^2$ の係数の次元は面積の逆数と同じである．実際，それは粒子が第3軸を中心とし，第3軸に垂直な小範囲にある単位面積あたりの確率に正確に等しい．すなわち，$t \to -\infty$ について

$$\rho_\perp \equiv \lim \int_{-\infty}^\infty dx_3 |\psi_g(0, x_3, t)|^2. \tag{7.2.12}$$

これを理解するには，式 (7.1.15) によると $\mathbf{x}_\perp = 0$ の場合，量 (7.2.12) は

$$\rho_\perp = \frac{\mu}{4\pi^2 \hbar^4 t} \int_{-\infty}^\infty dx_3 \left| \int d^2 k_\perp \, g(\mathbf{k}_\perp, \mu x_3/\hbar t) \right|^2$$
$$= \frac{1}{4\pi^2 \hbar^3} \int_{-\infty}^\infty dk_3 \left| \int d^2 k_\perp \, g(\mathbf{k}_\perp, k_3) \right|^2 \tag{7.2.13}$$

となることに注意しよう．これは式 (7.2.11) に現れる係数である．したがって式 (7.2.11) は

$$\frac{dP(\hat{\mathbf{x}}, \mathbf{k}_0)}{d\Omega} = \rho_\perp |f_{\mathbf{k}_0}(\hat{\mathbf{x}})|^2 \tag{7.2.14}$$

とも書ける．そこで微分断面積を比

$$\frac{d\sigma(\hat{\mathbf{x}}, \mathbf{k}_0)}{d\Omega} \equiv \frac{1}{\rho_\perp} \frac{dP(\hat{\mathbf{x}}, \mathbf{k}_0)}{d\Omega} \tag{7.2.15}$$

と定義する．したがって

$$\frac{d\sigma(\hat{\mathbf{x}}, \mathbf{k}_0)}{d\Omega} = |f_{\mathbf{k}_0}(\hat{\mathbf{x}})|^2. \qquad (7.2.16)$$

$d\sigma(\hat{\mathbf{x}}, \mathbf{k}_0)$ は，粒子が $\hat{\mathbf{x}}$ の近傍の微小な立体角 $d\Omega$ 中に散乱するために命中すべき，x_3 軸と直交する微小面積であると考えられる．すると式（7.2.15）は，この範囲に当たる確率が $d\sigma$ とビームの有効断面積 $1/\rho_\perp$ との比に等しいことを述べている．

これからは k_0 の添え字 0 を省略する．また散乱振幅を $\mathbf{k}$ と $\hat{\mathbf{x}}$ の関数として表す代わりに，一般的に k，および $\mathbf{k}$ の方向の $\mathbf{x}$ の極座標の角度 θ と ϕ の関数と表す．したがって式（7.2.16）は

$$d\sigma(\theta, \phi, k) = |f_k(\theta, \phi)|^2 \sin\theta \, d\theta \, d\phi \qquad (7.2.17)$$

と書く．

もちろん，$d\sigma/d\Omega$ を測定するために実験家は実際に粒子を単独の標的に当てるのではない．そうではなく，どれだけかの粒子のビームを大きな数 N_T 個の標的を含む薄板に向ける．（ビームからの粒子が 2 個以上の標的との多重散乱に巻き込まれる可能性を防ぐために，板は薄くなければならない．これが 1.2 節の原子核の発見の実験で標的が金の薄膜であった理由である．）ある特定の範囲の角度への散乱が起こるのが，ビームからの粒子が標的のまわりの小さな面積 $d\sigma$ に当たった場合に限られるとすると，この範囲の角度に粒子が散乱される数は，横方向の単位面積あたりの粒子数 $\mathcal{N}_B$ と，それが当たらなければならない全面積 $\mathcal{N}_T \, d\sigma$ との積である．

7.3 光学定理

さて，式（7.2.5）の中の平面波の項が入射波の散乱で
残っているのは奇妙に思えるかも知れない．実際は，前方
では式（7.2.5）の中の二つの項の干渉が起こり，そのた
めに散乱中心を超えたあとの平面波の振幅は減衰する．こ
れは確率の保存の要請の通りである．これが起こるために
は，前方散乱の振幅と散乱の全断面積との間に関係がなけ
ればならない．この関係は**光学定理**[1]と呼ばれる．

この定理を導くには，1.5節で議論した3次元での確率
の保存の条件を使う．座標空間では，ここでのシュレーデ
ィンガー方程式は

$$-\frac{\hbar^2}{2M}\nabla^2\psi_{\mathbf{k}}+V(\mathbf{x})\psi_{\mathbf{k}}=\frac{\hbar^2\mathbf{k}^2}{2M}\psi_{\mathbf{k}} \qquad (7.3.1)$$

である．この式に複素共役 $\psi_{\mathbf{k}}^*$ をかけ，その積の複素共役
との差をとる．ポテンシャルが実であるとして

$$0=\psi_{\mathbf{k}}^*\nabla^2\psi_{\mathbf{k}}-\psi_{\mathbf{k}}\nabla^2\psi_{\mathbf{k}}^*$$
$$=\boldsymbol{\nabla}\cdot(\psi_{\mathbf{k}}^*\boldsymbol{\nabla}\psi_{\mathbf{k}}-\psi_{\mathbf{k}}\boldsymbol{\nabla}\psi_{\mathbf{k}}^*) \qquad (7.3.2)$$

である．これから，ガウスの定理を使うと任意の半径 r
の球面について

$$0=r^2\int_0^\pi\sin\theta\,d\theta\int_0^{2\pi}d\phi\left(\psi_{\mathbf{k}}^*\frac{\partial\psi_{\mathbf{k}}}{\partial r}-\psi_{\mathbf{k}}\frac{\partial\psi_{\mathbf{k}}^*}{\partial r}\right) \quad (7.3.3)$$

となる．特に，漸近的な公式（7.2.5）を使えるほど r を
十分大きくする．この極限で $\mathbf{k}$ は第3軸の方向であり，
$x_3=r\cos\theta$ であることを思い出すと

$$(2\pi\hbar)^3\psi_{\mathbf{k}}^*\frac{\partial\psi_{\mathbf{k}}}{\partial r} \to ik\cos\theta + \frac{ikf_{\mathbf{k}}e^{ikr(1-\cos\theta)}}{r}$$
$$-\frac{f_{\mathbf{k}}e^{ikr(1-\cos\theta)}}{r^2}$$
$$+\frac{ikf_{\mathbf{k}}^*\cos\theta e^{-ikr(1-\cos\theta)}}{r}$$
$$+\frac{ik|f_{\mathbf{k}}|^2}{r^2}-\frac{|f_{\mathbf{k}}|^2}{r^3}.$$

したがって

$$(2\pi\hbar)^3\left[\psi_{\mathbf{k}}^*\frac{\partial\psi_{\mathbf{k}}}{\partial r}-\psi_{\mathbf{k}}\frac{\partial\psi_{\mathbf{k}}^*}{\partial r}\right]$$
$$\to 2ik\cos\theta + \frac{ik(1+\cos\theta)e^{ikr(1-\cos\theta)}f_{\mathbf{k}}}{r}$$
$$+\frac{ik(1+\cos\theta)e^{-ikr(1-\cos\theta)}f_{\mathbf{k}}^*}{r}$$
$$-\frac{e^{ikr(1-\cos\theta)}f_{\mathbf{k}}}{r^2}+\frac{e^{-ikr(1-\cos\theta)}f_{\mathbf{k}}^*}{r^2}+\frac{2ik|f_{\mathbf{k}}|^2}{r^2}.$$
$$(7.3.4)$$

$kr\gg 1$ について，指数関数 $e^{\pm ikr(1-\cos\theta)}$ は $\cos\theta = 1$ の場合の他は激しく振動するから，式 (7.3.3) の中の θ についての積分のほとんど全部が $\theta=0$ の近くからの寄与である．したがって θ と ϕ の任意の滑らかな関数 $g(\theta,\phi)$ について

$$\int_0^\pi\sin\theta\,d\theta\int_0^{2\pi}d\phi\,e^{ikr(1-\cos\theta)}g(\theta,\phi)$$
$$\to 2\pi g(0)\int_0^\pi\sin\theta\,d\theta\,e^{ikr(1-\cos\theta)} \quad (7.3.5)$$

と近似できる．ここで $g(0)$ は $g(\theta, \phi)$ の $\theta = 0$ での値で，しかも ϕ によらないとする．変数 $\nu \equiv 1 - \cos\theta$ を導入し，積分の上限 $\nu = 2$ を $\nu = \infty$ とおきかえると（被積分関数の振動のために，ν の 2 と ∞ の間の寄与は kr の大きいときには指数関数的に減少する），これは

$$\int_0^\pi \sin\theta\, d\theta \int_0^{2\pi} d\phi\, e^{ikr(1-\cos\theta)} g(\theta, \phi)$$

$$\rightarrow 2\pi g(0) \int_0^\infty d\nu\, e^{ikr\nu} = 2\pi i g(0)/kr \quad (7.3.6)$$

となる．（ν についての積分を計算するためにはいつもの工夫だが，被積分関数に因子 $e^{-\epsilon\nu}$ を挿入する．$\epsilon > 0$ である．その上で積分の後，ϵ を 0 にする．）これを式 (7.3.4) の立体角の積分について適用すると

$$(2\pi\hbar)^3 \int_0^\pi \sin\theta\, d\theta \int_0^{2\pi} d\phi \left(\psi_{\mathbf{k}}^* \frac{\partial \psi_{\mathbf{k}}}{\partial r} - \psi_{\mathbf{k}} \frac{\partial \psi_{\mathbf{k}}^*}{\partial r}\right)$$

$$\rightarrow \left(\frac{ik}{r}\right)\left(\frac{2\pi i}{kr}\right) 2 f_{\mathbf{k}}(0) + \left(\frac{ik}{r}\right)\left(\frac{-2\pi i}{kr}\right) 2 f_{\mathbf{k}}^*(0)$$

$$+ \frac{2ik}{r^2} \int_0^\pi \sin\theta\, d\theta \int_0^{2\pi} |f_{\mathbf{k}}(\theta, \phi)|^2 d\phi + O\left(\frac{1}{r^3}\right)$$

$$\rightarrow -\frac{8\pi i}{r^2} \mathrm{Im} f_{\mathbf{k}}(0) + \frac{2ik}{r^2} \int_0^\pi \sin\theta\, d\theta \int_0^{2\pi} d\phi |f_{\mathbf{k}}(\theta, \phi)|^2$$

$$(7.3.7)$$

となるから，r が大きいとすると式 (7.3.3) から

$$\sigma_{散乱} \equiv \int_0^\pi \sin\theta\, d\theta \int_0^{2\pi} d\phi |f_{\mathbf{k}}(\theta, \phi)|^2$$

$$= \frac{4\pi}{k} \operatorname{Im} f_{\mathbf{k}}(0) \qquad (7.3.8)$$

が得られる．これはいわゆる光学定理の特別な例である．
ここではポテンシャルが実数のときの弾性散乱について証
明されたことになる．この場合，全断面積 $\sigma_{全}$（定義は，
もし in 状態の粒子が横方向の面積 A に制限されていた
ら，散乱または任意の他の反応の全確率は $\sigma_{全}/A$ である）
は弾性散乱の断面積 $\sigma_{散乱}$ に等しいから，式 (7.3.8) を

$$\sigma_{全} = \frac{4\pi}{k} \operatorname{Im} f_{\mathbf{k}}(0) \qquad (7.3.9)$$

とも書ける．これが光学定理の最も一般的な形であり，一
般の散乱過程について 8.3 節で証明される．

　式 (7.3.9) が確率の保存から要求されている式である
ことを理解するために，第3軸の方向に進行する平面波
が xy 平面に置かれた薄膜で散乱されるとしよう．（十分
薄いということは，多重散乱が無視できることを意味す
る．）その上で，波動関数の計算を薄膜の背後の $z \gg 1/k$
の距離で行う．そこで，この薄膜中の散乱を引き起こす粒
子（散乱者）の寄与を加え合わせなければならない．その
ためには散乱振幅と，薄膜の単位面積あたりの散乱者の数
$\mathcal{N}$ との積を薄膜の面で積分しなければならない．これか
ら下流の $x = y = 0$ の波動関数が

$$\psi_{\mathbf{k}} = (2\pi\hbar)^{-3/2}\bigg[e^{ikz} + \mathcal{N}\int_0^\infty \frac{b\,db}{(z^2+b^2)^{1/2}}$$

$$\times \int_0^{2\pi} d\phi\, f_{\mathbf{k}}(\arctan(b/z),\phi)e^{ik(z^2+b^2)^{1/2}}\bigg]$$

$$= (2\pi\hbar)^{-3/2}e^{ikz}\bigg[1 + \mathcal{N}\int_0^\infty \frac{b\,db}{(z^2+b^2)^{1/2}}$$

$$\times \int_0^{2\pi} d\phi\, f_{\mathbf{k}}(\arctan(b/z),\phi)e^{ik[(z^2+b^2)^{1/2}-z]}\bigg]$$

となる．指数関数中の平方根を展開すると，$kb^2/z \gg 1$ については被積分関数が激しく振動することがわかる．したがって積分に寄与する b の値には $\sqrt{z/k}$ のオーダーの上限がある．ここでは $kz \gg 1$ と仮定しているから，積分の大部分は b が z よりずっと小さい値の場合からくることがわかる．したがって上式は簡単な形

$$\psi_{\mathbf{k}} = (2\pi\hbar)^{-3/2}e^{ikz}\bigg[1 + \pi f_{\mathbf{k}}(0)\mathcal{N}z^{-1}$$

$$\times \int_0^\infty db^2\, e^{ikb^2/2z}\bigg] \quad (7.3.10)$$

となる．いつも通り $\int_0^\infty e^{iax}dx$ の解釈に収束のための因子 $e^{-\epsilon x}$ を挿入し，積分を計算して $1/(\epsilon-ia)$ とし，それから $\epsilon=0$ とおく．すると式（7.3.10）から

$$\psi_{\mathbf{k}} = (2\pi\hbar)^{-3/2}e^{ikz}[1 + 2i\pi f_{\mathbf{k}}(0)\mathcal{N}k^{-1}] \quad (7.3.11)$$

となる．したがって $\mathcal{N}$ の 1 次について[2]平面波の確率密度は因子

$$(2\pi\hbar)^3|\psi_{\mathbf{k}}|^2 = 1 - \frac{4\pi\,\mathrm{Im}\,f_{\mathbf{k}}(0)\mathcal{N}}{k} \tag{7.3.12}$$

だけ減少する. これは $1-P$ と等しくなければならない. ここで P は粒子が散乱や他の方法によってビームから除かれる確率である. この確率は, $\sigma_全/A$ と, 始めの波束の有効面積 $A \equiv 1/\rho_T$ の中の散乱者の数 $\mathcal{N}A$ との積である. したがって $P = \sigma_全\mathcal{N}$ である. 式 (7.3.12) と $1-P$ が等しいとすると, 光学定理の一般的な形 (7.3.9) が得られる. この形で光学定理は, 相対論的か非相対論的かを問わず, 始めの粒子が何であろうと, すべての反応について成り立つ.

光学定理のすぐにわかる結果として, 高エネルギーの散乱について重要な情報が提供される. 散乱振幅 $f_{\mathbf{k}}(\theta, \phi)$ が角度の滑らかな関数だとすると, 微分断面積 $|f_{\mathbf{k}}(\theta, \phi)|^2$ が前方方向よりはるかに小さくはならないという立体角の範囲が存在するはずである. より明確に言うと, 例えば $|f_{\mathbf{k}}(0)|^2/2$ 以上になる範囲である. すると

$$\sigma_全(k) \geqq \frac{1}{2}|f_{\mathbf{k}}(0)|^2\Delta\Omega \geqq \frac{1}{2}|\mathrm{Im}\,f_{\mathbf{k}}(0)|^2\Delta\Omega$$

$$= \frac{k^2\sigma_全^2(k)\Delta\Omega}{32\pi^2}$$

であり, したがって

$$\Delta\Omega \leqq \frac{32\pi^2}{k^2\sigma_全(k)} \tag{7.3.13}$$

である. 8.4 節で議論するように, 陽子のような強い相互作用をする粒子の衝突では, 全断面積は高エネルギーで

一定になるか，ゆるやかに増加する．したがって微分断面
積が前方の値の半分以下にならない立体角の領域 $\Delta\Omega$ は
$1/k^2$ の程度で 0 にならねばならない．この前方方向の散
乱確率の鋭いピークは**回折ピーク**と呼ばれる．

原　注
(1) この定理がそう呼ばれるのは，最初に古典電磁気学で経験された
からである．この関係はレイリー卿によって，光の吸収と，屈折率
の虚部との関係として見つけられた．量子力学の散乱振幅につい
て導かれたのは E. Feenberg, *Phys. Rev.* **40**, 40 (1932)によ
る．歴史的な総合報告は R. G. Newton, *Amer. J. Phys.* **44**,
639 (1976)参照．
(2) $\mathcal{N}$ の高次については，薄膜の中の多重散乱によって生み出され
る項と同じオーダーであるが，ここでは無視する．

7.4 ボルン近似

　これまでたどってきた方法の利点の一つは，それによ
って直ちに**ボルン近似**[1]という広く役立つ近似が導かれ
ることである．この近似はポテンシャルが弱い場合，より
正確には，ポテンシャル V の行列要素が運動エネルギー
H_0 の典型的な行列要素よりずっと小さい場合に一般的に
有効である．散乱振幅の式 (7.2.6) はすでにポテンシャ
ルの因子を陽に含んでいるから，「in」の波動関数 ψ_k を
自由粒子の波動関数 $(2\pi\hbar)^{-3/2}\exp(i\mathbf{k}\cdot\mathbf{x})$ とすれば，ポ
テンシャルの1次までの計算ができる．したがって

$$f_{\mathbf{k}}(\widehat{\mathbf{x}}) \simeq -\frac{\mu}{2\pi\hbar^2} \int d^3 y\, V(\mathbf{y}) \exp\big(i(\mathbf{k} - k\widehat{\mathbf{x}}) \cdot \mathbf{y}\big).$$
$$(7.4.1)$$

特に中心力のポテンシャルの場合は，これは

$$f_k(\theta, \phi) \simeq -\frac{2\mu}{\hbar^2} \int_0^\infty r^2 dr\, V(r) \frac{\sin(qr)}{qr} \qquad (7.4.2)$$

となる．$\hbar q$ は運動量移動

$$q \equiv |\mathbf{k} - k\widehat{\mathbf{x}}| = 2k \sin(\theta/2) \qquad (7.4.3)$$

である．θ は入射した方向 $\widehat{\mathbf{k}}$ と散乱の方向 $\widehat{\mathbf{x}}$ の間の角度である．この結果で振幅が方位角 ϕ に無関係であることは，中心力のポテンシャルが第3軸のまわりの回転の問題についての対称性の結果から明らかであり，ボルン近似であることには無関係である．しかし他方，散乱振幅の k と θ への依存性が q という組み合わせだけに依存することは，ポテンシャルが r だけの関数であることだけでなく，ボルン近似を使ったことにも原因がある．

　例として，遮蔽つきのクーロン・ポテンシャル

$$V(r) = \frac{Z_1 Z_2 e^2}{r} e^{-\kappa r} \qquad (7.4.4)$$

の中の散乱を考えよう．これは電荷 $Z_1 e$ の原子が原子数 Z_2 の原子核から散乱されるときに感じるポテンシャルの粗っぽい近似である．r が小さいときには，入射した原子核は原子の中心にある原子核からのクーロン力を完全に受けるが，r の大きいときには電荷は原子の中の電子で遮蔽される．（この形のポテンシャルは「湯川ポテンシャル」

と呼ばれる．この形のポテンシャルが質量 $\hbar\kappa/c$ のスピン0のボソンの交換によって生み出されることを湯川秀樹（1907-81）が 1935 年に示したからである[2]．）これを式（7.4.2）の中で使うと

$$f_k(\theta, \phi) \simeq -\frac{2\mu Z_1 Z_2 e^2}{q\hbar^2} \int_0^\infty dr\, e^{-\kappa r} \sin(qr)$$

$$= -\frac{2\mu Z_1 Z_2 e^2}{\hbar^2} \frac{1}{q^2 + \kappa^2} \qquad (7.4.5)$$

となる．特に，純粋なクーロン・ポテンシャルによる散乱振幅は，ボルン近似では式（7.4.5）で $\kappa = 0$ とおけば得られる．これはラザフォードがアルファ粒子の金の原子による散乱の解析で導いた散乱断面積と同じである．1.2 節で議論したように，1911 年に原子核が発見された．ラザフォードは幸運だった．彼の導き方は純粋に古典的であって，クーロン・ポテンシャルでなかったら量子力学による計算と同じ結果を与えなかったであろう．後の 7.9 節では散乱振幅はポテンシャルの高次の効果によって受ける補正が無視できないことがわかるだろう．しかしクーロン・ポテンシャルという特殊な場合には，高次の補正は散乱振幅の位相を変えるだけで，クーロン散乱による散乱断面積は変わらない．

原　注

(1) M. Born, *Z. Physik* **38**, 803 (1926).

(2) H. Yukawa, *Proc. Phys.-Math. Soc. (Japan)* (3) **17**,

48 (1935).

7.5　位相のずれ

　特に球対称なポテンシャルの場合に便利で役立つ散乱振幅の表現がある。入射波 $\exp(ikx_3)$ は第 3 軸のまわりの回転に対して不変であり、ラプラシアンとポテンシャルはあらゆる回転に対して不変であるから、波動関数の全体も第 3 軸のまわりの回転について不変であり、方位角 ϕ に依存しない。そのため球面調和関数で展開すると、$m=0$ の項しか出てこないので、2.2 節で議論したルジャンドル多項式 $P_\ell(\cos\theta)$ に比例する項しか出てこない。したがって波動関数全体を

$$\psi(r,\theta) = \sum_{\ell=0}^{\infty} R_\ell(r) P_\ell(\cos\theta) \tag{7.5.1}$$

と書くことができる。また式 (7.2.5) の中の平面波が

$$\exp(ikr\cos\theta) = \sum_{\ell=0}^{\infty} i^\ell (2\ell+1) j_\ell(kr) P_\ell(\cos\theta) \tag{7.5.2}$$

と展開できることは有名である。$j_\ell(kr)$ は**球ベッセル関数**である[1]。

---

〔1〕 式 (7.5.2) は「レイリーの公式」と呼ばれる。本書の証明にはランダウ–リフシッツ（好村滋洋・井上健男訳）『量子力学：ランダウ＝リフシッツ物理学小教程』（ちくま学芸文庫、2008）が参考になる。積分せずに導くこともできる。砂川重信『理論電磁気学』（紀伊國屋書店、1965）p. 194、同『量子力学』（岩波書店、1991）p. 136 参照。

$$j_\ell(z) \equiv \sqrt{\frac{\pi}{2z}} J_{\ell+1/2}(z) = (-1)^\ell z^\ell \frac{d^\ell}{(z\,dz)^\ell} \left(\frac{\sin z}{z} \right)$$

$$(7.5.3)$$

式（7.5.2）を導くには，まず $e^{ikr\cos\theta} = e^{ikx_3}$ が波動方程式 $(\nabla^2 + k^2)e^{ikr\cos\theta} = 0$ を満足することに注意する．式（2.1.16）および（2.2.1）によると，$e^{ikr\cos\theta}$ の部分波展開を

$$e^{ikr\cos\theta} = \sum_{\ell=0}^{\infty} f_\ell(kr) P_\ell(\cos\theta)$$

と書くと，係数 $f_\ell(kr)$ は波動方程式

$$\left[\frac{1}{r^2}\frac{d}{dr}r^2\frac{d}{dr} - \frac{\ell(\ell+1)}{r^2} + k^2 \right] f_\ell(kr) = 0$$

を満足しなければならない．そうすると $\sqrt{r}f_\ell(kr)$ は $\ell+1/2$ 次のベッセルの微分方程式を満足しなければならないことになる．$f_\ell(kr)$ が $r = 0$ で正則であるという条件があるので，これから $f_\ell(kr)$ が式（7.5.3）の第1式で定義された $j_\ell(kr)$ に比例することがわかる．比例定数は $\displaystyle\int_{-1}^{1} \exp(ikr\mu)P_\ell(\mu)d\mu$ を計算し，直交規格化の性質 $\displaystyle\int_{-1}^{1} P_{\ell'}P_\ell(\mu) = 2\delta_{\ell'\ell}/(2\ell+1)$ を使うと求められる．一般のベッセル関数と異なり，球ベッセル関数は初等関数で表される．例えば

$$j_0(x) = \frac{\sin x}{x}, \quad j_1(x) = \frac{\sin x}{x^2} - \frac{\cos x}{x} \quad (7.5.4)$$

等である．同じ波動方程式の，原点で正則でない他の解は

球ノイマン関数であり,

$$n_0(x) = -\frac{\cos x}{x}, \quad n_1(x) = -\frac{\cos x}{x^2} - \frac{\sin x}{x} \quad (7.5.5)$$

等である.

　散乱振幅を求めるためには, 波動関数 (7.5.1) と平面波 (7.5.2) の $r \to \infty$ での差を考えなければならない. 大きな r についてポテンシャルが十分急激に 0 になるなら, 換算動径波動関数 $rR_\ell(r)$ は r が大きい場合, $\cos(kr)$ と $\sin(kr)$ の線形結合に比例しなければならない. そのことを

$$R_\ell(r) \to \frac{c_\ell(k) \sin(kr - \ell\pi/2 + \delta_\ell(k))}{kr} \quad (7.5.6)$$

と表しても一般性を失わない. c_ℓ と δ_ℓ は k には依存するかもしれないが, r には依存しない量である. 容易にわかることだが, 動径関数 $R_\ell(r)$ は実数である. 全体に定数がかかっているかもしれない.（ポテンシャルが $r \to 0$ で $1/r^2$ ほど急激には発散しない場合, シュレーディンガー方程式 (2.1.26) は $2\mu r^2/\hbar^2 R_\ell(r)$ を乗じると $r \to 0$ で次の形になる.

$$\frac{1}{R_\ell(r)} \frac{d}{dr} \left(r^2 \frac{d}{dr} \right) R_\ell(r) \to \ell(\ell+1).$$

したがって $r \to 0$ で $R_\ell(r)$ は r^ℓ と $r^{-\ell-1}$ の線形結合になる. 規格化できるという条件から, $R_\ell(r)$ は $r \to 0$ で r^ℓ に比例する項だけになるよう選ぶ. ポテンシャルが実数である場合, $R_\ell^*(r)$ も同じ斉次の 2 階微分方程式を満足し,

その対数微分について $R_\ell(r)$ と同じ初期条件を満足する
から定数因子を除いて $R_\ell(r)$ と一致しなければならない.
したがって $R_\ell(r)$ は実数である. 全体に複素数の因子が
かかるかもしれない.) したがって, c_ℓ は複素数の可能性
があるが δ_ℓ は実数でなければならない.

一方, 引数が大きい場合, 平面波の中の球ベッセル関数
の漸近的振舞いは

$$j_\ell(kr) \to \frac{\sin(kr - \ell\pi/2)}{kr} \tag{7.5.7}$$

である. 相互作用がなければ平面波の項だけが波動関数の
中にあるから, $R_\ell(r)$ は $j_\ell(kr)$ に比例する. 式 (7.5.6)
と式 (7.5.7) を比較すると, この場合, δ_ℓ は 0 となる.
こういう理由で, δ_ℓ のことを**位相のずれ**(フェイズ・シ
フト)と呼ぶ.

係数 c_ℓ を決めるためには, $r \to \infty$ について散乱波
$\psi(r, \theta) - \exp(ikr\cos\theta)$ が外向きの波 $\exp(ikr)/kr$ に比
例するような r 依存性をもつ項しか含まず, 入射波
$\exp(-ikr)/kr$ を含まないという条件をつける. 式
(7.5.2) から式 (7.5.1) を引き, 式 (7.5.6) と式 (7.
5.7) を使うと, 散乱波の中の $P_\ell(\cos\theta)\exp(-ikr)/2ikr$
の係数が

$$c_\ell i^\ell e^{-i\delta_\ell} - i^{2\ell}(2\ell + 1)$$

となることがわかる. したがって

$$c_\ell = i^\ell(2\ell + 1)e^{i\delta_\ell} \tag{7.5.8}$$

である. すると散乱波の漸近的な振舞いは

$$\psi(r,\theta) - \exp(ikr\cos\theta)$$

$$\to \frac{e^{ikr}}{2ikr} \sum_{\ell=0}^{\infty} (2\ell+1) P_\ell(\cos\theta)(e^{2i\delta_\ell}-1) \quad (7.5.9)$$

となり，散乱波は

$$f(\theta) = \frac{1}{2ik} \sum_{\ell=0}^{\infty} (2\ell+1) P_\ell(\cos\theta)(e^{2i\delta_\ell}-1) \quad (7.5.10)$$

となる．

　ここまでくれば，光学定理を確かめることができる．式
（7.5.10）から直ちに

$$\text{Im}\, f(0) = \frac{1}{2k} \sum_{\ell=0}^{\infty} (2\ell+1)(1-\cos 2\delta_\ell)$$

$$= \frac{1}{k} \sum_{\ell=0}^{\infty} (2\ell+1) \sin^2 \delta_\ell \quad (7.5.11)$$

となる．球面調和関数の直交規格化条件から

$$\delta_{\ell\ell'} = 2\pi \int_0^\pi Y_\ell^0(\theta) Y_{\ell'}^0(\theta) \sin\theta \, d\theta$$

$$= \frac{2\ell+1}{2} \int_0^\pi P_\ell(\cos\theta) P_{\ell'}(\cos\theta) \sin\theta \, d\theta \quad (7.5.12)$$

となるから，弾性散乱の断面積は

$$\sigma_{散乱} = \frac{4\pi}{k^2} \sum_{\ell=0}^{\infty} (2\ell+1) \sin^2 \delta_\ell \quad (7.5.13)$$

である．式（7.5.11）と式（7.5.13）を比較すると，光
学定理（7.3.8）が与えられる．

　位相のずれを定式化すると，低エネルギーの散乱振幅の

振舞いを解析する場合に便利である．これを取り扱うにあ
たって，まずどんなエネルギーでも適用できる公式を導
き，それから低エネルギーの場合に特化しよう．

ポテンシャルが半径 a の外で無視できるとしよう．（ポ
テンシャルは $r \to \infty$ で急激に 0 になると想定している
ので，有限の r の値で厳密に 0 である必要はない．ここ
で得る結果は定性的に信頼できる．）$r > a$ のとき，動径
波動関数 $R_\ell(r)$ は与えられた ℓ について自由粒子の波動
方程式の解である．したがって一般的には $r \to 0$ で正則
な $j_\ell(kr)$ と原点で無限大になる $n_\ell(kr)$ との線形結合にな
る．これらの関数の引数の大きい場合の漸近的な振舞いは

$$
\begin{cases}
j_\ell(\rho) \to \dfrac{\sin(\rho - \ell\pi/2)}{\rho} \\[2mm]
n_\ell(\rho) \to -\dfrac{\cos(\rho - \ell\pi/2)}{\rho}
\end{cases}
\tag{7.5.14}
$$

であるから，その線形結合の漸近形は式（7.5.6）と式
（7.5.8）より

$r > a$ のとき，
$$
R_\ell(r) = i^\ell (2\ell+1) e^{i\delta_\ell} \left[j_\ell(kr) \cos \delta_\ell - n_\ell(kr) \sin \delta_\ell \right]
\tag{7.5.15}
$$

となる．（漸近的な公式（7.5.14）が適用できないとき）
$r = a$ での $R'_\ell(r)/R_\ell(r)$ の値は，波動関数が滑らかに $r <$
a でのシュレーディンガー方程式につながるという条件で
決められる．そこでは $r \to 0$ で $R_\ell \propto r^\ell$ という正常な振舞
いをしており，もちろん詳細な振舞いはポテンシャルに依

存する．その条件は

$$R'_\ell(a)/R_\ell(a) = \Delta_\ell(k) \tag{7.5.16}$$

と書ける．$\Delta_\ell(k)$ は $r < a$ での波動関数だけに依存する．
式（7.5.15）と（7.5.16）の二つを合わせると

$$\tan\delta_\ell(k) = \frac{kj'_\ell(ka) - \Delta_\ell(k)j_\ell(ka)}{kn'_\ell(ka) - \Delta_\ell(k)n_\ell(ka)} \tag{7.5.17}$$

となる．

さて，k が十分小さいとき，シュレーディンガー方程式
の中の動径波動関数の $k^2 R_\ell$ の項はほとんど効かないか
ら，低エネルギーでは $\Delta_\ell(k)$ は実質的に k に依存しない．
また引数が小さいとき球ベッセル関数は

$$\begin{cases} j_\ell(\rho) \to \dfrac{\rho^\ell}{(2\ell+1)!!} \\ n_\ell(\rho) \to -(2\ell-1)!!\rho^{-\ell-1} \end{cases} \tag{7.5.18}$$

である．ここで任意の奇数の整数 n について

$$n!! \equiv n(n-2)(n-4)\cdots 1 \tag{7.5.19}$$

である．$(-1)!! \equiv 1$ とする．したがって $ka \ll 1$ について
式（7.5.17）から

$$\tan\delta_\ell \to \left(\frac{\ell - a\Delta_\ell}{a\Delta_\ell + \ell + 1}\right)\frac{(ka)^{2\ell+1}}{(2\ell+1)!!(2\ell-1)!!} \tag{7.5.20}$$

となる．

これは，$\tan\delta_\ell$ は $k \to 0$ で $k^{2\ell+1}$ に比例して 0 になり，
したがって $\delta_\ell(k)$ は 0 となるか，あるいは π の整数倍
になることを示している．さらに進んで，k の高次の
項を考えることもできる．Δ_ℓ の k への依存性はシュ

レーディンガー方程式の中の $k^2 R_\ell$ を通じてだけであるから，Δ_ℓ は k^2 のべき級数で書けることに注意しよう．また $k^{-\ell} j_\ell(ka)$, $k^{1-\ell} j'_\ell(ka)$, $k^{\ell+1} n_\ell(ka)$, $k^{\ell+2} n'_\ell(ka)$ もすべて k^2 のべき級数で書ける．したがって式（7.5.17）から $k^{-2\ell-1} \tan \delta_\ell$ は k^2 のべき級数で書けることがわかる．

明らかに，s 波の散乱を禁じる選択則がなければ $k \to 0$ で最も支配的な位相のずれは δ_0 である．$k \cot \delta_0$ を k^2 のべき級数として表すほうが，逆数の $k^{-1} \tan \delta$ を表すより便利である．つまり

$$k \cot \delta_0 \to -\frac{1}{a_s} + \frac{r_{\text{有効}}}{2} k^2 + \cdots. \qquad (7.5.21)$$

ここで a_s と $r_{\text{有効}}$ は共に長さの次元をもち，a_s は**散乱長**，$r_{\text{有効}}$ は**有効到達距離**という．式（7.5.13）によると $k \to 0$ での断面積は定数に近づく．

$$\sigma_{\text{散乱}} \to 4\pi a_s^2. \qquad (7.5.22)$$

8.8 節では，浅い s 波の束縛状態が存在するときには，ポテンシャルの詳細を何も知らずとも，a_s を束縛状態のエネルギーで表す公式を導くことができる．

以上の結果には例外のあることに言及しておかねばならない．s 波の束縛状態がちょうどエネルギー 0 で存在する場合である．一般に $k = 0$ では，$\ell = 0$ の動径波動関数 R_0 はポテンシャルの有効範囲の外でシュレーディンガー方程式 $d/dr(r^2 d R_0/dr) = 0$ を満足するから，R_0 は $1/r$ に比例する項と定数との線形結合である．エネルギー 0 の

束縛状態があると定数は存在せず，$r = a$ で $R_0 \propto 1/r$ と
なる．したがって $\Delta_0(0) = -1/a$ である．この場合，式
（7.5.20）の中の分母の $a\Delta_0 + 1$ は 0 となり，$k \to 0$ で
$\delta_0 \to 0$ という結論は成り立たない．実際，8.8 節では非
常に一般的な根拠から，エネルギー 0 の s 波の束縛状態
があるときには，エネルギー 0 での $\tan \delta_0$ は 0 ではなく，
無限大であることが示される．

7.6 共　鳴

　位相のずれのエネルギー依存性に特徴がある場合は他
にもある．これはポテンシャルの詳しい形には無関係で
ある．ポテンシャル $V(r)$ を考えよう．このポテンシャ
ルは，原点のまわりの厚い殻の中ではエネルギー E よ
りずっと大きな値をもち，$V \ll E$ のようにポテンシャ
ルが E よりずっと小さくなるような内部の領域を囲ん
でいる．この状況で障壁の中のシュレーディンガー方程
式の一般解は，二つの解の線形結合である．一つの解は
$R_+(r, E, \ell)$ で r を増やすと指数関数的に増大する．もう
一つは $R_-(r, E, \ell)$ で指数関数的に減少する．これを理
解するために，障壁の高さより低い任意のエネルギー E
について $u(r, E, \ell) \equiv r R(r, E, \ell)$（換算動径波動関数と呼
ぶ）の満足するシュレーディンガー方程式（2.1.29）は

$$\frac{d^2 u}{dr^2} = \kappa^2 u \qquad (7.6.1)$$

である点に注意する．ここで

$$\kappa^2(r, E, \ell) \equiv \frac{2\mu}{\hbar^2}\big[V(r) - E\big] + \frac{\ell(\ell+1)}{r^2} > 0 \quad (7.6.2)$$

である．障壁が高くて厚いと仮定するにあたって，κ は非常に大きくて，κ と $\kappa' \equiv \partial\kappa/\partial r$ が共に距離 $1/\kappa$ の間でほとんど変化しないと仮定する．すなわち

$$\left|\frac{\kappa'}{\kappa}\right| \ll \kappa, \quad \left|\frac{\kappa''}{\kappa'}\right| \ll \kappa \quad (7.6.3)$$

とする．ここからは κ は量（7.6.2）の正の平方根とする．これらの状況の下に，5.7 節で議論した WKB 近似を使うことができて，式（7.6.1）の近似解を見出すことができる．すなわち，

$$u_\pm(r, E, \ell) \equiv r R_\pm(r, E, \ell)$$
$$= A_\pm(r, E, \ell) \exp\left(\pm \int^r \kappa(r', E, \ell)dr'\right)$$
$$(7.6.4)$$

である．ここで $A_\pm$ は指数関数の引数よりはるかに緩やかに変化する（式（5.7.9）によると近似的に $A_\pm \propto 1/\sqrt{\kappa}$ である）．

この解は障壁の外の領域と内の領域とで接続されなければならない．障壁の外では R_+ は R_- よりもはるかに大きい．すなわち

$$\frac{R_-(r, E, \ell)}{R_+(r, E, \ell)} = O\left(\exp\left[-2\int_{\text{障壁}} \kappa(r', E, \ell)dr'\right]\right) \ll 1.$$
$$(7.6.5)$$

積分は $V(r') > E$ である全領域について行う．一方，シ

ュレーディンガー方程式の解は内側の領域では $r \to 0$ で r^ℓ のように振舞う．$r^{-\ell-1}$ のようには振舞わない．したがって

$$R(r, E, \ell) = c_+(E, \ell)R_+(r, E, \ell) + c_-(E, \ell)R_-(r, E, \ell) \tag{7.6.6}$$

である．$c_\pm(E, \ell)$ の大きさは一般的に同程度である．

　さて，位相のずれの式（7.5.17）が

$$\tan\delta_\ell(k) = \frac{kj_\ell'(ka) - \Delta_\ell(k)j_\ell(ka)}{kn_\ell'(ka) - \Delta_\ell(k)n_\ell(ka)} \tag{7.6.7}$$

であることを思い出そう．$\Delta_\ell(k)$ は障壁のすぐ外の半径 a での対数微分 $\Delta_\ell(k) \equiv R'(a, E, \ell)/R(a, E, \ell)$ である．障壁の高さより低い一般のエネルギーでは波動関数は R_+ が圧倒的で，$\Delta_\ell(k)$ は $R_+'(a, E, \ell)/R_+(a, E, \ell)$ に等しいであろう．ほとんどのエネルギーについて，$\tan\delta_\ell(E)$ の値が滑らかに変動する．以後これを $\bar\delta_\ell(E)$ と表す．

　しかし障壁の厚さが無限大という極限で，あるエネルギー E_0 および軌道角運動量 ℓ_0 のシュレーディンガー方程式の束縛状態の解があると仮定する．このエネルギーでシュレーディンガー方程式の，$r \to 0$ で r^{ℓ_0} に比例する解は障壁の中で崩壊しなければならないから，$c_+(E_0, \ell_0) = 0$ である．E が十分 E_0 に近くて $c_+(E, \ell_0)/c_-(E, \ell_0)$ が（7.6.6）のオーダーの量より小さければ，対数微分 $\Delta_{\ell_0}(k)$ は $R_+'(a, E, \ell_0)/R_+(a, E, \ell_0)$ より著しく異なり，$E = E_0$ のとき c_+ が0となるから，$R_-'(a, E, \ell_0)/R_-(a, E, \ell_0)$ になる．以上の結果から，エネルギーが増

加して E_0 を過ぎると量 $\delta_{\ell_0}(E)$ は急激に変動して，突
然 $E = E_0$ の近くで著しく $\tan\overline{\delta}_{\ell_0}(E)$ と異なってくる．
それから滑らかな変動 $\tan\overline{\delta}_{\ell_0}(E)$ に戻るという結論に
なる．$\tan\delta_{\ell_0}(E)$ が顕著に $\tan\overline{\delta}_{\ell_0}(E)$ と異なる範囲は式
（7.6.6）に比例する．

　次の節に譲るが，位相のずれが急激に減少するのは因果
律に反する．$\delta_{\ell_0}(E)$ は急激に変動するが，E が E_0 を過
ぎるときとほぼ同じ値だけ戻るのであるから，位相のずれ
はエネルギーが E_0 の近くの狭い範囲で 180° 増加しなけ
ればならない（あるいは 180° の整数倍かも知れない[1]）．
したがってその範囲のどこかのエネルギー E_R で 90° に
なる．したがって位相のずれは次の形をとると仮定でき
る[2]．

$$\delta_{\ell_0}(E) = \overline{\delta}_{\ell_0}(E) + \delta_{\ell_0}^{(R)}(E), \tag{7.6.8}$$

$$\tan\delta_{\ell_0}^{(R)}(E) = -\frac{1}{2}\frac{\Gamma}{E - E_R}. \tag{7.6.9}$$

ここで Γ はエネルギーの次元をもつ定数であり，式
（7.6.6）に比例する．E_R は E_0 とは異なるエネルギー
で，その差はせいぜい Γ のオーダーである．（比例定数を
$-\Gamma/2$ と書いたのは後の便利のためである．式（7.6.9）
が位相のずれの増加を与えるためには $\Gamma > 0$ でなければな
らない．）位相のずれが E_R で急激に増加することは，古

────────────

〔2〕この仮定は位相のずれが 180° 変動することを表したものであ
る．$\tan\delta_{\ell_0}^{(R)}(E)$ は $E < E_R$ では正であるが，$E \to E_R$ で ∞
となり，$E > E_R$ では $-\infty$ から増大する．

典的な系でその振動数が系の自然な振動数と合致して生じる大きな共鳴に似ている. したがってそのためにエネルギー E_R での $\delta_{\ell_0}(E)$ が発散することを**共鳴**という. E_R は共鳴のエネルギーである.

共鳴しない位相のずれ $\overline{\delta}_{\ell_0}(E)$ は大抵の場合90°よりずっと小さい. この場合, 式 (7.6.8) の中で $\overline{\delta}_{\ell_0}(E)$ を無視してよい. すると

$$\sin^2 \delta_{\ell_0}(E) = \frac{\tan^2 \delta_{\ell_0}(E)}{1+\tan^2 \delta_{\ell_0}(E)} = \frac{\Gamma^2/4}{(E-E_R)^2+\Gamma^2/4}$$

となり, 全断面積の式 (7.5.13) は

$$\sigma_{散乱} \simeq \frac{\pi(2\ell_0+1)}{k^2} \frac{\Gamma^2}{(E-E_R)^2+\Gamma^2/4} \qquad (7.6.10)$$

となる. 式 (7.6.10) は **ブライト–ウィグナーの公式**という[2]. この式を見ると, Γ は断面積が最大の半分になるときのピークの幅である. 断面積の最大値はポテンシャルの詳細に関わらず, $4\pi(2\ell_0+1)/k_R^2$ すなわちおよそ波長の2乗となるであろう. この公式をもっと広いさまざまな問題に一般化することは8.5節で行う.

共鳴の幅 Γ は共鳴状態の寿命と重要な関係がある. 式 (7.6.8) と (7.6.9) およびいくつかの三角法の公式を使うと, 散乱振幅 (7.5.10) の中の量 $\exp(2i\delta_{\ell_0})$ が共鳴の近くで

$$\exp\big(2i\delta_{\ell_0}(E)\big) = \exp\big(2i\overline{\delta}_{\ell_0}(E)\big)\left[1-\frac{i\Gamma}{E-E_R+i\Gamma/2}\right] \qquad (7.6.11)$$

のように振舞うことが容易にわかる．$t=0$ のとき，系が
安定な状態で，角運動量が ℓ_0，動径波動関数が
$\int g(E)R(r, \ell_0, E)dE$ であるとする．$g(E)$ は滑らかな関
数で，E_R に近い E でゆるやかに変動すると仮定すると，
時間に依存する波動関数 $\int g(E)R(r, \ell_0, E)\exp(-iEt/$
$\hbar)dE$ への共鳴の寄与は後の時間で積分

$$\int_{-\infty}^{\infty} \frac{\exp(-iEt/\hbar)dE}{E - E_R + i\Gamma/2}$$

$$= -2\pi i\exp(-iE_R t/\hbar - \Gamma t/2\hbar) \quad (7.6.12)$$

に比例する項をもつであろう．（この積分は $t > 0$ のとき
非常に容易にできる．積分路が複素平面の下半分の大きな
半円を回って閉じるようにすればよい．）$\exp(-iE_R t/\hbar)$
という因子のあることは，散乱がほぼ安定かつエネルギ
ーが E_R である状態で起こり，散乱振幅に $\exp(-\Gamma t/2\hbar)$
という因子のあることは，散乱の確率に因子 $\exp(-\Gamma t/\hbar)$
を与えることを示す．この意味で，$\Gamma/\hbar$ をこの状態の崩
壊率という．

　原子核物理学では，障壁が非常に厚くて崩壊率 $\Gamma/\hbar$ が
非常に小さい場合がある．幅が十分小さい状態の原子核
は，散乱過程の共鳴として出現するというよりは，自然
界で普通に（粒子的なものとして）見つかる．典型的な例
はアルファ粒子を放出する不安定な原子核である．最初
にこれを量子力学的に取り扱ったのはジョージ・ガモフ

(1904-68) である[3]. アルファ粒子が s 波で放出され,
$^{238}U \rightarrow {}^{234}Th + \alpha$ や $^{226}Ra \rightarrow {}^{222}Rn + \alpha$ のような遷移を
起こす. 障壁は純粋にクーロン・ポテンシャルである. ア
ルファ崩壊の場合は $V(r) = 2Ze^2/r$ である. Z は終状態
の原子核の原子番号である. 障壁は原子核の有効到達範囲
R から, $V(r)$ がアルファ粒子の運動エネルギー E_α と等
しくなる転回点まで広がっている. すると式 (7.6.6) の
中の障壁透過積分は

$$2 \int_{障壁} \kappa \, dr = 2 \int_R^{2Ze^2/E_\alpha} dr \sqrt{\frac{2m_\alpha}{\hbar^2}\left(\frac{2Ze^2}{r} - E_\alpha\right)}$$

$$(7.6.13)$$

である. 多くの場合, この指数関数の引数は非常に大きく
て, アルファ崩壊する原子核の寿命は極端に長い. ^{238}U
の寿命は 4.47×10^9 年であって, 十分長くて相当な量の
ウランが太陽系の形成の前から生き残っている. ^{226}Ra で
さえ寿命は 1600 年で, ^{238}U から始まる放射崩壊の系列
の中でウラン鉱石と共存できるくらい長い. (言うまでも
ないが, アルファ粒子と ^{234}Th または ^{222}Rn の散乱での
^{226}Ra や ^{238}U の Γ ははるかに小さくて共鳴として観測
されることはない.) 式 (7.6.13) の指数関数の値は E_α と
Z に極度に敏感な関数で, もちろん正確に知られている.
また R はそれほどよく知られてはいないので, この公式
は歴史的には観測されたアルファ崩壊の率と共に R を決
めるのに使われた.

最後に, ブライト - ウィグナーの公式 (7.6.10) は共

鳴のない位相のずれ $\bar{\delta}_{\ell_0}(E)$ が小さい場合に導かれたこと
を思い出そう．しかし $\bar{\delta}_{\ell_0}(E)$ 自身が 90° に近い場合もあ
る．このときは位相のずれの全体は共鳴で 90° から 270°
に増加する．位相のずれが 180° を通り過ぎるところで
は，全断面積のピークではなくディップ（溝）が生じる．
この効果は 1921-22 年に，電子と希ガスの散乱において
ラムザウワーとタウンゼントによって独立に初めて観測さ
れた[4]．

原　注
(1) $\delta_\ell(E)$ の飛躍が 360°，540° 等である場合には，位相のずれは
270°，450° 等を通過しなければならないが，散乱断面積はほぼ同
じエネルギーのいくつかのピークを示さねばならない．このよう
な，いくつかの共鳴が何らかの理由で同じエネルギーにある場合は
ここでは取り扱わない．
(2) G. Breit and E. P. Wigner, *Phys. Rev.* **49**, 519 (1936).
(3) G. Gamow, *Z. Physik* **52**, 510 (1928). なお E. U. Con-
don and R. W. Gurney, *Phys. Rev.* **33**, 127 (1929) も参
照．
(4) C. Ramsauer, *Ann. Physik* **4**, **64**, 513 (1921); V. A.
Bailey and J. S. Townsend, *Phil. Mag.* S. 6, **43**, 1127
(1922).

7.7　時間の遅れ
　前節で説明したように，幅が Γ である共鳴は崩壊率
$\Gamma/\hbar$ の状態を表す．これは位置を決めたときの，散乱の
波動関数の重ね合わせの時間依存性を考慮した場合であ

る．しかし散乱で何が起こっているかを見るためには，その代わりに，そのような重ね合わせの，後の時間かつ遠方での時間依存性を考える必要がある．この考察は 7.2 節で行った．そこでは式（7.2.5）と式（7.2.7）から，後の時間の遠方での波動関数の振舞いの式（7.2.9）を導いた．しかし，そのときは散乱振幅 $f_{\mathbf{k}}$ が波数 k に対して，$g(\mathbf{k})$ あるいは e^{ikr} あるいは $\exp(-i\hbar tk^2/2\mu)$ よりもずっと滑らかに波束に依存すると仮定していた．ここでは任意の角運動量 ℓ についての位相のずれ $\delta_\ell(E)$ がエネルギーと共に非常に急激に変動する可能性を考慮したい．

式（7.5.10）によると，波動関数（7.2.7）は r の大きいときに

$$\frac{(2\pi\hbar)^{-3/2}}{2ikr} \int d^3k\, g(\mathbf{k}) \exp(ikr - i\hbar tk^2/2\mu + 2i\delta_\ell(E))$$
$$\times (2\ell+1)P_\ell(\cos\theta) \quad (7.7.1)$$

のように振舞う項を含む．位相のずれは $E = \hbar^2k^2/2\mu$ の関数である．時間が経つと，積分で支配的なのは指数関数の中身が定常的であり，k が

$$r - \hbar tk/\mu + 2\delta_\ell'(E)\hbar^2k/\mu = 0$$

を満足する場合である．書き換えると

$$r = \frac{\hbar k}{\mu}(t - \Delta t) \quad (7.7.2)$$

となる．ここで

$$\Delta t = 2\hbar\delta_\ell'(E) \quad (7.7.3)$$

である[1]．（これはもちろん t が正でしかも大きい場合に

限って成り立つ. t が大きくて負の場合には式（7.7.2）は $r>0$ の解をもたないので，この項は波動関数の漸近形の中には存在しない.）式（7.7.2）から，入射した粒子がポテンシャルに入ってから出るまでに受ける時間のずれが Δt であることが示されている.

　式（7.7.3）の結果から，位相のずれは一般にエネルギーと共に鋭く増加できるが，鋭く減少はできないと前節で注意したことが正当化できる. 波束が散乱中心に着いた時間には $\mathcal{R}/v$ だけの不確かさがある. ここで $\mathcal{R}$ はポテンシャルの範囲であり，v は波束の速度である. したがって，この大きさの範囲内で Δt が負になる可能性がある. しかし，Δt が負でしかも非常に大きいということは因果律に反する. 波束が散乱中心に入るよりも先に出てくることになるからである. 式（7.7.3）によると，任意の位相のずれの減少の割合のエネルギー依存性はその粗っぽい上限として $-\delta'_{\ell}(E) \leqq \mathcal{R}/2\hbar v$ が得られる.

　式（7.7.3）は共鳴の場合に自然に適用できる. 共鳴を起こさない寄与 $\overline{\delta}_{\ell_0}(E)$ を無視すると（ここで ℓ_0 はほぼ定常的な状態の角運動量である），式（7.6.9）より，共鳴の近くの時間の遅れ（7.7.3）は正の量で

$$\Delta t = \frac{2\hbar}{1+\tan^2 \delta_{\ell_0}^{(\mathrm{R})}(E)} \frac{d}{dE} \tan \delta_{\ell_0}^{(\mathrm{R})}(E)$$

$$= \frac{\hbar\Gamma}{(E-E_{\mathrm{R}})^2 + \Gamma^2/4} \tag{7.7.4}$$

となる. 特に，共鳴のピークでは時間の遅れは $4\hbar/\Gamma$ であ

る．4倍になるのは，式 (7.6.12) によると，ポテンシャルの壁から波束が洩れ出るのに必要な時間（確率密度ではない）が $2\hbar/\Gamma$ であり，また入射する波束がポテンシャルの壁の中に沁み入るのに同じ時間がかかるので，合計して $4\hbar/\Gamma$ になるからだと考えることができる．

原　注
(1) E. P. Wigner, *Phys. Rev.* **98**, 145 (1955).

7.8　レビンソンの定理

　数学者ノーマン・レビンソン (1912-75) による注目すべき定理がある[1]．それは $E>0$ での位相のずれの振舞いと $E<0$ での束縛状態の数とを関係づける．この定理は系が半径 R の大きな球面で囲まれていて，その球面上で波動関数が 0 でなければならないと仮定すると容易に証明できる．式 (7.5.6) によると，軌道角運動量が ℓ でエネルギーが正の値 $E=\hbar^2 k^2/2\mu$ であるとき，動径波動関数は $\sin(kr-\ell\pi/2+\delta_\ell(E))$ に比例することを思い出そう．境界条件から，これらの状態の k の値は離散的な値 k_n のいずれかに等しくなければならない．

$$k_n R-\ell\pi/2+\delta_\ell(E_n)=n\pi \qquad (7.8.1)$$

である．ここで n は任意の整数であり，これに対して離散的な値 k_n が存在する．$N_\ell(E)$ は軌道角運動量が ℓ であるとき，エネルギーが 0 と E の間にある n の数である．これについて，$0\leqq E_n\leqq E$ であれば式 (7.8.1) が満足

されているから

$$N_\ell(E) = \frac{1}{\pi}\bigl(kR + \delta_\ell(E) - \delta_\ell(0)\bigr) \tag{7.8.2}$$

である. 相互作用 V のない場合には位相のずれは 0 となるから, 対応する状態の数はちょうど kR/π であり, したがってエネルギーが 0 と E の間にある散乱状態の状態の数の**変化**は相互作用のために

$$\Delta N_\ell(E) = \frac{1}{\pi}\bigl(\delta_\ell(E) - \delta_\ell(0)\bigr) \tag{7.8.3}$$

となる. さて, ここで次第に相互作用を強めると物理的状態は創られも壊されもしないが, $V=0$ で $E>0$ の散乱状態であった状態は相互作用によって $E<0$ の束縛状態に変換されることがあり得る. 状態が創られも壊されもしないという事実から, 軌道角運動量 ℓ をもった正のエネルギーの散乱状態の数の変化 $\Delta N_\ell(\infty)$ と, 軌道角運動量 ℓ をもった束縛状態全体の数の和は 0 とならねばならない. したがって束縛状態の数は

$$N_\ell = \frac{1}{\pi}\bigl(\delta_\ell(0) - \delta_\ell(\infty)\bigr) \tag{7.8.4}$$

となる. これは正でなければならないから, エネルギーが 0 から ∞ に増える間に位相のずれは正味の変化がないか, あるいは正味の減少を示すかでなくてはならない. これは前節の結果と矛盾しない. 前節では位相のずれの**急激な**変化を禁じただけである. 位相のずれは各々の共鳴で急激に 180° 変化するし, また共鳴を離れると, 共鳴と束縛状態

の総数と 180° の積だけ減少する.

これはすばらしい結果であるが, 非常に役に立つという
ことはない. この定理は非相対論的な中心力のポテンシャ
ルの弾性散乱について成立するが, エネルギーが無限大の
場合に成り立つのであって, そこでは非弾性的な効果が開
かれており, 相対論的な効果が重要である. この定理を一
般化してすべてのエネルギーで現実的な場合に適用させ
る多くの試みがなされたが, これまでのところ成功例はな
い.

原　注

(1) N. Levinson, *Kon. Danske Vid. Selskab Mat.-Fys.
Medd.* **25**, 9 (1949). レビンソンの証明は厳密な方法に頼っ
ていて本書の程度を超える. レビンソンの論文によれば, ここで証
明された結果は束縛エネルギーが 0 の束縛状態があれば適用できな
い.

7.9　クーロン散乱

ここまで, この章では $r \to \infty$ で $1/r$ より速く 0 にな
るポテンシャルだけを考えてきた. しかし, ただ一つの
最も重要なポテンシャル散乱の例はクーロン散乱であ
る. 例えば電荷 $Z_1 e$ の粒子の, 散乱中心にある電荷 $Z_2 e$
の粒子による散乱である. このときのポテンシャルは
$V(r) = Z_1 Z_2 e^2/r$ である. 幸いこの場合は散乱の微分断
面積の計算が可能である. ボルン近似にも, 部分波展開に
さえも頼る必要がない.

　シュレーディンガー方程式はクーロン・ポテンシャル
および正のエネルギー $E = \hbar^2 k^2 / 2\mu$ の場合，次の形にな
る．

$$-\frac{\hbar^2}{2\mu}\nabla^2\psi + \frac{Z_1 Z_2 e^2}{r}\psi = \frac{\hbar^2 k^2}{2\mu}\psi. \qquad (7.9.1)$$

結果として，この方程式の解で $r \to 0$ で特異点がなく，
$r \to \infty$ で平面波と外向きの波の和

$$\psi(\mathbf{x}) = e^{ikz}\mathcal{F}(r-z) \qquad (7.9.2)$$

になるような解を見出すことができる．単純な計算によ
り，そのような波動関数のラプラシアンは

$$\nabla^2\psi = e^{ikz}\left[-k^2\mathcal{F}(\rho) + \frac{2}{r}\left[(1-ik\rho)\mathcal{F}'(\rho) + \rho\mathcal{F}''(\rho)\right]\right]$$
$$(7.9.3)$$

となる．$\rho \equiv r - z$ である．したがってシュレーディンガ
ー方程式（7.9.1）は常微分方程式

$$\rho\mathcal{F}''(\rho) + (1-ik\rho)\mathcal{F}'(\rho) - k\xi\mathcal{F}(\rho) = 0 \qquad (7.9.4)$$

の形になる．ξ は無次元の量

$$\xi = \frac{Z_1 Z_2 e^2 \mu}{\hbar^2 k} \qquad (7.9.5)$$

である．式（7.9.4）は新しい独立変数

$$s \equiv ik\rho = ik(r-z) \qquad (7.9.6)$$

を導入すれば有名な微分方程式

$$s\frac{d^2}{ds^2}\mathcal{F} + (1-s)\frac{d}{ds}\mathcal{F} + i\xi\mathcal{F} = 0. \qquad (7.9.7)$$

になる．これは合流型超幾何方程式（クンマー方程式）

$$s\frac{d^2}{ds^2}\mathcal{F}+(c-s)\frac{d}{ds}\mathcal{F}-a\mathcal{F}=0 \qquad (7.9.8)$$

の特別な場合である．この場合は

$$c=1, \quad a=-i\xi \qquad (7.9.9)$$

である．式 (7.9.8) の解で $s=0$ で正則なものはクンマー関数[1]と呼ばれ，べき級数で表される．

$$_1F_1(a;c;s) = 1+\frac{a}{c}\frac{s}{1!}+\frac{a(a+1)}{c(c+1)}\frac{s^2}{2!}+\cdots. \qquad (7.9.10)$$

波動関数は

$$\psi(\mathbf{x}) = Ne^{ikz}\,_1F_1(-i\xi;1;ik[r-z]) \qquad (7.9.11)$$

となる．規格化定数 N は後ほど決めることにする．複素数の引数が大きいときのクンマー関数の漸近形は

$$_1F_1(a;c;s) \to \frac{\Gamma(c)}{\Gamma(c-a)}(-s)^{-a}[1+O(1/s)]$$

$$+ \frac{\Gamma(c)}{\Gamma(a)}e^s s^{a-c}[1+O(1/s)] \qquad (7.9.12)$$

である．ここで $\Gamma(z)$ はお馴染みのガンマ関数であり，$\mathrm{Re}\,z>0$ に対して

$$\Gamma(z) = \int_0^\infty dx\, x^{z-1}e^{-x}$$

と定義され，解析接続によって他の z の値についても定義される．したがって r の大きいときの波動関数の漸近形は $\cos\theta = z/r$ を固定すると[2]

$$\psi \to N e^{\xi\pi/2} \left[\frac{[k(r-z)]^{i\xi}}{\Gamma(1+i\xi)} e^{ikz} + \frac{[k(r-z)]^{-i\xi-1}}{i\Gamma(-i\xi)} e^{ikr} \right]$$

$$= \frac{N e^{\xi\pi/2}}{\Gamma(1+i\xi)} \left[e^{ikz+i\xi \ln(kr(1-\cos\theta))} \right.$$

$$\left. + f_k(\theta) \frac{e^{ikr-i\xi \ln(kr(1-\cos\theta))}}{r} \right] \quad (7.9.13)$$

となる. ここで

$$f_k(\theta) = \frac{\Gamma(1+i\xi)}{\Gamma(-i\xi)} \frac{1}{ik(1-\cos\theta)}$$

$$= -\frac{\Gamma(1+i\xi)}{\Gamma(1-i\xi)} \frac{\xi}{k(1-\cos\theta)}$$

$$= -\frac{\Gamma(1+i\xi)}{\Gamma(1-i\xi)} \frac{2Z_1 Z_2 e^2 \mu}{\hbar^2 q^2} \quad (7.9.14)$$

である. 一般的な公式 $\Gamma(1+z) = z\Gamma(z)$ を使い, $q^2 \equiv 2k^2(1-\cos\theta) \equiv 4k^2 \sin^2(\theta/2)$ と定義した.

式 (7.9.13) の位相の中の項が $\ln(kr)$ に比例することは, $r \to \infty$ で $1/r$ のように振舞うポテンシャルによる散乱の不可避な特徴であることが次の節で示される. これらの項の寄与は kr に比べて, 巨視的に大きな r の値について無視でき, したがって式 (7.9.13) は漸近的な波動関数の標準的な公式 (7.2.5) と実質的に同じである. 式 (7.9.11) の中の定数 N の値は

$$N = \Gamma(1+i\xi)e^{-\xi\pi/2}(2\pi\hbar)^{-3/2} \quad (7.9.15)$$

とし, $f_k(\theta)$ は散乱振幅とする.

$|\xi| \ll 1$ の場合, 因子 $\Gamma(1+i\xi)/\Gamma(1-i\xi)$ は 1 であり,

式（7.9.14）はボルン近似の結果の式（7.4.5）と遮蔽半
径 $1/\kappa$ が無限大の極限で等しいことに気づく．すべての ξ
について $\Gamma(1+i\xi)/\Gamma(1-i\xi)$ は散乱振幅の位相を変える
だけであり，したがってここでのボルン近似はあらゆる次
数について正しい微分断面積を与える．全断面積は無限大
であり，その意味は，入射ビームのすべての粒子がいくら
か散乱されることである．実際的には常にクーロン・ポテ
ンシャルの何らかの遮蔽が起こり，全断面積が実際に無限
大になることは決して起こらない．

原　注

(1) 例えば W. Magnus and F. Oberhettinger, *Formulas and
    Theorems for the Functions of Mathematical Physics*,
    transl. J. Webber（Chelsea Publishing Co., New York,
    1949）の第 VI 章 1 節を参照．

(2) 式（7.9.13）の第 1 行を導くには，$s=ik[r-z]$ について，
    式（7.9.12）の中の $-s$ の位相は $-\pi/2$ と選ばなければならない
    こと，および式（7.9.12）の第 2 項の中の s の位相を $\pi/2$ と選ば
    なければならないことに注意することが重要である．

7.10 アイコナール近似

アイコナール近似[1] は WKB 近似を 3 次元の問題に拡
張した近似である．但し，計算を簡単化するための球対称
性は使えない．そのような問題の一つがポテンシャル散乱
である．この場合，ポテンシャルが球対称であっても入射
する平面波の方向という，空間内での特定の方向がある．
散乱に適用する場合，アイコナール近似によると，古典力

学が散乱断面積を計算するのに役立つ場合があることの理
由が明らかになる. 散乱振幅の位相についても情報が得ら
れる. アイコナール近似は 10.4 節でアハラノフ - ボーム
効果を論ずるときにも使う.

1 個のスピン 0 の粒子[2]の一般的なエネルギー固有値問
題を考えよう. 粒子の座標を $\mathbf{x}$ とする.

$$H(-i\hbar\nabla, \mathbf{x})\psi(\mathbf{x}) = E\psi(\mathbf{x}). \qquad (7.10.1)$$

$\psi(\mathbf{x})$ の $\mathbf{x}$ による変化がハミルトニアン H に比べてずっ
と急激であるような解に興味がある. WKB 近似におけ
る経験から, 次の形の解を求めるのが良さそうである.

$$\psi(\mathbf{x}) = N(\mathbf{x})\exp(iS(\mathbf{x})/\hbar). \qquad (7.10.2)$$

位相 $S(\mathbf{x})$ は振幅 $N(\mathbf{x})$ よりもずっと急激に変動するとす
る. $N(\mathbf{x})$ の変動を $S(\mathbf{x})$ の変動に比べて無視すると, 式
(7.10.1) の中の勾配 ∇ は主に式 (7.10.2) の中の指数
関数の中に作用する. するとこの極限では位相は方程式

$$H(\nabla S(\mathbf{x}), \mathbf{x}) = E \qquad (7.10.3)$$

を満足する. ここで, 1 次元の場合にはなかった問題に
直面する. ∇S の三つの成分に対してたった一つの方程
式しかないのである. 例えばハミルトニアンの中で勾配
がラプラシアン ∇^2 の形としてだけ現れるとすると, 式
(7.10.3) は ∇S の大きさは与えるが, その方向について
は何も語らない. S を計算するために必要な残りの情報
は, 3 元ベクトル ∇S がグラディエントだということだ
けである. しかし次のような処方で, うまく式 (7.10.3)
を満足する $S(\mathbf{x})$ を求めることができる.

　第一に，適当な初期条件が必要である．そこで $S(\mathbf{x})$ が
「初期面」で何らかの一定の値 S_0 をとることにする．こ
の表面は任意ではなくて，当面の問題から決まる．例えば
入射ビームの方向である．$S(\mathbf{x})$ が初期面で一定だとする
と，$\nabla S(\mathbf{x})$ は表面上のあらゆる点で初期面に直交する．

　次に，初期面から発する「射線経路」（ray path）の族
を定義する．これらの曲線は一対の方程式で定義される．
それは古典的なハミルトニアン力学（正準形式）と似てい
て

$$\frac{dq_i}{d\tau} = \frac{\partial H(\mathbf{p}, \mathbf{q})}{\partial p_i}, \quad \frac{dp_i}{d\tau} = -\frac{\partial H(\mathbf{p}, \mathbf{q})}{\partial q_i} \qquad (7.10.4)$$

である．τ は曲線を表すパラメーターである．この微分方
程式の初期条件は各々の軌跡が $\tau = 0$ で出発するときに初
期面上の $\mathbf{q}(0)$ にあり，$\mathbf{p}(0)$ はその点で面に垂直だという
ことである．$\mathbf{p}(0)$ の大きさは，その点で

$$H(\mathbf{p}(0), \mathbf{q}(0)) = E \qquad (7.10.5)$$

によって与えられる．これは時間に依存しない問題だが，
明らかに τ は古典的な粒子が初期面から $\mathbf{q}(\tau)$ だけ移動す
るための時間と見なすことができる．

　これらの射線経路は交差することなく，少なくとも有限
の体積だけ初期面に隣接する空間を満たし，この体積の中
の各々の点 $\mathbf{x}$ に対して唯一の $\tau_{\mathbf{x}}$ があり，

$$\mathbf{q}(\tau_{\mathbf{x}}) = \mathbf{x} \qquad (7.10.6)$$

が成り立っていると仮定する．すると位相 S は

$$S(\mathbf{x}) = \int_0^{\tau_{\mathbf{x}}} \mathbf{p}(\tau) \cdot \frac{d\mathbf{q}(\tau)}{d\tau} d\tau + S_0 \qquad (7.10.7)$$

で与えられる.

これで私たちの問題が解けていることを確かめよう. すべてのそのような τ について

$$H(\mathbf{p}(\tau), \mathbf{q}(\tau)) = E \qquad (7.10.8)$$

であることを容易に確かめることができる. なぜなら微分方程式 (7.10.4) は

$$\frac{d}{d\tau} H(\mathbf{p}(\tau), \mathbf{q}(\tau)) = \sum_i \frac{\partial H(\mathbf{p}(\tau), \mathbf{q}(\tau))}{\partial p_i(\tau)} \frac{dp_i(\tau)}{d\tau}$$

$$+ \sum_i \frac{\partial H(\mathbf{p}(\tau), \mathbf{q}(\tau))}{\partial q_i(\tau)} \frac{dq_i(\tau)}{d\tau}$$

$$= 0 \qquad (7.10.9)$$

を意味するからである. 式 (7.10.8) は $\tau = 0$ で成り立っているから, すべての τ でも成り立つ. 少なくともある有限の範囲で成り立つ.

残るのは $\mathbf{p} = \boldsymbol{\nabla} S$ を示すことである. このためには次のことに注意する. $\mathbf{x}$ の無限小の変化 $\delta\mathbf{x}$ は $\tau_{\mathbf{x}}$ を少しだけ, 例えば $\tau_{\mathbf{x}} + \Delta\tau_{\mathbf{x}}$ だけ変化させるが, その結果, また初期面と点 $\mathbf{x}$ を結ぶ射線経路を新しい射線経路に変更する. すなわち $\mathbf{q}(\tau)$ と $\mathbf{p}(\tau)$ を $\mathbf{q}(\tau) + \Delta\mathbf{q}(\tau)$ と $\mathbf{p}(\tau) + \Delta\mathbf{p}(\tau)$ に置き換えた射線経路に変更する. $\Delta\mathbf{q}$ と $\Delta\mathbf{p}$ は無限小である. また

$$\delta\mathbf{x} = \left[\frac{d\mathbf{q}(\tau)}{d\tau} \Delta\tau_{\mathbf{x}} + \Delta\mathbf{q}(\tau) \right]_{\tau = \tau_{\mathbf{x}}} \qquad (7.10.10)$$

である. $\mathbf{x}$ が変化すると式 (7. 10. 7) で与えられる $S(\mathbf{x})$
も変化する.

$$\delta S(\mathbf{x}) = \Delta\tau_{\mathbf{x}} \mathbf{p}(\tau_{\mathbf{x}}) \cdot \frac{d\mathbf{q}(\tau)}{d\tau}\bigg|_{\tau=\tau_{\mathbf{x}}}$$
$$+ \int_0^{\tau_{\mathbf{x}}} \left[\mathbf{p}(\tau) \cdot \frac{d\Delta\mathbf{q}(\tau)}{d\tau} + \Delta\mathbf{p}(\tau) \cdot \frac{d\mathbf{q}(\tau)}{d\tau} \right] d\tau$$

である. 整理すると

$$\delta S(\mathbf{x}) = \Delta\tau_{\mathbf{x}} \mathbf{p}(\tau_{\mathbf{x}}) \cdot \frac{d\mathbf{q}(\tau)}{d\tau}\bigg|_{\tau=\tau_{\mathbf{x}}}$$
$$+ \int_0^{\tau_{\mathbf{x}}} \frac{d}{d\tau} \left[\mathbf{p}(\tau) \cdot \Delta\mathbf{q}(\tau) \right] d\tau$$
$$+ \int_0^{\tau_{\mathbf{x}}} \left[\Delta\mathbf{p}(\tau) \cdot \frac{d\mathbf{q}(\tau)}{d\tau} - \frac{d\mathbf{p}(\tau)}{d\tau} \cdot \Delta\mathbf{q}(\tau) \right] d\tau.$$

第一の積分は上の端点 $\tau=\tau_{\mathbf{x}}$ での被積分関数の値から

$$\int_0^{\tau_{\mathbf{x}}} \frac{d}{d\tau} \left[\mathbf{p}(\tau) \cdot \Delta\mathbf{q}(\tau) \right] d\tau = \mathbf{p}(\tau_{\mathbf{x}}) \cdot \Delta\mathbf{q}(\tau_{\mathbf{x}})$$

と計算される. 下の端点 $\tau=0$ からの寄与は 0 である. な
ぜなら初期面では $\mathbf{p}$ は面に垂直だが $\Delta\mathbf{q}$ は面に接してい
て, $\mathbf{p}(0) \cdot \Delta\mathbf{q}(0) = 0$ だからである. 射線経路の方程式
(7. 10. 4) によると, 第二の積分の被積分関数は

$$\Delta\mathbf{p}(\tau) \cdot \frac{d\mathbf{q}(\tau)}{d\tau} - \frac{d\mathbf{p}(\tau)}{d\tau} \cdot \Delta\mathbf{q}(\tau)$$
$$= \sum_i \Delta p_i(\tau) \frac{\partial H(\mathbf{q}(\tau), \mathbf{p}(\tau))}{\partial p_i}$$

$$+\sum_i \Delta q_i(\tau)\frac{\partial H\big(\mathbf{q}(\tau),\mathbf{p}(\tau)\big)}{\partial q_i}$$

$$= \Delta H\big(\mathbf{q}(\tau),\mathbf{p}(\tau)\big)$$

であり 0 になる．既に見たように，H は同じ値 $H=E$ をすべての射線経路上でとるからである．式 (7.10.10) を使うと，残るのは

$$\delta S(\mathbf{x}) = \Delta\tau_{\mathbf{x}}\mathbf{p}(\tau_{\mathbf{x}})\cdot\frac{d\mathbf{q}(\tau)}{d\tau}\bigg|_{\tau=\tau_{\mathbf{x}}} +\mathbf{p}(\tau_{\mathbf{x}})\cdot\Delta\mathbf{q}(\tau_{\mathbf{x}})$$

$$= \mathbf{p}(\tau_{\mathbf{x}})\cdot\delta\mathbf{x} \qquad (7.10.11)$$

であり，したがって

$$\mathbf{p}(\tau_{\mathbf{x}}) = \boldsymbol{\nabla}S(\mathbf{x}) \qquad (7.10.12)$$

である．証明終わり．

振幅 $N(\mathbf{x})$ については勾配の次のオーダーまで行くとよくわかる．(7.10.2) を使うとシュレーディンガー方程式 (7.10.1) は正確に[3]

$$H\big(\boldsymbol{\nabla}S(\mathbf{x})-i\hbar\boldsymbol{\nabla},\mathbf{x}\big)N(\mathbf{x}) = EN(\mathbf{x}) \qquad (7.10.13)$$

と表せる．式 (7.10.3) が満足されていると，$N(\mathbf{x})$ の 0 次の項と $\boldsymbol{\nabla}S(\mathbf{x})$ が打ち消し合う．するとこれらのグラディエントの 1 次では，シュレーディンガー方程式は

$$\mathbf{A}(\mathbf{x})\cdot\boldsymbol{\nabla}N(\mathbf{x})+B(\mathbf{x})N(\mathbf{x}) = 0 \qquad (7.10.14)$$

となる．ここで

$$\begin{cases} A_i(\mathbf{x}) \equiv \left[\dfrac{\partial H(\mathbf{p},\mathbf{x})}{\partial p_i}\right]_{\mathbf{p}=\boldsymbol{\nabla}S(\mathbf{x})} \\[4mm] B(\mathbf{x}) \equiv \dfrac{1}{2}\sum_{ij}\left[\dfrac{\partial^2 H(\mathbf{p},\mathbf{x})}{\partial p_i\partial p_j}\right]_{\mathbf{p}=\boldsymbol{\nabla}S(\mathbf{x})}\dfrac{\partial^2 S(\mathbf{x})}{\partial x_i\partial x_j} \end{cases} \qquad (7.10.15)$$

である．式（7.10.4）を使うと式（7.10.14）から

$$\frac{d}{d\tau} \ln N(\mathbf{q}(\tau)) = -B(\mathbf{q}(\tau))$$

となり，したがって

$$N(\mathbf{x}) = N(\mathbf{x}_0) \exp\left(- \int_0^{\tau_{\mathbf{x}}} B(\mathbf{q}(\tau)) d\tau \right). \quad (7.10.16)$$

ここで $\mathbf{x}_0$ は初期面の上で射線経路により $\mathbf{x}$ と結ばれている点である．重要なことは，$N(\mathbf{x})$ が $\mathbf{x}_0$ の他の初期面の任意の点での値にも依存しないことである．したがって，波動関数が初期面から射線経路に沿って伝搬するといえる．

ポテンシャル散乱では

$$H(\mathbf{p}, \mathbf{x}) = \frac{\mathbf{p}^2}{2m} + V(\mathbf{q})$$

であるから，

$$\mathbf{A}(\mathbf{x}) = \frac{1}{m} \boldsymbol{\nabla} S(\mathbf{x}), \quad B(\mathbf{x}) = \frac{1}{2m} \nabla^2 S(\mathbf{x})$$

であり，式（7.10.14）は[4]

$$0 = 2Nm[\mathbf{A} \cdot \boldsymbol{\nabla} N + BN] = 2N\left[\boldsymbol{\nabla} S \cdot \boldsymbol{\nabla} N + \frac{N}{2} \nabla^2 S\right]$$

$$= \boldsymbol{\nabla} \cdot (N^2 \boldsymbol{\nabla} S) \qquad (7.10.17)$$

となる．

ここまでくれば，散乱の確率分布のさまざまな角度での様子がアイコナール近似で古典的な散乱理論から導かれることを理解できる．第一に，散乱断面積が古典的にどのよ

うに計算されるかを思い出そう. 粒子のビームが, 平行な
軌跡で散乱中心に向かってくるとしよう. その方向を仮に
z 方向とする. 極角度 θ と方位角度 ϕ の小さな立体角 $\delta\Omega$
の中に散乱されるためには, 入射する粒子は初めに z 方
向に垂直な小さな面積 $\delta A(\theta, \phi)$ の中に入らなければなら
ない. この面積は $\delta\Omega$ に比例する. 古典的な微分断面積は
次の比と定義される.

$$\left(\frac{d\sigma(\theta, \phi)}{d\Omega}\right)_{古典的} \equiv \delta A(\theta, \phi)/\delta\Omega. \quad (7.10.18)$$

すなわち, 任意の方向について $(d\sigma/d\Omega)_{古典的}\delta\Omega$ はその方
向の立体角 $\delta\Omega$ の中に散乱されるために粒子が当たらなけ
ればならない面積である.

　例えば, 球対称なポテンシャルについての古典的な
運動方程式を解いて, 粒子が散乱中心に z 軸に沿って近
づき, 角度 θ の中に散乱されるためには, 粒子は最初に
線に沿って z 軸から, ある距離 (「衝突パラメーター」)
$b(\theta)$ の距離で移動しなければならないことがわかったと
しよう. 粒子が θ と $\theta+\delta\theta$ の間で, ϕ と $\phi+\delta\phi$ の間であ
る小さな立体角 $\sin\theta\,\delta\theta\,\delta\phi$ に散乱されるためには, すべ
て (散乱中心に向かって) の衝突パラメーターが $b(\theta)$ と
$b(\theta)+(db(\theta)/d\theta)\delta\theta$ の間で, 方位角は ϕ と $\phi+\delta\phi$ の間に
なければならない. したがって

$$\frac{d\sigma}{d\Omega} = |b\,db\,d\phi/\sin\theta\,d\theta\,d\phi| = \frac{b(\theta)}{\sin\theta}\left|\frac{db(\theta)}{d\theta}\right| \quad (7.10.19)$$

である. 特に, 質量 μ の粒子が初めの速度 v_0 でクーロ

ン・ポテンシャル $Z_1 Z_2 e^2/r$ で散乱される場合は，古典的な運動方程式から $b(\theta) = Z_1 Z_2 e^2/\mu v_0^2 \tan(\theta/2)$ である．これを式（7.10.19）の中で使うと $d\sigma/d\Omega = Z_1^2 Z_2^2 e^4/4\mu^2 v_0^4 \sin^4(\theta/2)$ となる．このようにしてラザフォードは 1911 年にクーロン散乱の散乱断面積を計算したのであった．

　それでは量子力学で，アイコナール近似で散乱断面積がどのように計算されるかを考えよう．波動関数の位相が一定である「初期面」は，z 軸に垂直で散乱中心のはるか上流の平面だと見なすことができる．初期面上の小さな面積 $\delta A(\theta, \phi)$ から始まり，散乱中心を通り，外で長く走って角度 θ と ϕ で指定される立体角 $\delta\Omega$ の中に納まるあらゆる粒子の軌跡から構成される管を考えよう．ガウスの定理を使うと，式（7.10.7）から $N^2 \boldsymbol{\nabla} S$ の法線成分の管の表面上の積分は 0 である．式（7.10.12）によると，これは $N^2 \mathbf{p}$ の法線成分の管の表面上の積分が 0 であることを意味する．管の側面は粒子の軌跡からできているから，$\mathbf{p}$ の側面上の法線成分は 0 である．したがって積分に寄与するのは二つだけで，一つは初めの面積 δA で，$\mathbf{p}$ は法線方向だが中にはいっている．もう一つは終わりの面積 $r^2 d\Omega$ で，ここでは $\mathbf{p}$ は管から出ていく法線の方向である．したがって表面上の全積分が 0 であることから

$$-\delta A(\theta, \phi) N_{\text{始}}^2 + r^2 \delta\Omega N_{\text{終}}^2 = 0 \qquad (7.10.20)$$

という簡単な関係が得られる．N^2 の始状態と終状態での値を求めるためには式（7.2.5）から，散乱中心からの距

離 r の大きいときに

$$\psi_{\mathbf{k}}(\mathbf{x}) \to C\big[e^{i\mathbf{k}\cdot\mathbf{x}} + f_{\mathbf{k}}(\theta,\phi)e^{ikr}/r\big] \qquad (7.10.21)$$

となることを思い出そう．ここで C は重要でない規格化定数であり，$f_{\mathbf{k}}(\theta,\phi)$ は散乱振幅である．したがってこれを式（7.10.2）と比較すると

$$N_{始} = C, \quad N_{終} = Cf_{\mathbf{k}}(\theta,\phi)/r \qquad (7.10.22)$$

となる．すると量子力学的な断面積はアイコナール近似では式（7.10.22）と式（7.10.20）から

$$\left(\frac{d\sigma(\theta,\phi)}{d\Omega}\right)_{アイコナール} = |f_{\mathbf{k}}(\theta,\phi)|^2 = \frac{N_{終}^2 r^2}{N_{始}^2}$$

$$= \frac{\delta A(\theta,\phi)}{\delta\Omega} = \left(\frac{d\sigma(\theta,\phi)}{d\Omega}\right)_{古典的}$$
$$(7.10.23)$$

となる．証明終わり．

　しかしアイコナール近似は古典論の散乱理論を超え，散乱振幅の位相を提供する．散乱振幅の絶対値だけではないのである．質量 μ の粒子の中心力のポテンシャル $V(r)$ による散乱について，ハミルトニアンは

$$H = \frac{p_r^2}{2\mu} + \frac{p_\vartheta^2}{2\mu r^2} + V(r) \qquad (7.10.24)$$

である．これから

$$\dot{r} = p_r/\mu, \quad \dot{\vartheta} = p_\vartheta/\mu r^2 \qquad (7.10.25)$$

となる．ここで上付きの点は，軌跡のパラメーター τ についての微分を示す．運動の定数が二つある．一つはエネルギー H であり，もう一つは角運動量 p_ϑ である．各々

の値を

$$H = \hbar^2 k^2/2\mu, \quad p_\vartheta = -\hbar k b \qquad (7.10.26)$$

と書く. ここで k は入射波の波数であり, b は衝突パラメーター, すなわちポテンシャルがなかった場合に散乱中心に最も近づくときの距離である. 軌跡に沿った座標 ϑ と座標 r の間には

$$\frac{d\vartheta}{dr} = \frac{\dot{\vartheta}}{\dot{r}} = \frac{p_\vartheta}{r^2 p_r} = -\frac{\hbar k b}{r^2 p_r} \qquad (7.10.27)$$

という関係がある. 式 (7.10.26) を式 (7.10.24) の中で使い, p_r を解くと

$$p_r = \pm\sqrt{\hbar^2 k^2 - \hbar^2 k^2 b^2/r^2 - 2\mu V(r)/r^2} \qquad (7.10.28)$$

となる. 式 (7.10.27) と式 (7.10.28) から散乱振幅の位相 $S/\hbar$ についての式 (7.10.7) の中の被積分関数は

$$[p_r\,dr + p_\vartheta\,d\vartheta]/\hbar = \pm\kappa(r)dr \qquad (7.10.29)$$

となる.

$$\kappa(r) = \sqrt{k^2(1 - b^2/r^2) - 2\mu V(r)/\hbar^2}$$
$$+ \frac{k^2 b^2}{r^2\sqrt{k^2(1 - b^2/r^2) - 2\mu V(r)/\hbar^2}} \qquad (7.10.30)$$

である. 散乱問題では初期面を散乱中心から R という大きな距離にとり, 波動関数の位相がこの面の上で一定だとするのが便利である. その値は

$$S_0 = -\int_{r_0}^{R} \kappa(r)dr$$

である. ここで r_0 は古典的な軌跡での最も近づいた点で

$p_r = 0$ の解である．すなわち

$$k^2(1 - b^2/r_0^2) - 2\mu V(r_0)/\hbar^2 = 0. \qquad (7.10.31)$$

波動関数の外向きの部分の位相はアイコナール近似では式（7.10.7）と式（7.10.29）で

$$S(r, \theta)/\hbar = \int_{r_0}^{r} \kappa(r)dr \qquad (7.10.32)$$

と与えられる．ここで $\kappa(r)$ の式（7.10.30）の中の b は $b(\theta)$，すなわち角度 θ の場合の古典的な運動方程式が与える衝突パラメーターであることに注意しよう．

積分（7.10.32）は一般に相当複雑であるが，r の大きい場合の位相についての結果は簡単である．散乱問題では $V(r)$ は散乱中心から遠く離れると 0 になると想定される．$V(r)$ が少なくとも $r \to \infty$ のとき $1/r$ 程度に小さくなると仮定すると，式（7.10.30）から

$$\kappa(r) \to k - \frac{\mu V(r)}{\hbar^2 k} + O(1/r^2) \qquad (7.10.33)$$

となる．ここで二つの場合を区別しなければならない．

1. $V(r)$ が $r \to \infty$ で $r^{-\mathcal{N}}$ のように減少する場合（$\mathcal{N} > 1$）は，式（7.10.33）の中の項で $1/r^2$ のように減少する項または $V(r)$ が式（7.10.32）の積分に寄与し，それは $r \to \infty$ で r に依存しない．この場合，波動関数の位相は $r \to \infty$ のとき $kr + C$ に近づく．ここで C は r に依存しないが，一般には b や k に依存するので散乱の角度 θ には依存する．

2. $V(r)$ が r の大きいとき U/r となる場合（U は定

数）は積分 $\int^r V(r)dr$ は $r \to \infty$ で収束しない．したがって r の大きいとき波動関数の位相は次のようになる．

$$S(r)/\hbar \to kr - \frac{\mu U}{\hbar^2 k}\ln r + C. \qquad (7.10.34)$$

C はまた一般には θ や k に依存するが，r には依存しない．特にクーロン・ポテンシャル自身の場合，$U = Z_1 Z_2 e^2 = \xi\hbar^2 k/\mu$ となる．ここで ξ は前節で導入したクーロン散乱のパラメーターである．したがって式 (7.10.34) から r に依存しない因子

$$e^{ikr - i\xi\ln r}$$

が波動関数 (7.9.13) の外向きの部分に出てくる．しかしアイコナール近似を使うと，そのような $\ln r$ の項は波動関数の外向きの部分の位相には現れない．クーロン散乱の場合だけではなく，$r \to \infty$ で $1/r$ のように振舞う場合についてもそうである．

原　注

(1) 光学の中のアイコナール近似については M. Born and E. Wolf, *Principles of Optics* (Pergamon Press, New York, 1959)〔M. ボルン，E. ウォルフ（草川徹訳）『光学の原理 第7版（全3巻）』東海大学出版会，2005〕参照．
(2) スピンをもった粒子で，力がスピンに依存する場合には，ここでの取り扱いを拡張してスピンの異なる成分についての連立した方程式を取り扱う必要がある．非対称な媒質の中の多成分の波動の伝搬のアイコナール近似による一般的な取り扱いは S. Weinberg, *Phys. Rev.* **126**, 1899 (1962) によって与えられた．

(3) 関数 $H(\nabla S(\mathbf{x}) - i\hbar\nabla, \mathbf{x})$ はそのべき級数展開で定義される.
この展開では,演算子 $-i\hbar\nabla$ はその右にあるすべてに作用すると
理解されねばならない.つまり N だけでなく S の導関数にも作用
する.
(4) $N^2\nabla S$ という量は確率の保存の条件 (1.5.5) に現れる確率の
流れ $\psi^*\nabla\psi - \psi\nabla\psi^*$ に比例するから,その発散が 0 となること
は式 (1.5.5) およびここで $|\psi|^2$ が時間に依存しないことから出
てくる.

問　題

1. ボルン近似を使い,質量 μ,波数 k の粒子の,任意の中心
力のポテンシャル $V(r)$ による散乱の s 波の散乱長 a_s を求め
よ.ポテンシャルの範囲は有限の R であり,$kR \ll 1$ とする.
この結果と光学定理を使って前方散乱の振幅の虚部をポテンシャ
ルの 2 次まで求めよ.
2. 質量 μ,スピン 0 の非相対論的な粒子の,未知のポテンシ
ャルによる散乱を考えよ.共鳴が E_R と観測され共鳴のピーク
での弾性散乱断面積が $\sigma_{\text{最大}}$ であった.このデータを使って共鳴
状態の軌道角運動量の値を与える方法を示せ.
3. 次のようなポテンシャルを考える.
$$V(r) = \begin{cases} -V_0, & r < R \\ 0, & r \geqq R \end{cases}$$
このポテンシャルによる散乱の $\ell = 0$ の場合の位相のずれを
δ_0 とする.$\tan\delta_0$ を求めよ.但しすべての $E > 0$ について,
$V_0 > 0$ のすべての次数で求めよ.
4. 非摂動ハミルトニアンの固有状態が,運動量が $\mathbf{p}$ で摂動を
受けてないときのエネルギーが $E = \mathbf{p}^2/2\mu$ の自由粒子の連続的
な状態だけでなく,摂動を受けてないときのエネルギーが負の角
運動量 ℓ の離散的な状態をも含んでいるとしよう.さらに相互

作用を加えると，連続的状態は局所的なポテンシャルを感じるものの連続的状態のままであるが，離散的状態のエネルギーは正となって不安定になる．以上のように仮定すると，k が $k = 0$ から $k = \infty$ まで増加するとき，位相のずれ $\delta_\ell(k)$ はどう変化するか．

　5.　散乱振幅 f が θ にも ϕ にも依存しない場合の弾性散乱の断面積の上限を求めよ．

第8章 一般散乱理論

　前章の主題は，1個の非相対論的な粒子の局所的なポテンシャルによる弾性散乱であった．しかし散乱理論ははるかに広い状況で一般的に適用される．例えば，散乱によって粒子が新しく生まれることがある．相互作用が局所的だとは限らない．粒子は相対的な速度で運動しているだろう．光子もあるだろう．始状態に3個以上の粒子が含まれているかも知れない．本章はこれらすべての可能性を含んだレベルの一般性をもった散乱理論を記述する．

　本章では，質量 m の粒子のエネルギーは相対論的な公式 $(\mathbf{p}^2c^2+m^2c^4)^{1/2}$ を用いる．$\mathbf{p}$ は運動量，c は光速である．非弾性散乱も考える．質量が運動エネルギーに変換されたり，その逆が起こったりする．特殊相対論と両立する力学理論を定式化するのは簡単ではない．本当に満足のいく方法は場の量子論で基礎づけられるしかない．しかし一般的な原理に関する限り，量子力学は相対論的な系でも非相対論的な系でも同様に適用できる．

8.1 S 行 列
　ハミルトニアン H は二つの項の和だと仮定する．一つ

は非摂動ハミルトニアン H_0 で，任意の数の互いに相互作用しない粒子を記述する．もう一つは何らかの種類の相互作用 V である．

$$H = H_0 + V \qquad (8.1.1)$$

相互作用 V はエルミートであり，H_0 で記述される複数の粒子がすべてお互いに十分離れている場合には，V の効果を無視できると仮定する．

7.1 節では「in」状態 $\Psi_{\mathbf{k}}^{\mathrm{in}}$ を，散乱中心から非常に離れていて観測が十分早い時間に行われる場合に，運動量 $\hbar\mathbf{k}$ の 1 個の粒子であるように見える，ハミルトニアンの固有状態と定義した．この定義を一般化して，ハミルトニアンの固有状態である「in」状態 Ψ_α^+ と「out」状態 Ψ_α^- を定義する．

$$H\Psi_\alpha^\pm = E_\alpha \Psi_\alpha^\pm \qquad (8.1.2)$$

自由粒子のハミルトニアンの固有状態 Φ_α は

$$H_0 \Phi_\alpha = E_\alpha \Phi_\alpha \qquad (8.1.3)$$

を満たし，何個かの粒子が遠く離れていることを表している．観測の行われた時間が早い場合には Ψ_α^+ が Φ_α のように見え，遅い場合には Ψ_α^- が Φ_α のように見える．ここで α は複合的な添え字で，状態の中の粒子の種類や番号，またそれらの運動量やスピンの第 3 成分（ヘリシティの場合もある）を表す．状態 Φ_α は

$$(\Phi_\beta, \Phi_\alpha) = \delta(\beta - \alpha) \qquad (8.1.4)$$

と直交規格化しておく．右辺のデルタ関数 $\delta(\alpha - \beta)$ は実際は，対応する粒子の数や種類やスピンの第 3 成分や状

態 α と β についてのクロネッカーのデルタと，これらの
状態の対応する粒子の運動量についてのデルタ関数との積
である.

Ψ_α^+ と Ψ_α^- の定義は次のようにして精密化できる. $g(\alpha)$
が状態 α の運動量の滑らかな関数だとする. （式 (7.1.3)
および式 (7.1.4) の一般化として） $t \to \mp\infty$ について

$$\int d\alpha \, g(\alpha) \Psi_\alpha^\pm \exp(-iE_\alpha t/\hbar)$$
$$\to \int d\alpha \, g(\alpha) \Phi_\alpha \exp(-iE_\alpha t/\hbar) \quad (8.1.5)$$

とする. （一般の α についての積分は粒子の数と種類，お
よびそのスピンの第3成分についての和と，状態 α のす
べての運動量についての積分を含む.）この条件をリップ
マン‐シュウィンガー方程式 (7.1.7)

$$\Psi_\alpha^\pm = \Phi_\alpha + (E_\alpha - H_0 \pm i\epsilon)^{-1} V \Psi_\alpha^\pm \quad (8.1.6)$$

の一般化として，式 (8.1.2) を書き直すことによって満
足することができる. ϵ は正の無限小の量である. すると
式 (8.1.5) は 7.1 節で使った議論の簡単な拡張によって
出てくる. 式 (8.1.6) から

$$\int d\alpha \, g(\alpha) \Psi_\alpha^\pm \exp(-iE_\alpha t/\hbar)$$
$$= \int d\alpha \, g(\alpha) \Phi_\alpha \exp(-iE_\alpha t/\hbar)$$

$$+ \int d\alpha \int d\beta \frac{g(\alpha)\exp(-iE_\alpha t/\hbar)(\Phi_\beta, V\Psi_\alpha^\pm)}{E_\alpha - E_\beta \pm i\epsilon}\Phi_\beta$$

$$(8.1.7)$$

となる. 右辺第2項の指数関数の急激な振動のために, E_α が E_β に近い場合（そのとき分母も急激に変動する）を除いてこの積分の寄与は抑えられてしまう. したがって積分域をすべての実数 E_α に延長してもよい. E_β に非常に近いところ以外の範囲の積分は $|t| \to \infty$ では寄与しないからである. $|t| \to \infty$ での E_α についての積分は, $t \to -\infty$ については積分路を複素平面の上半面の大きな半円で閉じてもよい. また $t \to +\infty$ での積分は, 積分路を複素平面の下半面の大きな半円で閉じてもよい. どちらの場合も $\exp(-iE_\alpha t/\hbar)$ という因子は半円上指数関数的に減衰するからである. どちらの場合も $E_\alpha = E_\beta \mp i\epsilon$ にある極は積分路の外にあるから, この積分は0となる. 結局, 式 (8.1.5) が残る.（ちなみに式 (8.1.6) の「in」状態や「out」状態を導いたのは分母の $\pm i\epsilon$ である. それで Ψ_α^+ と Ψ_α^- と表記するのが便利なのである.）

「in」状態と「out」状態は同一のヒルベルト空間に属していて, その区別はそれらの $t \to -\infty$ および $t \to +\infty$ での様子だけで決まる. 実際, 任意の「in」状態は「out」状態の重ね合わせとして表現される. すなわち

$$\Psi_\alpha^+ = \int d\beta\, S_{\beta\alpha}\Psi_\beta^-. \qquad (8.1.8)$$

この式の中の $S_{\beta\alpha}$ を S 行列という. 状態をうまくとって

$t \to -\infty$ で自由粒子の状態 Φ_α のように見えるとすると，それが Ψ_α^+ であり，式 (8.1.8) により状態は後の時間に $\int d\beta\, S_{\beta\alpha}\Phi_\beta$ のような重ね合わせに見える．次にわかるように，S行列は任意の種類の間の反応についての情報のすべてを含んでいる．

「in」状態を後の時間に観測したらどう見えるかを考察することによって，S行列についての役に立つ公式を導くことができる．再び Ψ_α^+ について式 (8.1.7) を使うが，今度は $t>0$ だから，第2項の E_α についての積分路は複素平面の下半分の大きな半円で閉じなければならない．したがって今度は $E_\alpha = E_\beta - i\epsilon$ の極からの寄与だけを受ける．積分は時計まわりの方向に行うから，この極の寄与は同じ積分の $-2\pi i$ 倍である．分母は落とす．したがって E_α についての積分は残りの被積分関数で $E_\alpha = E_\beta - i\epsilon$ と置き換えればよい．ϵ は無限小だから，結局，式 (8.1.7) の中の $(E_\alpha - E_\beta + i\epsilon)^{-1}$ を $-2\pi i\delta(E_\alpha - E_\beta)$ と置き換えればよい．したがって $t \to +\infty$ について

$$\int d\alpha\, g(\alpha)\Psi_\alpha^+ \exp(-iE_\alpha t/\hbar)$$
$$\to \int d\alpha\, g(\alpha)\Phi_\alpha \exp(-iE_\alpha t/\hbar)$$
$$-2\pi i \int d\alpha \int d\beta\, g(\alpha)\exp(-iE_\alpha t/\hbar)$$
$$\times (\Phi_\beta, V\Psi_\alpha^+)\delta(E_\alpha - E_\beta)\Phi_\beta. \quad (8.1.9)$$

一つ前の段落で注意したように，状態 Ψ_α^+ は $t \to +\infty$ で
重ね合わせ $\int d\beta\, S_{\beta\alpha}\Phi_\beta$ のように見えるから，式 (8.1.9)
より

$$S_{\beta\alpha} = \delta(\beta - \alpha) - 2\pi i\delta(E_\alpha - E_\beta)T_{\beta\alpha} \qquad (8.1.10)$$

となる．但し

$$T_{\beta\alpha} \equiv (\Phi_\beta, V\Psi_\alpha^+) \qquad (8.1.11)$$

である．

　　状態 Φ_α は直交規格化されているように選んだので，そ
のことと式 (8.1.6) から，「in」状態と「out」状態も直
交規格化されているはずである．これは式 (8.1.5) から
かなり明らかだが，もっと直接的な証明もできる．行列要
素 $(\Psi_\beta^\pm, V\Psi_\alpha^\pm)$ は式 (8.1.6) をスカラー積の右側で使っ
ても左側で使っても良い．結果は同じでなければならない
から（H_0 と V がエルミートだという事実を使って）

$$\left(\Psi_\beta^\pm, V\Phi_\alpha\right) + \left(\Psi_\beta^\pm, V(E_\alpha - H_0 \pm i\epsilon)^{-1}V\Psi_\alpha^\pm\right)$$
$$= (\Phi_\beta, V\Psi_\alpha^\pm) + \left(\Psi_\beta^\pm, V(E_\beta - H_0 \mp i\epsilon)^{-1}V\Psi_\alpha^\pm\right).$$
$$(8.1.12)$$

自明な恒等式

$$(E_\alpha - H_0 \pm i\epsilon)^{-1} - (E_\beta - H_0 \mp i\epsilon)^{-1}$$
$$= -\frac{E_\alpha - E_\beta \pm 2i\epsilon}{(E_\alpha - H_0 \pm i\epsilon)(E_\beta - H_0 \mp i\epsilon)}$$

を使うと，$E_\alpha - E_\beta \pm 2i\epsilon$ で割って

$$-\left[\frac{(\Phi_\alpha, V\Psi_\beta^\pm)}{E_\beta - E_\alpha \pm 2i\epsilon}\right]^* - \frac{(\Phi_\beta, V\Psi_\alpha^\pm)}{E_\alpha - E_\beta \pm 2i\epsilon}$$
$$= \left(\Psi_\beta^\pm, V(E_\beta - H_0 \mp i\epsilon)^{-1}(E_\alpha - H_0 \pm i\epsilon)^{-1}V\Psi_\alpha^\pm\right)$$

となる.

ϵ についての重要な点は，それが正で無限小だということだけだから，ここで 2ϵ を ϵ と置き換えてかまわない．式 (8.1.6) によると，これから

$$-\left(\Phi_\alpha, [\Psi_\beta^\pm - \Phi_\beta]\right)^* - \left(\Phi_\beta, [\Psi_\alpha^\pm - \Phi_\alpha]\right)$$
$$= \left([\Psi_\beta^\pm - \Phi_\beta], [\Psi_\alpha^\pm - \Phi_\alpha]\right).$$

したがって

$$(\Psi_\beta^\pm, \Psi_\alpha^\pm) = (\Phi_\beta, \Phi_\alpha) = \delta(\alpha - \beta) \qquad (8.1.13)$$

となる.

式 (8.1.8) と Ψ_β^- のスカラー積をとると今や

$$S_{\beta\alpha} = (\Psi_\beta^-, \Psi_\alpha^+) \qquad (8.1.14)$$

となる．$S_{\beta\alpha}$ は $t \to -\infty$ で自由粒子の状態 Φ_α に見えるように設定された状態が，$t \to \infty$ で自由粒子の状態 Φ_β に見える確率振幅である.

$S_{\beta\alpha}$ は二つの完全で直交規格化された状態ベクトルの組の間のスカラー積の行列であるから，ユニタリーでなければならない．このことは（「in」状態についての）式 (8.1.12) と $\delta(E_\alpha - E_\beta)$ の積をとれば直接証明できる．これより

$$\delta(E_\alpha - E_\beta)(T^*_{\alpha\beta} - T_{\beta\alpha})$$
$$= 2i\epsilon\delta(E_\alpha - E_\beta)\int d\gamma \frac{T^*_{\gamma\beta}T_{\gamma\alpha}}{(E_\alpha - E_\gamma)^2 + \epsilon^2}$$

となる. ϵ が無限小であれば, 関数 $\epsilon/(x^2 + \epsilon^2)$ は $x = 0$ の他では無視できる. 一方 x 全体についての積分は π であるから, いかなる積分においても, それは $\pi\delta(x)$ と置き換えることができる. これと $-2i\pi$ との積をとると, $\delta(E_\alpha - E_\beta)\delta(E_\alpha - E_\gamma)$ を $\delta(E_\beta - E_\gamma)\delta(E_\alpha - E_\gamma)$ で置き換え, 式 (8.1.10) を思い出せば

$$-\left[S_{\beta\alpha} - \delta(\alpha-\beta)\right] - \left[S^*_{\alpha\beta} - \delta(\alpha-\beta)\right]$$
$$= \int d\gamma \left[S_{\gamma\beta} - \delta(\beta-\gamma)\right]^* \left[S_{\gamma\alpha} - \delta(\alpha-\gamma)\right]$$

すなわち,

$$\int d\gamma\, S^*_{\gamma\beta} S_{\gamma\alpha} = \delta(\alpha-\beta) \qquad (8.1.15)$$

となる. 行列の言葉づかいをすれば, $S^\dagger S = 1$ である. ここでいつもの通り, $\dagger$ は複素共役の転置を表す.

α と β が連続的状態でなくて離散的な状態に属するなら, S 行列のユニタリー性から, 全確率 $\sum_\beta |S_{\beta\alpha}|^2$ が 1 だという結果が得られる. これらの状態が連続的である場合の, 実世界でのユニタリー性のもつ意味は, 8.3 節で取り扱う.

＊　＊　＊　＊　＊

「in」状態と「out」状態の区別はリップマン-シュウィンガー方程式（8.1.6）の分母の $\pm i\epsilon$ に含まれる．これではいささか抽象的なので，具体的にするために，第7章で学んだ場合について「out」状態の波動関数がどう見えるかを説明しよう．すなわち，質量 μ で運動量 $\hbar\mathbf{k}$ の粒子が，実の局所的なポテンシャル $V(\mathbf{x})$ によって散乱される場合である．7.2節では座標空間の波動の散乱関数 $\psi_{\mathbf{k}}^+(\mathbf{x})$ は積分方程式（7.2.3）を満足することを見た．すなわち

$$\psi_{\mathbf{k}}^+(\mathbf{x}) = (2\pi\hbar)^{-3/2}e^{i\mathbf{k}\cdot\mathbf{x}}$$
$$+ \int d^3y\, G_k^+(\mathbf{x}-\mathbf{y})V(\mathbf{y})\psi_{\mathbf{k}}^+(\mathbf{y}). \quad (8.1.16)$$

ここで $G_k^+(\mathbf{x}-\mathbf{y})$ は式（7.2.4）のグリーン関数である．すなわち

$$G_k^+(\mathbf{x}-\mathbf{y}) = \left(\Phi_{\mathbf{x}}, [E(k)-H_0+i\epsilon]^{-1}\Phi_{\mathbf{y}}\right)$$
$$= -\frac{2\mu}{\hbar^2}\frac{1}{4\pi|\mathbf{x}-\mathbf{y}|}e^{ik|\mathbf{x}-\mathbf{y}|}. \quad (8.1.17)$$

また「+」という添え字をつけて「in」状態であることを明示する．その代わり，「out」状態については波動関数は

$$\psi_{\mathbf{k}}^-(\mathbf{x}) = (2\pi\hbar)^{-3/2}e^{i\mathbf{k}\cdot\mathbf{x}}$$
$$+ \int d^3y\, G_k^-(\mathbf{x}-\mathbf{y})V(\mathbf{y})\psi_{\mathbf{k}}^-(\mathbf{y}) \quad (8.1.18)$$

を満足する．ここで $G_k^-(\mathbf{x}-\mathbf{y})$ は別のグリーン関数

$$G_k^-(\mathbf{x}-\mathbf{y}) = \left(\Phi_{\mathbf{x}}, [E(k)-H_0-i\epsilon]^{-1}\Phi_{\mathbf{y}}\right) \quad (8.1.19)$$

である. 式 (8.1.17) と式 (8.1.19) を比較して

$$G_k^-(\mathbf{x}-\mathbf{y}) = G_k^{+*}(\mathbf{x}-\mathbf{y}) = -\frac{2\mu}{\hbar^2}\frac{1}{4\pi|\mathbf{x}-\mathbf{y}|}e^{-ik|\mathbf{x}-\mathbf{y}|}$$

(8.1.20)

であるから, 式 (8.1.18) の解は単に

$$\psi_{\mathbf{k}}^-(\mathbf{x}) = \psi_{-\mathbf{k}}^{+*}(\mathbf{x})$$ (8.1.21)

となる. 特に式 (7.2.5) の代わりに, 「out」状態の波動関数は, $|\mathbf{x}|$ の大きいとき

$$\psi_{\mathbf{k}}^-(\mathbf{x}) \rightarrow (2\pi\hbar)^{-3/2}\left[e^{i\mathbf{k}\cdot\mathbf{x}} + f_{-\mathbf{k}}^*(\hat{\mathbf{x}})e^{-ikr}/r\right]$$ (8.1.22)

となる. $r \equiv |\mathbf{x}|$ である.

8.2 遷 移 率

式 (8.1.10) で与えられる S 行列は明らかにエネルギーを保存する. 状態 α と β が異なっていても, $S_{\beta\alpha}$ は $\delta(E_\alpha - E_\beta)$ に比例する. また, 空間の並進の下での不変という対称性により, ハミルトニアン H は運動量の演算子 $\mathbf{P}$ と可換であり, H_0 は明らかに $\mathbf{P}$ と可換だから, V とも可換である. したがって $T_{\beta\alpha}$ と $S_{\beta\alpha}$ は 3 次元のデルタ関数 $\delta^3(\mathbf{P}_\alpha - \mathbf{P}_\beta)$ に比例する. ここで $\mathbf{P}_\alpha$ と $\mathbf{P}_\beta$ は状態 α と β の全運動量である. 状態 α と β が同じ状態でない場合には

$$S_{\beta\alpha} = \delta(E_\alpha - E_\beta)\delta^3(\mathbf{P}_\alpha - \mathbf{P}_\beta)M_{\beta\alpha}$$ (8.2.1)

と書ける. ここで $M_{\beta\alpha}$ は状態 α と β の運動量の滑らかな関数であって, デルタ関数を含まない[1]. 式 (8.2.1) の中にデルタ関数が存在することで直ちに問題が発生

する. $\alpha \to \beta$ の遷移確率を $|S_{\alpha\beta}|^2$ とおくと, $\delta(E_\alpha - E_\beta)$ や $\delta^3(\mathbf{P}_\alpha - \mathbf{P}_\beta)$ の2乗はどう考えたらよいだろうか.

この問題を取り扱う最も易しい方法は, 系が有限の体積 V の中にあり, 相互作用が有効なのは有限の時間 T だけだと想定することである. デルタ関数の一つの結果は, 3.2節で示されたように次のように表される.

$$\delta^3(\mathbf{P}_\alpha - \mathbf{P}_\beta) \equiv \frac{1}{(2\pi\hbar)^3} \int d^3x \, e^{i(\mathbf{P}_\alpha - \mathbf{P}_\beta)\cdot\mathbf{x}/\hbar},$$

$$\delta(E_\alpha - E_\beta) \equiv \frac{1}{2\pi\hbar} \int_{-\infty}^{\infty} dt \, e^{i(E_\alpha - E_\beta)t/\hbar}.$$

これらを

$$\begin{cases} \delta_V^3(\mathbf{P}_\alpha - \mathbf{P}_\beta) \equiv \dfrac{1}{(2\pi\hbar)^3} \displaystyle\int_V d^3x \, e^{i(\mathbf{P}_\alpha - \mathbf{P}_\beta)\cdot\mathbf{x}/\hbar} \\[2mm] \delta_T(E_\alpha - E_\beta) \equiv \dfrac{1}{2\pi\hbar} \displaystyle\int_T dt \, e^{i(E_\alpha - E_\beta)t/\hbar} \end{cases}$$

(8.2.2)

で置き換える. すると

$$\left[\delta_V^3(\mathbf{P}_\alpha - \mathbf{P}_\beta)\right]^2 = \frac{V}{(2\pi\hbar)^3} \delta_V^3(\mathbf{P}_\alpha - \mathbf{P}_\beta), \quad (8.2.3)$$

$$\left[\delta_T(E_\alpha - E_\beta)\right]^2 = \frac{T}{2\pi\hbar} \delta_T(E_\alpha - E_\beta) \quad (8.2.4)$$

となる.

また, S行列の2乗を遷移確率として使うにあたって, 状態を適切に規格化しなければならない. 座標空間では, このことは運動量 $\mathbf{p}$ の1粒子状態 $\Phi_\mathbf{p}$ は連続的な規格化の条件

$$(\Phi_{\mathbf{x}}, \Phi_{\mathbf{p}}) = \frac{e^{i\mathbf{p}\cdot\mathbf{x}/\hbar}}{(2\pi\hbar)^{3/2}}$$

を満足する波動関数（6.2.9）の代わりに，箱の中の絶対
値の2乗の積分が1であるように規格化された波動関数
をとることを意味する．規格化の条件は

$$(\Phi_{\mathbf{x}}, \Phi_{\mathbf{p}}^{箱}) = \frac{e^{i\mathbf{p}\cdot\mathbf{x}/\hbar}}{\sqrt{V}}$$

である．つまり箱で規格化された状態は

$$\Phi_{\mathbf{p}}^{箱} \equiv \sqrt{\frac{(2\pi\hbar)^3}{V}}\Phi_{\mathbf{p}} \qquad (8.2.5)$$

と定義される．多粒子系の場合には因子 $\sqrt{(2\pi\hbar)^3/V}$ の
積が，箱で規格化した状態と連続的に規格化した状態との
間に現れる．したがって箱で規格化した状態同士のS行
列の要素は

$$S_{\beta\alpha}^{箱} = \left[\frac{(2\pi\hbar)^3}{V}\right]^{(N_\alpha+N_\beta)/2} S_{\beta\alpha} \qquad (8.2.6)$$

となる．ここで N_α と N_β はそれぞれ始状態と終状態の粒
子の数である．以上をまとめると，$\alpha \to \beta$ の遷移確率は

$$P(\alpha \to \beta) = |S_{\beta\alpha}^{箱}|^2$$

$$= \frac{T}{2\pi\hbar}\left[\frac{(2\pi\hbar)^3}{V}\right]^{N_\alpha+N_\beta-1}$$

$$\times \delta_T(E_\alpha - E_\beta)\delta_V^3(\mathbf{P}_\alpha - \mathbf{P}_\beta)|M_{\beta\alpha}|^2$$

となる．**単位時間あたりの遷移確率（遷移率, transition
rate）**は，遷移確率（transition probability）を相互作

用が作用している間の時間 T で割った値と定義する. し
たがって,

$$
\begin{aligned}
\Gamma(\alpha \to \beta) &= \frac{P(\alpha \to \beta)}{T} \\
&= \frac{1}{2\pi\hbar}\left[\frac{(2\pi\hbar)^3}{V}\right]^{N_\alpha + N_\beta - 1} \\
&\quad \times \delta_T(E_\alpha - E_\beta)\delta_V^3(\mathbf{P}_\alpha - \mathbf{P}_\beta)|M_{\beta\alpha}|^2
\end{aligned}
\tag{8.2.7}
$$

となる. しかし, これでもまだ一般に観測される量では
ない. 式 (8.2.7) は一つの可能な終状態への遷移率であ
る. 6.2 節で見たように, 運動量空間の体積 d^3p の中にあ
る 1 粒子状態の数は $V d^3p/(2\pi\hbar)^3$ であるから, 終状態の
範囲 $d\beta$ への遷移率は

$$
\begin{aligned}
d\Gamma(\alpha \to \beta) &= \left[V/(2\pi\hbar)^3\right]^{N_\beta}\Gamma(\alpha \to \beta)d\beta \\
&= \frac{1}{2\pi\hbar}\left[\frac{(2\pi\hbar)^3}{V}\right]^{N_\alpha - 1}|M_{\beta\alpha}|^2 \\
&\quad \times \delta(E_\alpha - E_\beta)\delta^3(\mathbf{P}_\alpha - \mathbf{P}_\beta)d\beta
\end{aligned}
\tag{8.2.8}
$$

となる. ここでの $d\beta$ は状態の各々の粒子の d^3p の因子の
積である. (デルタ関数の添え字 V と T を省いた. この
公式はつねに $V \to \infty$ および $T \to \infty$ の極限で使うからで
ある. ここでデルタ関数 (8.2.2) は普通のデルタ関数に
等しくなる.) これが遷移率の最終的な公式である.

式 (8.2.8) の $(1/V)^{N_\alpha - 1}$ という因子は, 単純に物理
的な根拠だけからも期待される. $N_\alpha = 1$ のとき, この因

子は1であるから，1粒子がどれかの粒子の組 β に崩壊
する遷移率は，予想通りその崩壊の起こる体積に無関係
で，

$$d\Gamma(\alpha \to \beta) = \frac{1}{2\pi\hbar}|M_{\beta\alpha}|^2\delta(E_\alpha - E_\beta)\delta^3(\mathbf{P}_\alpha - \mathbf{P}_\beta)d\beta$$

$$(8.2.9)$$

である．$N_\alpha = 2$ のときはこの因子は $1/V$ であるから，2
個の粒子の衝突で終状態 β のできる率は，どちらかの粒
子がもう一つの粒子の場所に存在する密度 $1/V$ に比例す
る．これもまた期待通りである．これは遷移率であるか
ら，実際には粒子の一つのビームが他方をたたく，単位面
積あたりの遷移率 u_α/V に比例する．u_α は二つの粒子の
相対的な速度である．遷移率 $d\Gamma(\alpha \to \beta)$ の中での u_α/V
の係数が微分断面積

$$d\sigma(\alpha \to \beta) \equiv \frac{d\Gamma(\alpha \to \beta)}{u_\alpha/V}$$

$$= \frac{(2\pi\hbar)^2}{u_\alpha}|M_{\beta\alpha}|^2\delta(E_\alpha - E_\beta)\delta^3(\mathbf{P}_\alpha - \mathbf{P}_\beta)d\beta$$

$$(8.2.10)$$

である．

　　主に重心系で計算する．重心系は二つの粒子が大きさが
同じで逆向きの運動量をもつ．これを $\mathbf{p}$ と $-\mathbf{p}$ としよう．
相対速度は

$$u = \frac{|\mathbf{p}|c^2}{E_1} + \frac{|\mathbf{p}|c^2}{E_2} = \frac{|\mathbf{p}|}{\mu}, \quad \mu \equiv \frac{E_1 E_2}{c^2(E_1 + E_2)} \quad (8.2.11)$$

但し

$$E_1 = \sqrt{\mathbf{p}^2 c^2 + m_1^2 c^4}, \quad E_2 = \sqrt{\mathbf{p}^2 c^2 + m_2^2 c^4}$$

である. 非相対論的な場合は $E \simeq mc^2$ であり, 量 μ はお馴染みの換算質量 $m_1 m_2 / (m_1 + m_2)$ となる.

それよりも物理的に重要な衝突過程として, 始状態に三つの粒子のある場合がある. 例えば $e^- + p + p \to d + \nu$ である. そのような反応の率は当然, 粒子のうちの二つが第3の粒子の位置にいる密度の積 $1/V^2$ に比例する.

式 (8.2.8)〜(8.2.10) の中の因子 $\delta(E_\alpha - E_\beta)\delta^3(\mathbf{P}_\alpha - \mathbf{P}_\beta)d\beta$ の取り扱い方法を説明する必要がある. 終状態に2粒子があるとすると, この因子は立体角の微小な要素に比例するだけである. 重心系で, 始状態の全運動量が0であるとしよう. 終状態の二つの粒子の運動量を $\mathbf{p}_1$ と $\mathbf{p}_2$, エネルギーを E_1 と E_2 とすると, この因子は

$$\delta^3(\mathbf{p}_1 + \mathbf{p}_2)\delta(E_1 + E_2 - E)d^3 p_1 d^3 p_2$$
$$= \delta(E_1 + E_2 - E)p_1^2 \, dp_1 d\Omega_1$$
$$= \frac{p_1^2 d\Omega_1}{|\partial(E_1 + E_2)/\partial p_1|}$$
$$= \mu p_1 d\Omega_1 \qquad (8.2.12)$$

となる. μ は式 (8.2.11) で与えてある. 最終の式で, p_1 はエネルギーの保存で決定され, 式 $E_1 + E_2 = E$ の解である. (この結果を導くには $\int \delta(f(p))dp = 1/|f'(p)|$ を使う. $f'(p)$ は, $f(p) = 0$ となる p の値において計算す

る.)

例えば式 (8.2.9) によれば,一つの粒子が二つの粒子
に崩壊する遷移率は

$$dΓ = \frac{1}{2\pi\hbar}|M_{\beta\alpha}|^2 \mu_\beta p_\beta \, d\Omega_\beta \qquad (8.2.13)$$

であり,式 (8.2.10) は 2 粒子の衝突が重心系で起こっ
た場合の終わりの 2 粒子状態への遷移の微分断面積

$$d\sigma(\alpha \to \beta) = \frac{(2\pi\hbar)^3}{u_\alpha}|M_{\beta\alpha}|^2 \mu_\beta p_\beta \, d\Omega_\beta$$

$$= (2\pi\hbar)^2 \Big(\frac{p_\beta}{p_\alpha}\Big)\mu_\alpha\mu_\beta|M_{\beta\alpha}|^2 \, d\Omega_\beta \quad (8.2.14)$$

となる.

前章の結果と比較するために,非相対論的粒子の固定し
た散乱中心による弾性散乱を考えると,関係 (8.2.1) の
ような運動量保存のデルタ関数はないが

$$S_{\mathbf{k}',\mathbf{k}} = \delta\big(E(k') - E(k)\big) M_{\mathbf{k}',\mathbf{k}} \qquad (8.2.15)$$

となっている.$\mathbf{k}$ と $\mathbf{k}'$ は始めと終わりの波数であり,こ
こでは $\mathbf{k}' \neq \mathbf{k}$ と仮定している.式 (8.1.10) と式 (8.1.
11) を比較すると

$$M_{\mathbf{k}',\mathbf{k}} = -2\pi i(\Phi_{\mathbf{k}'}, V\Psi_{\mathbf{k}}^+)$$

$$= -2\pi i \int d^3x \, (2\pi\hbar)^{-3/2} e^{-i\mathbf{k}'\cdot\mathbf{x}} V(\mathbf{x}) \psi_{\mathbf{k}}(\mathbf{x})$$

$$(8.2.16)$$

である.すると式 (7.2.6) は散乱振幅(記法は少し異な
る)と M 行列の要素が

$$f(\mathbf{k} \to \mathbf{k'}) = -2\pi \hbar i \, \mu M_{\mathbf{k'},\mathbf{k}} \qquad (8.2.17)$$

となることがわかる．$\mu_\beta = \mu_\alpha \equiv \mu$ および $p_\alpha = p_\beta$ であり，式 (8.2.14) は微分断面積 $d\sigma = |f|^2 d\Omega$ を与える．7.2 節で見出された通りである．

原　注

(1) 厳密に言えば，このことが正しいのは，状態 α と β にある粒子の部分集合で全運動量をもつものがない場合に限られる．この条件は，遷移 $\alpha \to \beta$ が遠くで互いに無関係な反応を含むことを排除するために必要である．その場合，$S_{\beta\alpha}$ は各々の別の反応について一つ，合計いくつかの運動量保存のデルタ関数を含まねばならない．この可能性は粒子二つだけの散乱では決して起こらない．

8.3　一般的光学定理

ここで S 行列のユニタリー性の重要な結果を取り上げる．式 (8.2.1) は状態 α と β が異なる場合だけ適用される．より一般的には

$$S_{\beta\alpha} = \delta(\alpha - \beta) + \delta(E_\alpha - E_\beta)\delta^3(\mathbf{P}_\alpha - \mathbf{P}_\beta)M_{\beta\alpha}$$

$$\tag{8.3.1}$$

である．ユニタリー性の条件は

$$\delta(\alpha - \beta) = \int d\gamma \, S^*_{\gamma\beta} S_{\gamma\alpha}$$

$$= \delta(\alpha - \beta) + \delta(E_\alpha - E_\beta)\delta^3(\mathbf{P}_\alpha - \mathbf{P}_\beta)\left[M_{\beta\alpha} + M^*_{\alpha\beta}\right]$$

$$+ \int d\gamma \, M^*_{\gamma\beta} M_{\gamma\alpha}\delta(E_\gamma - E_\beta)\delta^3(\mathbf{P}_\gamma - \mathbf{P}_\beta)$$

$$\times \delta(E_\gamma - E_\alpha)\delta(\mathbf{P}_\gamma - \mathbf{P}_\alpha)$$

と書けるから，$\mathbf{P}_\beta = \mathbf{P}_\alpha$ および $E_\beta = E_\alpha$ について

$$0 = M_{\beta\alpha} + M^*_{\alpha\beta}$$

$$+ \int d\gamma\, M^*_{\gamma\beta} M_{\gamma\alpha} \delta(E_\gamma - E_\alpha) \delta^3(\mathbf{P}_\gamma - \mathbf{P}_\alpha) \quad (8.3.2)$$

となる．

これは $\alpha = \beta$ の場合，特に有用である．この場合，式 (8.3.2) の最後の項は状態 α から始まるすべての状態への遷移率 (8.2.8) に等しい．

$$\Gamma_\alpha \equiv \int d\gamma\, \Gamma(\alpha \to \gamma)$$

$$= \frac{1}{2\pi\hbar} \left[\frac{(2\pi\hbar)^3}{V} \right]^{N_\alpha - 1}$$

$$\times \int |M_{\gamma\alpha}|^2 \delta(E_\alpha - E_\gamma) \delta^3(\mathbf{P}_\alpha - \mathbf{P}_\gamma) d\gamma. \quad (8.3.3)$$

したがって $\alpha = \beta$ の場合，式 (8.3.2) は

$$\mathrm{Re}\, M_{\alpha\alpha} = -\pi\hbar \left[\frac{V}{(2\pi\hbar)^3} \right]^{N_\alpha - 1} \Gamma_\alpha \quad (8.3.4)$$

と書ける．これが光学定理の最も一般的な形である．

特に α が 2 粒子状態である場合には式 (8.3.4) は

$$\mathrm{Re}\, M_{\alpha\alpha} = -\frac{\pi\hbar}{(2\pi\hbar)^3} u_\alpha \sigma_\alpha \quad (8.3.5)$$

となる．ここで u_α は相対速度であり，$\sigma_\alpha = \Gamma_\alpha / (u_\alpha / V)$ は 2 粒子の衝突のすべての可能な結果についての全断面積である．式 (8.2.17) を使うと前方散乱振幅の虚部は

$$\mathrm{Im}\, f(\mathbf{k}_\alpha \to \mathbf{k}_\alpha) = -2\pi\,\hbar\mu_\alpha\,\mathrm{Re}\, M_{\alpha\alpha}$$

$$= \frac{\mu_\alpha u_\alpha}{4\pi\hbar}\sigma_\alpha = \frac{k_\alpha}{4\pi}\sigma_\alpha \qquad (8.3.6)$$

である．これは，7.3 節でポテンシャル散乱の特別な場合に導かれた本来の光学定理である．

8.4 部分波展開

回転不変性とユニタリー性から，前章での位相のずれによる散乱振幅の式に似た S 行列の表現を導くことができる．この場合はもっと一般的で，非弾性散乱やスピンをもった粒子を含んでいる．

まず 2 粒子状態 $\Phi_{\mathbf{p}_1, \sigma_1; \mathbf{p}_2, \sigma_2}$ の表し方を見なければならない．その運動量は $\mathbf{p}_1$ と $\mathbf{p}_2$，スピンは s_1 と s_2 でスピンの第 3 成分は σ_1 と σ_2 である．これを全エネルギー E，全運動量 $\mathbf{P}$，全スピン J，全角運動量の第 3 成分 M，全軌道角運動量 ℓ および全スピン s で表す．

$$\Phi_{\mathbf{P}, E, J, M, \ell, s, n} \equiv \int d^3 p_1 \frac{1}{\sqrt{\mu|\mathbf{p}_1|}}\delta(E - E_1 - E_2)$$

$$\times \sum_{\sigma_1\sigma_2\sigma m} Y_\ell^m(\widehat{\mathbf{p}}_1)C_{s_1 s_2}(s\sigma; \sigma_1\sigma_2)$$

$$\times C_{s\ell}(JM; \sigma m)\Phi_{\mathbf{p}_1\sigma_1; \mathbf{P}-\mathbf{p}_1, \sigma_2; n}.$$

$$(8.4.1)$$

と定義しよう．n は複合的な添え字で，粒子の種類，質量 m_1 と m_2 およびスピン s_1 と s_2 を区別する．Y_ℓ^m は 2.2 節で定義した球面調和関数である．C は 4.3 節で記述し

たクレブシュ - ゴルダン係数である. E_i はエネルギーで

$$E_1 \equiv \sqrt{m_1^2 c^4 + \mathbf{p}_1^2 c^4}, \quad E_2 \equiv \sqrt{m_2^2 c^4 + (\mathbf{P} - \mathbf{p}_1)^2 c^4}$$

である. 重心系で考察するので, $\mathbf{P} = 0$ である. μ は式
(8.2.11) で定義された換算質量である. 定義 (8.4.1)
の考え方は, 二つのスピンの和が全スピン s とその第3
成分 σ となり, 重心系では $\mathbf{P} = 0$ で, 全スピンと角運動
量の和が全スピン J とその第3成分 M となることであ
る. じきに見るように, 因子 $(\mu|\mathbf{p}_1|)^{-1/2}$ が挿入してある
のは状態 (8.4.1) のノルムを簡単にするためである.

　状態 $\Phi_{\mathbf{p}_1, \sigma_1 ; \mathbf{p}_2, \sigma_2 ; n}$ は連続的な場合に一般的な規格化

$$(\Phi_{\mathbf{p}_1', \sigma_1' ; \mathbf{p}_2', \sigma_2' ; n'}, \Phi_{\mathbf{p}_1, \sigma_1 ; \mathbf{p}_2, \sigma_2 ; n})$$
$$= \delta_{n'n} \delta^3(\mathbf{p}_1' - \mathbf{p}_1) \delta^3(\mathbf{p}_2' - \mathbf{p}_2) \delta_{\sigma_1' \sigma_1} \delta_{\sigma_2' \sigma_2} \quad (8.4.2)$$

がされているとする. 状態 (8.4.1) の規格化を検証しよ
う. この場合, これらの状態の一つは全運動量が0とし
てあるから, これらの状態のスカラー積は

$$(\Phi_{\mathbf{P}', E', J', M', \ell', s', n'}, \Phi_{0, E, J, M, \ell, s, n})$$

$$= \delta_{n'n} \delta^3(\mathbf{P}') \delta(E' - E) \int \frac{d^3 p_1}{\mu|\mathbf{p}_1|}$$

$$\times \delta(E_1 + E_2 - E) \sum_{\sigma_1 \sigma_2 m' m \sigma' \sigma} Y_{\ell'}^{m'}(\hat{\mathbf{p}}_1)^* Y_{\ell}^m(\hat{\mathbf{p}}_1)$$

$$\times C_{s_1 s_2}(s'\sigma'; \sigma_1 \sigma_2) C_{s'\ell'}(J'M'; \sigma'm')$$

$$\times C_{s_1 s_2}(s\sigma; \sigma_1 \sigma_2) C_{s\ell}(JM; \sigma m) \quad (8.4.3)$$

である. デルタ関数の定義の性質を使うと ($\mathbf{P} = 0$ のと
き)

$$\int_0^\infty p_1^2 dp_1\, \delta(E_1 + E_2 - E)$$

$$= \frac{p_1^2}{|(\partial/\partial p_1)(E_1 + E_2)|} = p_1 E_1 E_2 / E c^2 = \mu p_1$$

となる. p_1 はエネルギー保存の式 $E_1 + E_2 = E$ の解である. $E_1 \equiv \sqrt{m_1^2 c^4 + p_1^2 c^2}$ および $E_2 \equiv \sqrt{m_2^2 c^4 + p_1^2 c^2}$ である. これは式 (8.4.3) の中の $1/\mu p_1$ と打ち消し合う. 実はこれが式 (8.4.1) の定義の中にこの因子の平方根を入れておいた理由である. すると式 (8.4.3) は

$$(\Phi_{\mathbf{P}', E', J', M', \ell', s', n'}, \Phi_{0, E, J, M, \ell, s, n})$$

$$= \delta_{n'n} \delta^3(\mathbf{P}') \delta(E' - E)$$

$$\times \sum_{\sigma_1 \sigma_2 m' m \sigma' \sigma} \int d^2\widehat{p}_1\, Y_{\ell'}^{m'}(\widehat{\mathbf{p}}_1)^* Y_\ell^m(\widehat{\mathbf{p}}_1)$$

$$\times C_{s_1 s_2}(s'\sigma'; \sigma_1 \sigma_2) C_{s'\ell'}(J'M'; \sigma'm')$$

$$\times C_{s_1 s_2}(s\sigma; \sigma_1 \sigma_2) C_{s\ell}(JM; \sigma m) \qquad (8.4.4)$$

となる.

次に, 球面調和関数およびクレブシュ - ゴルダン係数の直交規格化の条件

$$\int d^2\widehat{p}_1\, Y_{\ell'}^{m'}(\widehat{\mathbf{p}}_1)^* Y_\ell^m(\widehat{\mathbf{p}}_1) = \delta_{\ell'\ell} \delta_{m'm},$$

$$\sum_{\sigma_1 \sigma_2} C_{s_1 s_2}(s'\sigma'; \sigma_1 \sigma_2) C_{s_1 s_2}(s\sigma, \sigma_1 \sigma_2) = \delta_{s's} \delta_{\sigma'\sigma},$$

$$\sum_{\sigma m} C_{s\ell}(J'M'; \sigma m) C_{s\ell}(JM; \sigma m) = \delta_{J'J} \delta_{M'M}$$

を使う. すると式 (8.4.4) は望む結果

$$(\Phi_{\mathbf{P}', E', J', M', \ell', s', n'}, \Phi_{0, E, J, M, \ell, s, n})$$

$$= \delta_{n'n} \delta^3(\mathbf{P}') \delta(E' - E) \delta_{s's} \delta_{\ell'\ell} \delta_{J'J} \delta_{M'M} \quad (8.4.5)$$

になる.

　状態 (8.4.1) を基底として使うことの利点は, ウィグ
ナー – エッカルトの定理およびエネルギーと運動量の保存
から S 行列が

$$S_{\mathbf{P}', E', J', M', s', n'; 0, E, J, M, \ell, s, n}$$

$$= \delta^3(\mathbf{P}') \delta(E' - E) \delta_{J'J} \delta_{M'M} S^J_{n'\ell's'; n\ell s}(E) \quad (8.4.6)$$

のように表現できることである. S^J は行列で, 添え字は
離散的で行と列を表す. この基底の中で式 (8.3.1) の中
の行列 $M_{\beta\alpha}$ が

$$M_{0, E, J', M', \ell', s', n'; 0, E, J, M, \ell, s, n}$$

$$= \delta_{J'J} \delta_{M'M} \left[S^J(E) - 1 \right]_{n'\ell's'; n\ell s} \quad (8.4.7)$$

の形をとる. しかし断面積を計算するためにはこの行列
要素を, 各々の粒子が定まった運動量をもつ, 本来の基
底に戻す必要がある. 本来の基底に戻すには (8.4.1) と
(8.4.2) を使ってスカラー積

$$(\Phi_{\mathbf{p}_1, \sigma_1; -\mathbf{p}_1, \sigma_2, n}, \Phi_{\mathbf{P}, E, J, M, \ell, s, n'})$$

$$= \frac{\delta_{n'n}}{\sqrt{\mu|\mathbf{p}_1|}} \delta^3(\mathbf{P}) \delta(E - E_1 - E_2)$$

$$\times \sum_{\sigma m} Y_\ell^m(\widehat{\mathbf{p}}_1) C_{s_1 s_2}(s\sigma; \sigma_1 \sigma_2) C_{s\ell}(JM; \sigma m) \quad (8.4.8)$$

を計算する. すると式 (8.4.5) から

$\Phi_{\mathbf{p}_1, \sigma_1; -\mathbf{p}_1, \sigma_2, n}$

$= \int d^3 P \int dE$

$\times \sum_{JM\ell s n'} (\Phi_{\mathbf{P}, E, J, M, \ell, s, n'}, \Phi_{\mathbf{p}_1, \sigma_1; -\mathbf{p}_1, \sigma_2, n}) \Phi_{\mathbf{P}, E, J, M, \ell, s, n'}$

$= \dfrac{1}{\sqrt{\mu|\mathbf{p}_1|}} \sum_{JM\ell m s\sigma} Y_\ell^m(\widehat{\mathbf{p}}_1)^* C_{s_1 s_2}(s\sigma; \sigma_1 \sigma_2)$

$\times C_{s\ell}(JM; \sigma m) \Phi_{0, E_1 + E_2, J, M, \ell, s, n} \qquad (8.4.9)$

となり, 式 (8.4.7) から

$M_{\mathbf{p}_1', \sigma_1', -\mathbf{p}_1', \sigma_2', n'; \mathbf{p}_1, \sigma_1, -\mathbf{p}_1, \sigma_2, n} = \dfrac{1}{\sqrt{\mu'|\mathbf{p}_1'|}} \dfrac{1}{\sqrt{\mu|\mathbf{p}_1|}}$

$\times \sum_{JM} \sum_{\ell' m' s' \sigma'} Y_{\ell'}^{m'}(\widehat{\mathbf{p}}_1') C_{s_1' s_2'}(s'\sigma'; \sigma_1' \sigma_2') C_{s'\ell'}(JM; \sigma' m')$

$\times \sum_{\ell m s\sigma} Y_\ell^m(\widehat{\mathbf{p}}_1)^* C_{s_1 s_2}(s\sigma; \sigma_1 \sigma_2) C_{s\ell}(JM; \sigma m)$

$\times \left[S^J(E) - 1 \right]_{\ell', s', n'; \ell, s, n} \qquad (8.4.10)$

となる. 始状態の運動量 $\mathbf{p}_1$ が第3方向に向いているような座標系を選んで, 球面調和関数の性質を使うと, この場合,

$$Y_\ell^m(\widehat{\mathbf{p}}_1) = \delta_{m0} \sqrt{\dfrac{2\ell+1}{4\pi}} \qquad (8.4.11)$$

であり, 式 (8.4.10) は少し簡単になる. すなわち

$$M_{\mathbf{p}'_1, \sigma'_1, -\mathbf{p}'_1, \sigma'_2, n'; \mathbf{p}_1, \sigma_1, -\mathbf{p}_1, \sigma_2, n} = \frac{1}{\sqrt{\mu'|\mathbf{p}'_1|}} \frac{1}{\sqrt{\mu|\mathbf{p}_1|}}$$

$$\times \sum_{JM} \sum_{\ell' m' s' \sigma'} Y_{\ell'}^{m'}(\widehat{\mathbf{p}}'_1) C_{s'_1 s'_2}(s'\sigma'; \sigma'_1 \sigma'_2) C_{s'\ell'}(JM; \sigma' m')$$

$$\times \sum_{\ell s \sigma} \sqrt{\frac{2\ell+1}{4\pi}} C_{s_1 s_2}(s\sigma; \sigma_1 \sigma_2) C_{s\ell}(JM; \sigma 0)$$

$$\times \left[S^J(E) - 1 \right]_{\ell', s', n'; \ell, s, n}. \tag{8.4.12}$$

このままでは微分断面積として複雑だが，終わりの運動量の方向について積分し，スピンの第3成分についての和をとり，始状態のスピンの第3成分について平均するとずっと簡単になる．式 (8.2.14) によれば，$n \to n'$ の遷移についての全断面積は，スピンを観測しないとき

$$\sigma(n \to n'; E) = \frac{(2\pi\hbar)^2 \mu\mu'}{(2s_1+1)(2s_2+1)} \left(\frac{p'_1}{p_1}\right)$$

$$\times \sum_{\sigma_1 \sigma_2 \sigma'_1 \sigma'_2} \int d\Omega'_1 \, \left| M_{\mathbf{p}'_1, \sigma'_1, -\mathbf{p}'_1, \sigma'_2, n'; \mathbf{p}_1, \sigma_1, -\mathbf{p}_1, \sigma_2, n} \right|^2$$

$$\tag{8.4.13}$$

となる．M 行列の一つの因子の中の $J, M, \ell', m', s', \sigma', \ell, s, \sigma$ についての和は，M 行列の他の因子の中の $\overline{J}, \overline{M}, \overline{\ell}', \overline{m}', \overline{s}', \overline{\sigma}', \overline{\ell}, \overline{s}, \overline{\sigma}$ についての和に相当するが，下記の関係を順番に使えばこれらの2重和は分解して一つの和となる．

$$\int Y_{\ell'}^{m'}(\widehat{\mathbf{p}_1'}) Y_{\overline{\ell}'}^{\overline{m}'}(\widehat{\mathbf{p}_1'})^* d\Omega_1' = \delta_{\ell'\overline{\ell}'}\delta_{m'\overline{m}'}, \qquad (8.4.14)$$

$$\sum_{\sigma_1'\sigma_2'} C_{s_1's_2'}(s'\sigma';\sigma_1'\sigma_2') C_{s_1's_2'}(\overline{s}'\overline{\sigma}';\sigma_1'\sigma_2') = \delta_{s'\overline{s}'}\delta_{\sigma'\overline{\sigma}'}, $$

$$(8.4.15)$$

$$\sum_{\sigma'm'} C_{s'\ell'}(JM;\sigma'm') C_{s'\ell'}(\overline{J}\,\overline{M};\sigma'm') = \delta_{J\overline{J}}\delta_{M\overline{M}}, $$

$$(8.4.16)$$

$$\sum_{\sigma_1\sigma_2} C_{s_1s_2}(s\sigma;\sigma_1\sigma_2) C_{s_1s_2}(\overline{s}\,\overline{\sigma};\sigma_1\sigma_2) = \delta_{s\overline{s}}\delta_{\sigma\overline{\sigma}}, $$

$$(8.4.17)$$

$$\sum_{M\sigma} C_{s\ell}(JM;\sigma 0) C_{s\overline{\ell}}(JM;\sigma 0) = \frac{2J+1}{2\ell+1}\delta_{\ell\overline{\ell}}. \qquad (8.4.18)$$

これらの積分と総和を実行すると，式（8.4.13）は

$$\sigma(n \to n';E) = \frac{\pi}{k^2(2s_1+1)(2s_2+1)}$$

$$\times \sum_{J\ell's'\ell s} (2J+1) \big| \big(S^J(E)-1\big)_{\ell's'n',\ell sn} \big|^2 \qquad (8.4.19)$$

となる．ここで $k \equiv p_1/\hbar$ は始状態の波数である．任意の行列 A について $\sum_{N'} |A_{N'N}|^2 = (A^\dagger A)_{NN}$ だから，終状態が2粒子の生成となる反応の全断面積は

$$\sum_{n'} \sigma(n \to n';E) = \frac{\pi}{k^2(2s_1+1)(2s_2+1)}$$

$$\times \sum_{J\ell s} (2J+1) \big[\big(S^{J\dagger}(E)-1\big)\big(S^J(E)-1\big) \big]_{\ell sn,\ell sn}$$

$$(8.4.20)$$

である．これは，一般的光学定理（8.3.5）で与えられた，スピンで平均された全断面積

$$\sigma_{\hat{\pm}}(n; E) = -\frac{8\pi^2\hbar^2\mu}{p_1(2s_1+1)(2s_2+1)}$$

$$\times \sum_{\sigma_1\sigma_2} \mathrm{Re}\, M_{\mathbf{p}_1,\sigma_1,-\mathbf{p}_1,\sigma_2,n;\mathbf{p}_1,\sigma_1,-\mathbf{p}_1,\sigma_2,n} \qquad (8.4.21)$$

と比較することができよう．再び式（8.4.12）と（8.4.11）を使うと

$$\sigma_{\hat{\pm}}(n; E) = \frac{2\pi}{k^2(2s_1+1)(2s_2+1)}$$

$$\times \sum_{\sigma_1\sigma_2JM\ell's'\sigma'\ell s\sigma} \sqrt{(2\ell+1)(2\ell'+1)}$$

$$\times C_{s_1s_2}(s'\sigma';\sigma_1\sigma_2)C_{s_1s_2}(s\sigma;\sigma_1\sigma_2)$$

$$\times C_{s'\ell'}(JM;\sigma'0)C_{s\ell}(JM;\sigma0)\mathrm{Re}\left[1-S^J(E)\right]_{\ell's'n,\ell sn}$$

である．すると式（8.4.17）と（8.4.18）は（$\bar{J}$ を J' と見なして）スピンで平均した断面積

$$\sigma_{\hat{\pm}}(n; E) = \frac{2\pi}{k^2(2s_1+1)(2s_2+1)}$$

$$\times \sum_{J\ell s}(2J+1)\mathrm{Re}\left[1-S^J(E)\right]_{\ell sn,\ell sn} \qquad (8.4.22)$$

を与える．一般に，これは式（8.4.20）と等しくない．なぜなら式（8.4.20）の中の総和は終状態が2粒子の状態に限られているからである．式（8.4.22）と式（8.4.20）の違いは，終状態が3個以上の粒子を含んでいる反応の断面積である．

$$\sigma_{粒子生成}(n;E) \equiv \sigma_{全}(n;E) - \sum_{n'} \sigma(n \to n';E)$$

$$= \frac{\pi}{k^2(2s_1+1)(2s_2+1)} \sum_{J\ell s} (2J+1)$$

$$\times \left[1 - S^{J\dagger}(E)S^J(E)\right]_{\ell sn, \ell sn}. \quad (8.4.23)$$

エネルギーが小さすぎて余計な粒子が生成できないときだけ，行列 $S^J(E)$（2粒子状態の中で定義された）はユニタリーである．

時たま，所与の n と E について，始状態 $\Phi_{0,E,J,M,\ell,s,n}$ から生成される終状態が始状態と同じ状態であることがある．例えば，二つのスピン0の粒子が衝突するがそのエネルギーが低すぎて非弾性散乱の起きない場合がそうで，必然的に $\ell = J$ であり，もちろん $s = 0$ である．同じことは（パリティの破れは弱いとして無視する），余計な π 粒子を生成するための閾値に足りない場合の π 粒子と核子の散乱の例のように[1]，$s_1 = 0, s_2 = 1/2$ の場合にも起こる．$\ell = J+1/2$ と $\ell = J-1/2$ の二つの状態はパリティが逆なので，S^J の0でない行列要素で結ばれることはない．そういう場合はいずれも粒子生成の断面積の式 (8.4.23) が0だという仮定と，$\ell' = \ell$, $s' = s$, $n' = n$ でなければ $S_{\ell's'n',\ell sn}$ が0だという仮定から

$$1 = \left[S^{J\dagger}(E)S^J(E)\right]_{\ell sn, \ell sn} = \left|\left[S^J(E)\right]_{\ell sn, \ell sn}\right|^2 \quad (8.4.24)$$

がわかり，

$$\left[S^{J}(E)\right]_{\ell' s' n', \ell s n} = \exp\bigl(2i\delta_{J\ell s n}(E)\bigr)\delta_{\ell'\ell}\delta_{s's}\delta_{n'n}$$

$$(8.4.25)$$

と書ける．ここで $\delta_{J\ell s n}(E)$ は実数の量で，（ポテンシャル散乱での現れ方のアナロジーで）「位相のずれ」と呼ばれる．これを式 (8.4.19) の中で使うと断面積（ここでは全断面積に等しい）は

$$\sigma(n \to n'; E) = \frac{4\pi}{k^2(2s_1+1)(2s_2+1)}$$
$$\times \sum_{J\ell s}(2J+1)\sin^2\bigl(\delta_{J\ell s n}(E)\bigr) \quad (8.4.26)$$

となる．これはポテンシャル散乱での結果 (7.5.13) の一般化であり，スピンが 0 でなくても，速度が相対論的であっても，あるいは相互作用が局所的でなくて複雑であっても適用できる．

　より一般的には，$\left[S^{J\dagger}(E)S^{J}(E)\right]_{\ell s n, \ell s n}$ は式 (8.4.23) から 1 以下であることがわかる．したがって一般に

$$\left|\left[S^{J}(E)\right]_{\ell s n, \ell s n}\right|^2 \leqq \left[S^{J\dagger}(E)S^{J}(E)\right]_{\ell s n, \ell s n} \leqq 1$$

$$(8.4.27)$$

である．

$$\left[S^{J}(E)\right]_{\ell s n, \ell s n} \equiv \exp\bigl(2i\delta_{J\ell s n}(E)\bigr) \quad (8.4.28)$$

と書くことも自由であるが，この場合は一般に $\mathrm{Im}\,\delta_{J\ell s n}(E) \geqq 0$ である．

　この定式化を使って，高エネルギーでのさまざまな断面積の振舞いについて良い洞察を得ることができる．エネルギーが非常に大きくて波長 h/p が衝突する粒子の半径 R よりずっと小さければ，すなわち $kR \gg 1$ であれば（$k = p/\hbar$ である），散乱の古典的な描像に依ってよいだろう．

　二つのハドロン（強い相互作用を行う粒子）があって，その断面積が半径 R_1 および R_2 の円板と同じであり，お互いに運動量 $\mathbf{p}_1$ と $-\mathbf{p}_1$ で平行に何らかの中心線から b_1 と b_2 だけ離れて接近したとしよう．古典的には全角運動量は $\ell\hbar = |\mathbf{p}_1|b_1 + |\mathbf{p}_1|b_2$ である．ハドロンは $R_1 + R_2 \geqq b_1 + b_2$, すなわち $\ell \leqq kR$ とすると（$k = |\mathbf{p}_1|/\hbar$ および $R = R_1 + R_2$ である），ハドロンはお互いに衝突するであろう．この場合は粒子の衝突は激しくて $\ell sn \to \ell sn$ というような，何事も起こらないということはあり得ない．一方，$\ell \geqq kR$ なら衝突は起こらない．したがって，

$$S^J_{\ell sn, \ell sn} = \begin{cases} 0, & \ell < kR \\ 1, & \ell > kR \end{cases} \qquad (8.4.29)$$

と想定できる．式 (8.4.22) と合わせると

$$\sigma_{\text{全}}(n; E) \to \frac{2\pi}{k^2(2s_1+1)(2s_2+1)} \sum_{\ell=0}^{kR} \sum_{J, s} (2J+1) \tag{8.4.30}$$

となる．この総和での J の値は $|\ell-s|$ から $\ell+s$ まで：である．$kR \gg 1$ のときこの和は ℓ の大きい値が支配的で，したがって $\ell \gg s$ であり，$2J+1 \simeq 2\ell$ である．$\ell \gg s$ のと

きの J の値の数は $2s+1$ である．さらに，s についての和は $s=|s_1-s_2|$ から $s=s_1+s_2$ までである．したがって残る s についての和は

$$\sum_{s=|s_1-s_2|}^{s_1+s_2} (2s+1)$$

$$= 2\left[\frac{(s_1+s_2)(s_1+s_2+1)}{2} - \frac{(|s_1-s_2|-1)|s_1-s_2|}{2}\right]$$

$$+ s_1 + s_2 - |s_1-s_2| + 1$$

$$= (2s_1+1)(2s_2+1)$$

最終的に

$$\sum_{\ell=0}^{kR} 2\ell = kR(kR+1) \to (kR)^2.$$

すべてを合わせると，式（8.4.30）は

$$\sigma_{全}(n;E) \to 2\pi R^2 \qquad (8.4.31)$$

となる．

　式（8.4.31）の因子 2 は意外かも知れない．重心系での高エネルギーの粒子は，お互いを結ぶ線に沿って，お互いの距離が，相互作用の範囲，すなわち R 以上離れてない場合，またその場合に限って何らかの反応を受けると期待できるだろう．その場合，全断面積の漸近的な値は πR^2 であって $2\pi R^2$ ではないであろう．断面積が大きい方の値（$2\pi R^2$）になるのは，始状態と終状態の2粒子の準弾性散乱に帰せられるであろう．これはお互いの距離が R よりも少し大きいときの回折による．準弾性散乱と粒子生成の相対的な寄与を評価するには，式（8.4.29）

を強めて

$$S^J_{\ell's'n',\ell sn} = \begin{cases} 0, & \ell < kR \\ \delta_{\ell'\ell}\delta_{s's}\delta_{n'n}, & \ell > kR \end{cases} \qquad (8.4.32)$$

と仮定する. この場合, 式 (8.4.23) は

$$\sigma_{粒子生成}(n;E) \to \frac{\pi}{k^2(2s_1+1)(2s_2+1)} \sum_{\ell=0}^{kR} \sum_{J,s} (2J+1)$$

$$= \pi R^2 \qquad (8.4.33)$$

を与える. 結果が $\sigma_{粒子生成}(n;E) \to \pi R^2$ となるのは驚くべきことではない. 有効面積 πR^2 以内で衝突する粒子は単に準弾性的に散乱されるはずがない. むしろガラス球が衝突したときのように, 数多くの他の粒子を生むに違いない.

陽子-陽子散乱[2]のような強い相互作用の散乱過程の断面積は, 非常に高いエネルギーでは実際はほとんど一定になる. 断面積の増加は緩やかなので, R が緩やかに増加しているとも言える. R は湯川ポテンシャル $V \propto e^{-r/R_Y}/r$ の中のにあるような距離であって, それが運動エネルギー $\hbar^2 k^2/2\mu$ より小さくなり, 非常に大きい k で $R \simeq R_Y \ln k$ になると推量することもできる. すると断面積は $\ln^2 k$ に比例して増えると考えられる. それが非常に一般的な考察による最も速い増加である[3]. おそらく驚くべきことであるが, これはすべて観測とかなりよくあう. 陽子-陽子散乱の観測は[4], 大型ハドロン衝突型加速器 (LHC：Large Hadron Collider) での 7 TeV での観測と, 宇宙線での 57 TeV での観測があり, 断面

積は実際に $\ln^2 k$ に従って増加している．一方 $\sigma_{\text{粒子生成}}/\sigma_{\text{全}}$ は 0.491 ± 0.021 で式（8.4.33）と式（8.4.31）の比に等しい．

原　注

(1) 厳密にいえば，これらの注釈は $\pi^+ \text{p}$ 散乱と $\pi^- \text{n}$ 散乱にだけ当てはまる．他の場合は $\pi^- \text{p} \leftrightarrow \pi^0 \text{n}$ のような非弾性散乱が可能である．これらの他の場合は，アイソスピンの保存と全角運動量の保存を活用して同様に取り扱われる．すなわち J, ℓ および T の定まった状態について位相のずれを考える．但し $T = 1/2$ または $T = 3/2$ である．

(2) 陽子-陽子散乱では2粒子状態の他への目に見える遷移はない．したがって「粒子生成」の断面積（8.4.33）と全断面積を区別する必要はない．

(3) M. Froissart, *Phys. Rev.* **135**, 1053 (1961).

(4) M. M. Block and F. Halzen, *Phys. Rev. Lett.* **107**, 212002 (2011).

8.5　共鳴：再考

7.6節ではスピン0の非相対論的な粒子のポテンシャル散乱を考えた．そのポテンシャルには高く厚い壁があったが，壁に囲まれた内側の領域ではポテンシャルはずっと小さかった．式（7.6.12）では散乱振幅は $(E - E_\text{R} + i\Gamma/2)^{-1}$ に比例していた．Γ は指数関数的に小さく，E_R は（Γ のオーダーまでの）状態のエネルギーである．その状態は壁が無限に高いか無限に厚いかすれば安定である．式（7.6.12）の中の波束の時間依存性を考えることによ

り,$\Gamma/\hbar$ をこの不安定な状態の崩壊率と解釈することができた.

この議論は翻って一般化できる.ほぼ安定な状態が現れることについてはいくつかの理由がある.一つの理由は,7.6 節で取り扱ったような壁があって,それを通じて粒子がトンネル効果で崩壊することである.例えば放射性の ^{235}U あるいは ^{238}U といった原子核のアルファ崩壊はこれに当たる.このときアルファ粒子は,90 個の粒子によるクーロン・ポテンシャルをトンネル効果で通過しなければならない.次に,相互作用が非常に弱くて崩壊がやっと可能になるという,ほぼ安定な状態の場合もある.例えば式 (6.5.13) によると,1 個の光子を自発放出するときの原子の状態の崩壊率 $\Gamma/\hbar$ の典型的な値は $e^2\omega^3a^2/c^3\hbar$ のオーダーである.ここで a は原子の典型的な大きさである.また $\omega\approx e^2/a\hbar$ は光子の振動数であって,電子が古典論的にその軌道を回る振動数と同じオーダーである.すると崩壊率と軌道振動数の比は $\Gamma/\hbar\omega\approx e^6/\hbar^3c^3$ となり,$e^2/\hbar c\simeq 1/137$ なので非常に小さい.次に,エネルギーの保存則により,状態のエネルギーが何らかのゆらぎによって,一つの粒子に集中しない限り崩壊が起きないために,多数の粒子の状態がほぼ安定である場合がある.ほぼ安定状態の存在する理由が何であれ,そのような場合のすべてについてエネルギー E_R,崩壊率 $\Gamma/\hbar$ の状態は S 行列に因子 $(E-E_R+i\Gamma/2)^{-1}$ が存在することを意味し,反応が時間 t だけ続く確率が

$$\left| \int_{-\infty}^{\infty} \frac{\exp(-iEt/\hbar)dE}{E - E_{\mathrm{R}} + i\Gamma/2} \right|^2 = 4\pi^2 \exp(-\Gamma t/\hbar) \quad (8.5.1)$$

に比例する[1].

共鳴の近くの S 行列の振舞いは,ほぼ安定な状態の起こる仕組みの如何によらず,主に S 行列のユニタリー性で決定される.これを解析するためには,前節で導入した状態の基底を一般化することが助けになる.与えられた全エネルギー E および全運動量 $\mathbf{P}$ について,各々の 3 元運動量で許される占有された空間は有限の体積をもつ.したがって任意の多粒子状態 $\Phi_{\mathbf{p}_1, \mathbf{p}_2, \mathbf{p}_3 \cdots}$ を一連の状態 $\Phi_{E, \mathbf{P}, J, M, N}$ で展開することができる.これは 2 粒子の場合の展開 (8.4.9) と同様である.ここでも $E, \mathbf{P}, J, M$ は全体のエネルギー,運動量,角運動量,角運動量の第 3 成分であり,N は離散的な添え字である.これは 2 粒子状態の ℓ, s, n の一般化である.この基底では一般的な S 行列要素は重心系で

$$S_{E'\mathbf{P}'J'M'N', E0JMN}$$
$$= \delta(E' - E)\delta^3(\mathbf{P}')\delta_{J'J}\delta_{M'M}\mathcal{S}_{N'N}^J(E) \quad (8.5.2)$$

と書くことができる.(行列要素の M への依存性が因子 $\delta_{M'M}$ を通じてに限られることは,4.2 節の結果として出てくる.)これらの状態の規格化により

$$(\Phi_{E', \mathbf{P}', J', M', N'}, \Phi_{E, \mathbf{P}, J, M, N})$$
$$= \delta(E' - E)\delta^3(\mathbf{P}' - \mathbf{P})\delta_{J'J}\delta_{M'M}\delta_{N'N} \quad (8.5.3)$$

である．ユニタリー性から行列 $\mathcal{S}^J(E)$ はユニタリーでなければならない．すなわち

$$\mathcal{S}^{J\dagger}(E)\mathcal{S}^J(E) = 1. \qquad (8.5.4)$$

ここで 1 は $1_{N'N} = \delta_{N'N}$ という行列である．

さて，共鳴の近くで $\mathcal{S}^J$ は

$$\mathcal{S}^J(E) \simeq \mathcal{S}^{(0)} + \frac{\mathcal{R}}{E - E_R + i\Gamma/2} \qquad (8.5.5)$$

の形をとると仮定する．$\mathcal{S}^{(0)}$ と $\mathcal{R}$ は定数の行列である．$\mathcal{S}^{(0)}$ と $\mathcal{R}$ にはラベル J は必要ない．なぜなら式 (8.5.5) は一つの J の値に，すなわち共鳴状態の角運動量についてだけ成り立つと考えるからである．（項 $\mathcal{S}^{(0)}$ は $\exp(2i\bar{\delta})$ に似ている．ここで $\bar{\delta}$ は式 (7.6.8) の中の緩やかに変動する共鳴と無関係な位相のずれである．）

行列 $\mathcal{S}^{J\dagger}(E)\mathcal{S}^J(E) - 1$ は，$(E - E_R)/[(E - E_R)^2 + \Gamma^2/4]$ に比例する項と $1/[(E - E_R)^2 + \Gamma^2/4]$ に比例する項と定数の和である．これらの E の三つの関数は独立であり，ユニタリー性の関係 (8.5.4) は各々の項の係数が 0 となることを要求する．定数の項から

$$\mathcal{S}^{(0)\dagger}\mathcal{S}^{(0)} = 1 \qquad (8.5.6)$$

となる．$(E - E_R)/[(E - E_R)^2 + \Gamma^2/4]$ に比例する項からは

$$\mathcal{S}^{(0)\dagger}\mathcal{R} + \mathcal{R}^\dagger\mathcal{S}^{(0)} = 0 \qquad (8.5.7)$$

となり，$1/[(E - E_R)^2 + \Gamma^2/4]$ に比例する項からは

$$-\frac{i\Gamma}{2}\mathcal{S}^{(0)\dagger}\mathcal{R} + \frac{i\Gamma}{2}\mathcal{R}^\dagger\mathcal{S}^{(0)} + \mathcal{R}^\dagger\mathcal{R} = 0 \qquad (8.5.8)$$

となる．これらの条件は

$$\mathcal{R} = -i\Gamma\mathcal{A}\mathcal{S}^{(0)} \tag{8.5.9}$$

によって別の定数行列 $\mathcal{A}$ を導入するともっと見やすくなる．(8.5.6) より $\mathcal{S}^{(0)}$ には逆があるから (8.5.9) が成り立つことはわかっている．すると式 (8.5.7) と式 (8.5.8) から

$$\mathcal{A}^\dagger = \mathcal{A}, \quad \mathcal{A}^2 = \mathcal{A} \tag{8.5.10}$$

がわかる．$\mathcal{A}$ はエルミートであるから対角化できる．すなわち，それは $u\mathcal{D}u^\dagger$ と表せる．ここで u はユニタリー行列で $\mathcal{D}$ は対角型の行列である．さらに $\mathcal{A}^2 = \mathcal{A}$ であるから，$\mathcal{D}$ の対角線要素は 0 か 1 でなければならない．すなわち，

$$\mathcal{A}_{N'N} = \sum_r u_{N'r}u_{Nr}^* \tag{8.5.11}$$

と書ける．ここでの総和は $\mathcal{A}$ のすべての固有値にわたる総和であり，その値が 0 でなくて 1 である場合についての総和である．u はユニタリーであるから，その要素 u_{Nr} は規格化条件

$$\sum_N u_{Nr}^* u_{Nr'} = [u^\dagger u]_{rr'} = \delta_{rr'} \tag{8.5.12}$$

を満足する．すると式 (8.5.5)，(8.5.9) および (8.5.11) から共鳴の近くで行列 $S(E)$ は

$$\mathcal{S}^J(E)_{N'N}$$

$$\simeq \sum_{N''} \left[\delta_{N'N''} - \frac{i\Gamma}{E - E_{\mathrm{R}} + i\Gamma/2} \sum_r u_{N'r} u_{N''r}^* \right] \mathcal{S}_{N''N}^{(0)}$$

$$(8.5.13)$$

となる.

　ここまで十分一般的であった. さらに進むためには, 共鳴の近くでの散乱が共鳴によって完全に圧倒されているという簡単な仮定を行う. したがって $\mathcal{S}^{(0)} \simeq 1$ であり, 式 (8.5.13) は

$$\mathcal{S}^J(E)_{N'N} \simeq \delta_{N'N} - \frac{i\Gamma}{E - E_{\mathrm{R}} + i\Gamma/2} \sum_r u_{N'r} u_{Nr}^*$$

$$(8.5.14)$$

となる. さらに共鳴に関する縮退は M の第3成分の $2J+1$ 重の縮退だけだと仮定する. したがって添え字 r は一つの値だけをとるから, 落としてよい. すると式 (8.5.14) は

$$\mathcal{S}^J(E)_{N'N} \simeq \delta_{N'N} - \frac{i\Gamma}{E - E_{\mathrm{R}} + i\Gamma/2} u_{N'} u_N^* \quad (8.5.15)$$

となる. また規格化条件 (8.5.12) はここでは

$$\sum_N |u_N|^2 = 1 \quad\quad (8.5.16)$$

となる. 式 (8.5.15) によると共鳴状態がチャネル N に崩壊する確率は $|u_N|^2$ に比例する. 一方, 式 (8.5.16) によると比例係数は1である. すなわち $|u_N|^2$ がこの崩

壊の確率であることは確かである．この値を**分岐比**という．

　特に，ちょうど二つの粒子だけを含む基底ベクトルについて，N は複合的な状態 ℓ, s, n と見なすことができる．ここで ℓ は軌道角運動量，s は全スピン，n は二つの粒子の種類（質量とスピンを含む）である．8.4節の記法では，式 (8.5.14) から2粒子状態について

$$\mathcal{S}^J(E)_{\ell' s' n', \ell s n}$$
$$\simeq \delta_{\ell' \ell} \delta_{s' s} \delta_{n' n} - \frac{i\Gamma}{E - E_R + i\Gamma/2} u_{\ell' s' n'} u_{\ell s n}^* \quad (8.5.17)$$

となる．また式 (8.5.16) から

$$\sum_{\ell s n} |u_{\ell s n}|^2 + \sum_{3 \text{粒子以上}} |u_N|^2 = 1 \quad (8.5.18)$$

となる．すると式 (8.4.19) から，共鳴の近くのエネルギーでの遷移 $n \to n'$ の断面積が（終状態のスピンの和をとり，「in」状態のスピンの平均をとる）

$$\sigma(n \to n'; E)$$
$$= \frac{\pi(2J+1)}{k^2(2s_1+1)(2s_2+1)} \frac{\Gamma_n \Gamma_{n'}}{(E - E_R)^2 + \Gamma^2/4} \quad (8.5.19)$$

となる．ここで Γ_n は**部分幅**

$$\Gamma_n \equiv \Gamma \sum_{\ell s} |u_{\ell s n}|^2 \quad (8.5.20)$$

である．これはポテンシャル散乱という特別な場合について以前に導かれた，ブライト–ウィグナーの公式 (7.6.10) の一般化である．また式 (8.4.22) は，「in」

状態が n であるときのすべての反応についての全断面積(始状態のスピンについて平均をとった)を与える. すなわち

$$\sigma_{\text{全}}(n'; E)$$

$$= \frac{\pi(2J+1)}{k^2(2s_1+1)(2s_2+1)} \frac{\Gamma_n \Gamma}{(E-E_{\text{R}})^2 + \Gamma^2/4}. \quad (8.5.21)$$

特定の断面積(8.5.19)と全断面積(8.5.21)の比は簡単になって

$$\frac{\sigma(n \to n'; E)}{\sigma_{\text{全}}(n; E)} = \frac{\Gamma_{n'}}{\Gamma} = \sum_{\ell s} |u_{\ell s n'}|^2 \quad (8.5.22)$$

となることに注意しよう. 終状態が何であるにせよ, 衝突過程で共鳴ができる確率は同じである. したがって式(8.5.22)は分岐比, すなわち共鳴が特定の終状態 n' になる確率を与える. 式(8.5.18)によると, 共鳴が2粒子だけに崩壊するなら, 分岐比の総和は1である. そうでない場合には総和は1より小さい. 最後に, $\Gamma/\hbar$ は共鳴の全崩壊率であるから, $\Gamma_{n'}/\hbar$ は共鳴から特定の状態 n' への崩壊率である.

原　注

(1) この計算は積分路を下の半平面の大きな半円で閉じ, $E = E_{\text{R}} - i\Gamma/2$ での極の寄与を拾うことによって行われる. もちろん実際の被積分関数には, 波束の振幅を含めた他の因子も含まれており, それにも下半面に極があり得る. しかし, 十分狭い共鳴の場合にはこれらの因子の極は下半面で $\Gamma/2$ よりもずっと離れており, したがって非常に後の時間では寄与しない.

8.6 古風な摂動論

リップマン‐シュウィンガー方程式（8.1.6）には逐次展開によるやさしい形式的な解がある．すなわち

$$\Psi_\alpha^\pm = \Phi_\alpha + (E_\alpha - H_0 \pm i\epsilon)^{-1} V \Phi_\alpha$$
$$+ (E_\alpha - H_0 \pm i\epsilon)^{-1} V (E_\alpha - H_0 \pm i\epsilon)^{-1} V \Phi_\alpha + \cdots.$$
$$(8.6.1)$$

同様に，これは S 行列（8.1.10）の相互作用のべき級数展開ができる．すなわち

$$S_{\beta\alpha} = \delta(\alpha - \beta) - 2\pi i \delta(E_\beta - E_\alpha)$$
$$\times \left(\Phi_\beta, \left[V + V G(E_\alpha + i\epsilon) \right] \Phi_\alpha \right) \quad (8.6.2)$$

と書ける．ここで任意の複素数の W に対して

$$G(W) = K(W) + K^2(W) + \cdots \quad (8.6.3)$$

かつ

$$K(W) \equiv (W - H_0)^{-1} V \quad (8.6.4)$$

である．これは「古風な（old-fashioned）摂動論」と呼ばれる．なぜならそれは，次節で記述する時間に依存する摂動論に事実上（全部ではないが）取って代わられたからである．式（8.6.2）の角括弧の第 1 項〔V のこと〕は 7.4 節で議論したボルン近似を与える．

　式（8.6.3）のような展開が収束するかという問題が当然生じる．K が数なら容易に答えられる．すなわち，級数が収束するための必要十分条件は $|K| < 1$ である．K が有限な行列である場合も容易に答えられる．級数が収

束するための必要十分条件は，K のすべての固有値の絶
対値が 1 より小さいことである．もっと一般的には，関
数解析という数学の分科によると，**完全連続**という性質
をもつ演算子（作用素）は有限の行列でいくらでも正確
に近似できる．したがって K が完全連続なら，幾何級数
$K + K^2 + K^3 + \cdots$ は K のすべての固有値の絶対値が 1
より小さければ収束する[1]．完全連続性の定義はいささ
か抽象的で[2]，それでは私たちの役には立たない．私た
ちにとって重要なことは，演算子 K が完全連続であるこ
との十分条件が（必要とは限らない），K が量

$$\tau_K \equiv \mathrm{Tr}\,[K^\dagger K] \qquad (8.6.5)$$

について有限な値をとることである．トレースは演算子の
対角線要素のすべての離散的な添え字と連続的な添え字に
ついての和と理解する．また，K の固有値 λ のすべてが

$$|\lambda|^2 \leqq \tau_K \qquad (8.6.6)$$

を満足する．したがってべき級数 (8.6.3) が収束するた
めの十分条件は（必要条件ではない）$\tau_K < 1$ である．

　式 (8.6.3) に，τ_K が有限の値をもつ核 K のべき級
数として書ける意味を与えるためには，演算子 $(W - H_0)^{-1} V$ の行列要素に含まれる運動量保存のデルタ関数
を処理しなければならないことは明らかである．これは
一定のポテンシャルの中の 1 粒子の理論については何の
問題もない．ここでは K は運動量の保存のデルタ関数を
含まない．また外からのポテンシャルのない 2 粒子の理
論でも問題でない．この場合は演算子 $\mathcal{V}$ および $\mathcal{K}$ を定義

して，デルタ関数の因子を外に出すことができる．すなわち，

$$(\Phi_\beta, V\Phi_\alpha) \equiv \delta^3(\mathbf{P}_\beta - \mathbf{P}_\alpha)\mathcal{V}_{\beta\alpha},$$

$$\left(\Phi_\beta, (W-H_0)^{-1}V\Phi_\alpha\right) \equiv \delta^3(\mathbf{P}_\beta - \mathbf{P}_\alpha)\mathcal{K}_{\beta\alpha}(W).$$

こうして式（8.6.2）と式（8.6.3）を

$$S_{\beta\alpha} = \delta(\alpha - \beta) - 2\pi i \delta(E_\beta - E_\alpha)\delta^3(\mathbf{P}_\beta - \mathbf{P}_\alpha)$$
$$\times \left[\mathcal{V} + \mathcal{V}\mathcal{G}(E_\alpha + i\epsilon)\right]_{\beta\alpha}$$

と書く．ここで任意の複素数 W について

$$\mathcal{G}(W) = (W - H_0)^{-1}\mathcal{V}$$
$$+ (W - H_0)^{-1}\mathcal{V}(W - H_0)^{-1}\mathcal{V} + \cdots$$

である．2体の散乱の運動量保存のデルタ関数を外に出したので，$\mathcal{K} \equiv (W - H_0)^{-1}\mathcal{V}$ の行列要素は，少なくともそれ以上デルタ関数を含まないという意味で，滑らかな関数である．すると少なくとも τ_K を有限にすることが可能である．τ_K はエネルギーおよびポテンシャルの詳細に依存する．

　3個以上の粒子に関する問題にこの方法を使うことはもっと難しい．演算子 $(W - H_0)^{-1}\mathcal{V}$ の3粒子の行列要素は，三つの粒子の各々の運動量を保存する項と，3粒子の運動量の和を保存する項を含んでいる．これらの項は2粒子が相互作用し，1粒子は残されるという避けられない可能性を表す．これらのデルタ関数は簡単に問題から分離

できない．なぜなら各々の項にあるのは同じデルタ関数で
はないからである．粒子の数が有限でさえあれば，任意の
理論について，級数 (8.6.3) を書き換えることを含む複
雑な処理方法がある[3]．しかしこれらの方法は，場の量
子論のような粒子数が無限な場合には破綻する．

こういうわけで，ここでは一定のポテンシャルの中の 1
粒子，またはそれと等価な，外からのポテンシャルのない
場合の 2 粒子の場合に話を限る．2 粒子の場合は上記のよ
うにデルタ関数を外に出して，運動量のデルタ関数を取り
除くことができる．簡単のために，これから 1 個の非相
対論的な粒子の局所的な（中心力とは限らない）ポテンシ
ャル $V(\mathbf{x})$ による散乱の場合に話を集中する．

1 粒子にせよ 2 粒子にせよ，まだ演算子 $(W - H_0)^{-1}$
の特異点の問題が残っている．これは W が H_0 のスペク
トルの中の実際の値に近づくときに問題になる．多くの論
者が気づいたように，これは通常，対称的な演算子のべき
に展開することによって処理される．その定義は 1 粒子
の場合

$$\overline{K}(W) \equiv V^{1/2}(W - H_0)^{-1}V^{1/2} \qquad (8.6.7)$$

である．S 行列 (8.6.2) は

$$S_{\beta\alpha} = \delta(\alpha - \beta) - 2\pi i \delta(E_\beta - E_\alpha)$$
$$\times \left(\Phi_\beta, \left[V + V^{1/2}\overline{G}(E_\alpha + i\epsilon)V^{1/2} \right] \Phi_\alpha \right) \qquad (8.6.8)$$

と書ける．ここで，任意の複素数 W について

$$\overline{G}(W) = \overline{K}(W) + \overline{K}(W)^2 + \cdots \qquad (8.6.9)$$

である. 座標表示では, 演算子 $(E+i\epsilon-H_0)^{-1}$ は式
(7.2.4) により

$$\left(\Phi_{\mathbf{x}'}, (E+i\epsilon-H_0)^{-1}\Phi_{\mathbf{x}}\right) = -\frac{2\mu}{\hbar^2}\frac{e^{ik|\mathbf{x}'-\mathbf{x}|}}{4\pi|\mathbf{x}'-\mathbf{x}|} \quad (8.6.10)$$

と表すことができる. μ は粒子の質量である（2 粒子の場
合は換算質量である）. また k は $E=\hbar^2k^2/2\mu$ の正の解
である. すると演算子 $\overline{K}$ についてトレース (8.6.5) は

$$\tau_{\overline{K}} \equiv \mathrm{Tr}\left[\overline{K}(E+i\epsilon)^\dagger\overline{K}(E+i\epsilon)\right]$$

$$= \left(\frac{2\mu}{\hbar^2}\right)^2 \int d^3x\, d^3x'\, V(\mathbf{x}')V(\mathbf{x})\frac{1}{16\pi^2|\mathbf{x}'-\mathbf{x}|}$$

$$(8.6.11)$$

となる[1]. これは $V(\mathbf{x})$ の発散が $|\mathbf{x}| \to 0$ について $\mathbf{x}^{-2+\delta}$
より悪くはなく, また $|\mathbf{x}| \to \infty$ について少なくとも
$|\mathbf{x}|^{-3-\delta}$ くらい速く減少すれば収束する（どちらの場合も
$\delta > 0$ である）. 例えば, 遮蔽されたクーロン・ポテンシ
ャル $V(r) = -g\exp(-r/R)/r$ について, $\tau_{\overline{K}} = 2\mu^2g^2R^2/$
$\hbar^4$ となる. したがって S 行列の摂動数列は $|g| < \hbar/\mu R\sqrt{2}$
なら収束する. しかし遮蔽されてないポテンシャルについ
ては R は無限大であり, この収束性のテストは有効でな
い.

---

[1] (8.6.11) の計算には

$$\frac{e^{-cr}}{r} = \frac{1}{2\pi^2}\int d^3q\, e^{-i\mathbf{q}\cdot\mathbf{r}}\frac{1}{q^2+c^2},$$

$$\frac{1}{r^2} = \frac{1}{4\pi}\int d^3Q\, e^{i\mathbf{q}\cdot\mathbf{r}}\frac{1}{Q}$$

を使うとよい.

　似たような手法は，可能な束縛状態の束縛エネルギーを
定めるのにも使える．このためには演算子 $[W-H]^{-1}$ の
展開が必要である．これはレゾルベントと呼ばれる．すな
わち，

$$[W-H]^{-1} = [W-H_0]^{-1}$$
$$+ [K(W) + K^2(W) + \cdots][W-H_0]^{-1}. \quad (8.6.12)$$

ここで，$K(W)$ は対称化されてない核 (8.6.4) である．
(もちろん，これを対称化された核 $V^{1/2}[W-H_0]^{-1}V^{1/2}$
を使って書くこともできるが，ここでは不必要である．
なぜなら $[W-H_0]^{-1}$ は $W=-B<0$ については特異点
とならないからである．) レゾルベントは，W が H_0 のス
ペクトルより下の束縛状態のエネルギー $-B$ に等しいと
き，特異にならねばならない．なぜならそのようなエネ
ルギーでは，$W-H$ は束縛状態の状態ベクトルを消滅さ
せるからである．しかし H_0 のスペクトルの外のエネル
ギーでは，式 (8.6.12) の各々の項が有限であり，した
がってレゾルベントの特異点が出現するのは $K(-B)$ の
べき級数が発散する場合しかあり得ない．したがっても
し $\tau_K(-B)<1$ なら，エネルギー $-B$ の束縛状態は不可
能である．ここで $\tau_K(-B) \equiv \mathrm{Tr}[K(-B)^\dagger K(-B)]$ であ
る．式 (8.6.10)（但し $k=+i\sqrt{2B\mu}/\hbar$）を使うと，局所
的なポテンシャルについて

$$\tau_K(-B) = \left(\frac{2\mu}{\hbar^2}\right)^2 \int d^3x\, d^3x'\, V^2(\mathbf{x})$$

$$\times \frac{\exp(-2\sqrt{2B\mu/\hbar^2}|\mathbf{x}'-\mathbf{x}|)}{16\pi^2|\mathbf{x}'-\mathbf{x}|^2}$$

$$= \left(\frac{2\mu}{\hbar^2}\right)^{3/2} \frac{1}{8\pi\sqrt{B}} \int d^3x\, V^2(\mathbf{x}) \qquad (8.6.13)$$

となる．したがってそれが束縛状態をもつのが可能なのは束縛のエネルギーが制限

$$B \leqq \left(\frac{2\mu}{\hbar^2}\right)^3 \left[\frac{1}{8\pi}\int d^3x\, V^2(\mathbf{x})\right]^2 \qquad (8.6.14)$$

をもつ場合に限られる．

V それ自身が十分小さくなくて遷移振幅が摂動論では計算できない場合があるが，それを

$$V = V_{\mathrm{S}} + V_{\mathrm{W}} \qquad (8.6.15)$$

と書くことはできる[2]．ここで V_{S} は強いがそれ自身 $\alpha \to \beta$ の遷移を起こすことができない．しかし V_{W} はこの遷移を起こせて，しかも十分弱いので，$\alpha \to \beta$ の振幅を V_{W} の1次として計算できる．但し V_{S} のすべての次数まで計算する必要がある．例えば，原子核のベータ崩壊では強い核の相互作用も（強くない）電磁相互作用さえも無視はできないが，しかしそれら自身は中性子を陽子に変えたり，その逆を行ったり，あるいは電子とニュートリノを生成したりはできない．したがって，ベータ崩壊の

---

[2] S は強い (strong)，W は弱い (weak) を表す.

振幅は弱い核の相互作用がなかったら0となってしまう.
この相互作用は本当に弱いので, 振幅は弱い相互作用の
1次で計算できる. 他の文脈では V_W が電磁相互作用のこ
ともあり得る. これは原子核のガンマ崩壊の場合である.
Kメソンが2個または3個のパイ粒子になるような素粒
子の崩壊過程では, V_S はメソンの中でクォークと反クォ
ークを一緒に保つ強い力であり, V_W は弱い力で一つの型
のクォークを別の型のクォークに変える.

　V_W の1次まで遷移振幅を計算するために, まず V_W が
ゼロであれば「in」状態および「out」状態となり得る状
態を定義しよう.

$$\Psi_{S\alpha}^{\pm} = \Phi_{\alpha} + (E_{\alpha} - H_0 \pm i\epsilon)^{-1} V_S \Psi_{S\alpha}^{\pm}. \qquad (8.6.16)$$

すると式 (8.1.11) を

$$\begin{aligned}
T_{\beta\alpha} &= (\Phi_{\beta}, V\Psi_{\alpha}^{+}) \\
&= ([\Psi_{S\beta}^{-} - (E_{\beta} - H_0 - i\epsilon)^{-1} V_S \Psi_{S\beta}^{-}], V\Psi_{\alpha}^{+}) \\
&= (\Psi_{S\beta}^{-}, V\Psi_{\alpha}^{+}) - (\Psi_{S\beta}^{-}, V_S(E_{\alpha} - H_0 + i\epsilon)^{-1} V\Psi_{\alpha}^{+})
\end{aligned}$$

と書くことができる. したがって再びリップマン–シュウ
ィンガー方程式を使うと

$$\begin{aligned}
T_{\beta\alpha} &= (\Psi_{S\beta}^{-}, V\Psi_{\alpha}^{+}) - (\Psi_{S\beta}^{-}, V_S \Psi_{\alpha}^{+}) + (\Psi_{S\beta}^{-}, V_S \Psi_{\alpha}) \\
&= (\Psi_{S\beta}^{-}, V_W \Psi_{\alpha}^{+}) + (\Psi_{S\beta}^{-}, V_S \Psi_{\alpha}). \qquad (8.6.17)
\end{aligned}$$

これは上記の場合で非常に有用である. ここで過程 $\alpha \to$
β は弱い相互作用がなければ起こらない. この場合, 式
(8.6.17) の最後の項は0となり,

$$T_{\beta\alpha} = (\Psi_{S\beta}^-, V_W \Psi_\alpha^+) \qquad (8.6.18)$$

となる.

ここまでは正確である. 式 (8.6.18) は具体的な因子
V_W を含み, V_W の1次までは Ψ_α^+ と $\Psi_{S\alpha}^+$ の違いは無視
できて, 式 (8.6.18) を

$$T_{\beta\alpha} \simeq (\Psi_{S\beta}^-, V_W \Psi_{S\alpha}^+) \qquad (8.6.19)$$

と書くことができる. これを**歪曲波ボルン近似**という.

例えば, 原子核のベータ崩壊では V_S として強い相互作
用と電磁相互作用の和をとるが, V_W は弱い相互作用であ
る. この場合, 式 (8.6.19) の $\Psi_{S\alpha}^+$ は元の原子核の状態
ベクトルだが, $\Psi_{S\beta}^-$ は終状態の原子核と放出された電子
(または陽電子) と反ニュートリノ (またはニュートリノ)
の状態である. ニュートリノも反ニュートリノも, 終わ
りの原子核と強い相互作用も電磁相互作用もしない. 一
方, 電子と陽電子は終わりの原子核と電磁相互作用をす
るが, 強い相互作用はしない. 座標表示では, 状態ベクト
ル $\Psi_{S\beta}^-$ は二つの部分の積に比例する. 一つはニュートリ
ノまたは反ニュートリノの平面波であり, 一つは電子ま
たは陽電子と, 終わりの原子核の2粒子波動関数である.
前者には関わらない. 原子核の弱い相互作用が作用するの
は後者で, 電子または陽電子と原子核が接触するときであ
る. したがって, (少なくとも非相対論的な電子または陽
電子については) 行列要素は距離が0の場合のクーロン
波動関数の値に比例し, この波動関数は式 (7.9.15) の
量として式 (7.9.11) および式 (7.9.10) で与えられる.

したがってベータ崩壊の率は量 $\xi = \pm Z'e^2 m_e/\hbar^2 k_e$ に依存し（ここで $Z'e$ は終状態の原子核の電荷であり，符号は陽電子では正，電子では負である），

$$\mathcal{F}(\xi) = |\Gamma(1+i\xi)|^2 \exp(-\pi\xi)$$

$$= \frac{2\pi\xi}{\exp(2\pi\xi)-1} \qquad (8.6.20)$$

に比例する[4]．同じ因子は $\nu + \mathrm{N} \to \mathrm{e}^- + \mathrm{N}'$ および $\bar{\nu} + \mathrm{N} \to \mathrm{e}^+ + \mathrm{N}'$ の低エネルギーの断面積にも出てくる．

$|\xi| \ll 1$ については，因子 $\mathcal{F}$ は 1 であり，その過程について強調も抑制も起こっていない．$\xi \ll -1$ については，この因子は $2\pi|\xi|$ であり，穏やかな強調を示している．$\xi \gg 1$ については $\mathcal{F} \simeq 2\pi\xi \exp(-2\pi\xi)$ であり，厳しく抑制されることを示している．この抑制は 7.6 節で議論した正のポテンシャルの壁の効果に他ならない．

原　注

(1) これらの事情とその散乱問題への応用は，筆者によってより詳細に議論してある．原論文も引用してある．S. Weinberg, *Lectures on Particles and Field Theory — 1964 Brandeis Summer Institute in Theoretical Physics* (Prentice-Hall, Englewood Cliffs, NJ, 1965), pp. 289-403.

(2) 演算子 A が完全連続であるとは，すべてのノルム (Φ_ν, Φ_ν) がある数 M よりも小さいという意味で有限である無限個のベクトル Φ_ν の任意の組について，その部分列 Φ_n を適当に選べば，あるベクトル Ω について $A\Phi_n - \Omega$ が $n \to \infty$ で 0 に近づくという意味で $A\Phi_n$ が収束することである．

(3) これは 3 粒子の場合には L. D. Faddeev, *Sov. Phys. JETP* **12**, 1014 (1961); *Sov. Phys. Doklady* **6**, 384 (1963);

Sov. Phys. Doklady **7**, 600 (1963)によってはじめて研究された．また任意の有限個の粒子については S. Weinberg, *Phys. Rev. B* **133**, 232 (1964)．

(4) この計算のためには，実数性 $\Gamma(z)^* = \Gamma(z^*)$, およびお馴染みの漸化式 $\Gamma(1+z) = z\Gamma(z)$ から

$$|\Gamma(1+i\xi)|^2 = \Gamma(1+i\xi)\Gamma(1-i\xi) = i\xi\Gamma(i\xi)\Gamma(1-i\xi)$$

となることを用い，さらにこの積について古典的な公式

$$\Gamma(z)\Gamma(1-z) = \pi/\sin\pi z$$

を使う．

8.7　時間に依存する摂動論

前節で議論した古風な摂動論の中のエネルギー分母だと，この定式化にいくつかの短所が生じる．これらの分母はエネルギーに依存するが，運動量に依存しないので，相対論的な理論のローレンツ不変性が曖昧になっている．また，これらの分母は反応に関係する全粒子のエネルギーに依存するので，お互いに離れたところで起こる過程の率が独立であるかどうかも曖昧である．双方の短所は，同じ摂動論を別のしかたで定式化することによって避けることができる．これを「時間に依存する摂動論」という．

　時間に依存する摂動論での S 行列の公式を導くために，「in」状態と「out」状態の定義の条件（8.1.5）に戻ろう．エネルギー固有値の条件（8.1.2）と（8.1.3）を使うと，式（8.1.5）を

$$\exp(-iHt/\hbar) \int d\alpha \, g(\alpha) \Psi_\alpha^\pm$$

$$\overset{t\to\mp\infty}{\longrightarrow} \exp(-iH_0t/\hbar) \int d\alpha \, g(\alpha) \Phi_\alpha \qquad (8.7.1)$$

と書くことができる．これを

$$\Psi_\alpha^\pm = \Omega(\mp\infty)\Phi_\alpha \qquad (8.7.2)$$

と略記する．ここで

$$\Omega(t) \equiv e^{iHt/\hbar}e^{-iH_0t/\hbar} \qquad (8.7.3)$$

である．極限 $t\to\mp\infty$ は，式（8.7.2）と滑らかな波束の振幅 $g(\alpha)$ との積を作って，それを α について積分した場合に限られるが，非常に早い時間と遅い時間，すなわち衝突する粒子がお互いに遠く離れているとき，H は事実上 H_0 に等しいことに注意すれば，この極限を直観的に理解できる．

式（8.1.14）を使うと，S 行列は

$$S_{\beta\alpha} = (\Psi_\beta^-, \Psi_\alpha^+) = (\Phi_\beta, \Omega^+(+\infty)\Omega(-\infty)\Phi_\alpha)$$

$$= (\Phi_\beta, U(+\infty, -\infty)\Phi_\alpha) \qquad (8.7.4)$$

となることがわかる．ここで，

$$U(t, t') \equiv \Omega^\dagger(t)\Omega(t')$$

$$= e^{iH_0t/\hbar}e^{-iH(t-t')/\hbar}e^{-iH_0t'/\hbar} \qquad (8.7.5)$$

である．

U を計算するには，式（8.7.5）を微分方程式として書く．

$$\frac{d}{dt}U(t,t') = -\frac{i}{\hbar}e^{iH_0t/\hbar}[H-H_0]e^{-iH(t-t')/\hbar}e^{-iH_0t'/\hbar}$$

$$= -\frac{i}{\hbar}V_{\rm I}(t)U(t,t') \qquad (8.7.6)$$

初期条件は

$$U(t',t') = 1 \qquad (8.7.7)$$

であり，また

$$V_{\rm I}(t) \equiv e^{iH_0t/\hbar}Ve^{-iH_0t/\hbar} \qquad (8.7.8)$$

である．またもちろん $V \equiv H-H_0$ である．下付きの文字 I は「相互作用描像」を表す．これは演算子を区別する言葉で，時間依存性が自由粒子のハミルトニアン H_0 で支配されていて，ハイゼンベルク描像のように H に支配されているのではないことを示す．シュレーディンガー描像では演算子は時間に依存しないから，その場合とも違う．

微分方程式（8.7.6）と初期条件（8.7.7）は次の積分方程式と等価である．

$$U(t,t') = 1 - \frac{i}{\hbar}\int_{t'}^{t}d\tau\, V_{\rm I}(\tau)U(\tau,\tau'). \qquad (8.7.9)$$

これには（少なくとも形式的に）逐次的な解がある．

$$U(t,t') = 1 - \frac{i}{\hbar}\int_{t'}^{t}d\tau\, V_{\rm I}(\tau)$$

$$+ \left(-\frac{i}{\hbar}\right)^2 \int_{t'}^{t}d\tau_1 \int_{\tau'}^{\tau_1}d\tau_2\, V_{\rm I}(\tau_1)V_{\rm I}(\tau_2) + \cdots$$

$$\qquad (8.7.10)$$

これを T積（time-ordered product，時間順序づけした積）

$$T\{V_I(\tau)\} \equiv V_I(\tau)$$

$$T\{V_I(\tau_1)V_I(\tau_2)\} \equiv \begin{cases} V_I(\tau_1)V_I(\tau_2), & \tau_1 > \tau_2 \\ V_I(\tau_2)V_I(\tau_1), & \tau_2 > \tau_1 \end{cases}$$

を使って書き換えることができる．また一般的に

$$T\{V_I(\tau_1)\cdots V_I(\tau_n)\}$$
$$\equiv \sum_P \theta(\tau_{P1} - \tau_{P2})\theta(\tau_{P2} - \tau_{P3})\cdots\theta(\tau_{P[n-1]} - \tau_{Pn})$$
$$\times V_I(\tau_{P1})\cdots V_I(\tau_{Pn}). \quad (8.7.11)$$

ここで総和は $1, 2, \cdots, n$ の $P1, P2, \cdots, Pn$ への $n!$ 個すべ
ての置換について行い，θ は階段関数

$$\theta(x) \equiv \begin{cases} 1, & x > 0 \\ 0, & x < 0 \end{cases} \quad (8.7.12)$$

である．式 (8.7.11) の中の階段関数の積は，総和の中
で V_I が順序づけられた一つの項を取り出す．最も早い引
数の V_I が左から一番目，次に早いのが左から2番目，と
いった具合である．式 (8.7.11) をあらゆる τ_i について
t' から t まで積分すると，$n!$ 個の項の各々は式 (8.7.10)
の中の n 次の項に現れる積分を与える．したがって

$$U(t, t') = \sum_{n=0}^{\infty} \frac{1}{n!}\left[-\frac{i}{\hbar}\right]^n \int_{t'}^t d\tau_1 \cdots \int_{t'}^t d\tau_n$$
$$\times T\{V_I(\tau_1)\cdots V_I(\tau_n)\} \quad (8.7.13)$$

である．$n=0$ の項は単位演算子と理解される．すると式
(8.7.4) は S 行列についてのダイソンの摂動級数[1]を与
える．

$$S_{\beta\alpha} = \sum_{n=0}^{\infty} \frac{1}{n!} \left[-\frac{i}{\hbar} \right]^n \int_{-\infty}^{\infty} d\tau_1 \cdots \int_{-\infty}^{\infty} d\tau_n$$

$$\times (\Phi_\beta, T\{V_1(\tau_1) \cdots V_1(\tau_n)\} \Phi_\alpha) \quad (8.7.14)$$

この級数の各々の項の計算は一本道である. 自由粒子状態
の間の行列要素を計算すればよい. 相互作用描像の演算子
の積を積分するが, 相互作用描像の演算子の時間依存性は
H_0 で支配されていて基本的に簡単である. もちろん, n
についての総和を有限の数の項に限れば, 結果が良い近似
になっていることもあるし, なっていないこともある.

この公式のおかげで, 少なくとも何らかの理論において
はローレンツ不変性が一目瞭然である. 例えば, $V_1(t) =$
$\int d^3x\, \mathcal{H}(\mathbf{x}, t)$ であり, ここで $\mathcal{H}$ は場の変数がスカラー
関数だとすると, 式 (8.7.14) は

$$S_{\beta\alpha} = \sum_{n=0}^{\infty} \frac{1}{n!} \left[-\frac{i}{\hbar} \right]^n \int d^4x_1 \cdots \int d^4x_n$$

$$\times (\Phi_\beta, T\{\mathcal{H}(x_1) \cdots \mathcal{H}(x_n)\} \Phi_\alpha) \quad (8.7.15)$$

となる. 積分は今やすべての空間と時間にわたる. これは
少なくともローレンツ不変に見える. しかし式 (8.7.15)
の中の時間順序づけについては気をつけなければならな
い. 空間時間の点 $\{\mathbf{x}', t'\}$ が点 $\{\mathbf{x}, t\}$ より遅いという陳述
がローレンツ不変なのは, $\{\mathbf{x}', t'\}$ が $\{\mathbf{x}, t\}$ を中心とする
光円錐の中にある, すなわち $(\mathbf{x}' - \mathbf{x})^2 < c^2(t' - t)^2$ の場
合である. したがって式 (8.7.15) の中の時間の順序づ
けは, $\mathcal{H}(\mathbf{x}, t)$ と $\mathcal{H}(\mathbf{x}', t')$ が $(\mathbf{x}' - \mathbf{x})^2 \geqq c^2(t' - t)^2$ のと

き常に可換であればローレンツ不変である.（これは十分条件であるが,必要条件ではない.というのは,重要な理論で,$(\mathbf{x}' - \mathbf{x})^2 \geqq c^2(t' - t)^2$ のとき $\mathcal{H}(\mathbf{x}, t)$ と $\mathcal{H}(\mathbf{x}', t')$ の交換関係がハミルトニアンの項でスカラー関数の積分と書けない項と打ち消し合う例があるからである.）

　式（8.7.14）はまた遠く離れた過程の独立性を一目瞭然にする.遷移 $\alpha \to \beta$ が二つの別々の遷移 $a \to b$ と $A \to B$ で成り立っているとする.状態 a と b にあるすべての粒子は,状態 A と B にあるすべての粒子と離れていると仮定する.十分離れた粒子の間で相互作用が無視できるとすると,式（8.7.14）の各々の $V_\mathrm{I}(t)$ は状態 a と b にある粒子に作用するか,状態 A と B にある粒子に作用するかのどちらかであるが,両方と作用することはない.しかし,$V_\mathrm{I}(\mathbf{x}, t)$ は状態 a と b にある粒子に作用し,$V_\mathrm{I}(\mathbf{x}', t')$ は状態 A と B にある粒子に作用するなら,これらの演算子は可換であり,それらの時間順序づけした積は普通の積に置き換え可能である.式（8.7.14）の中の任意の n 次の与えられた項について,状態 a と b にある粒子の数 m を $m = 0$ から $m = n$ まで加えなければならない.同時に,状態 A と B にある残りの粒子の数は $n - m$ である.m 個の演算子が a と b に作用し,$n - m$ 個の演算子が A と B に作用する組み合わせの数は $\dfrac{n!}{m!(n-m)!}$ であるから,

$$S_{bB,aA} = \sum_{n=0}^{\infty} \frac{1}{n!} \left[-\frac{i}{\hbar} \right]^n \int_{-\infty}^{\infty} d\tau_1 \cdots \int_{-\infty}^{\infty} d\tau_n$$

$$\times \sum_{m=0}^{n} \frac{n!}{m!(n-m)!}$$

$$\times \left(\Phi_b, T\{V_{\mathrm{I}}(\tau_1) \cdots V_{\mathrm{I}}(\tau_m)\} \Phi_a \right)$$

$$\times \left(\Phi_B, T\{V_{\mathrm{I}}(\tau_{m+1}) \cdots V_{\mathrm{I}}(\tau_n)\} \Phi_A \right)$$

$$= S_{ba} S_{BA}$$

となる．このように因数分解できたことは，始状態 a からさまざまな終状態 b が生み出される遷移率が，遷移 $A \to B$ の存在に無関係であることを保証している．この基本的な因数分解を古風な摂動論で理解するのは決して容易ではない．

異なった τ の引数をもった V_{I} がすべて可換だという例外的な場合には，式（8.7.14）の中の時間の順序づけをはずして良い．すると総和は単に普通の収束する指数関数となる．

$$S_{\beta\alpha} = \left(\Phi_\beta, \exp\left[\frac{-i}{\hbar} \int_{-\infty}^{\infty} d\tau\, V_{\mathrm{I}}(\tau) \right] \Phi_\alpha \right).$$

この単純な結果が成り立たない場合（それが普通だが），（8.7.14）の結果を

$$S_{\beta\alpha} = \left(\Phi_\beta, T\left\{ \exp\left[\frac{-i}{\hbar} \int_{-\infty}^{\infty} d\tau\, V_{\mathrm{I}}(\tau) \right] \right\} \Phi_\alpha \right)$$

$$(8.7.16)$$

と略記するのが普通である．ここで T は，この量の中で丸い括弧の中にあるべき級数の各々の項は時間順序づけし

て計算されるべきだということを示している.

　非常に単純な例として，$V_I(\tau_i)$ がお互いに可換でない場合に，古典的な例，非相対論的な粒子が局所的なポテンシャルに散乱される場合を考えよう.ここでは H_0 は運動エネルギーで，関数 $H_0 = \mathbf{p}^2/2\mu$ は運動量の関数である.V は位置演算子の関数 $V(\mathbf{x})$ である.関係式 (8.7.8) は，相互作用描像での場合とシュレーディンガー描像での場合の相互作用の式の関係であって，相似変換であるから，(少なくともべき級数で表される任意のポテンシャルの場合)

$$V_I(\tau) = V\big(\mathbf{x}_I(\tau)\big) \qquad (8.7.17)$$

である.ここで $\mathbf{x}_I(\tau)$ は相互作用描像での位置演算子である.

$$\mathbf{x}_I(t) \equiv e^{iH_0t/\hbar}\mathbf{x}e^{-iH_0t/\hbar}. \qquad (8.7.18)$$

この演算子は次の微分方程式を満足する.

$$\begin{aligned}
\frac{d}{dt}\mathbf{x}_I(t) &= \frac{i}{\hbar}e^{iH_0t/\hbar}[H_0,\mathbf{x}]e^{-iH_0t/\hbar}\\
&= \frac{1}{\mu}e^{iH_0t/\hbar}\mathbf{p}e^{-iH_0t/\hbar} = \mathbf{p}/\mu. \qquad (8.7.19)
\end{aligned}$$

初期条件は明らかに

$$\mathbf{x}_I(0) = \mathbf{x} \qquad (8.7.20)$$

であるから

$$\mathbf{x}_I(t) = \mathbf{x} + \mathbf{p}t/\mu \qquad (8.7.21)$$

であり,

$$V_I(\tau) = V(\mathbf{x} + \mathbf{p}\tau/\mu) \qquad (8.7.22)$$

となる.（ここで，$\mathbf{x}$ と $\mathbf{p}$ はシュレーディンガー描像での
時間に依存しない位置と運動量の演算子である.）

これは $\mathbf{x}$ と $\mathbf{p}$ の両方を含むから，$\mathbf{x}_{\mathrm{I}}(\tau)$ で τ が異なる
場合は可換でなく，その代わりに

$$[x_{\mathrm{I}i}(\tau), x_{\mathrm{I}j}(\tau')] = \frac{i\hbar}{\mu}(\tau' - \tau)\delta_{ij} \tag{8.7.23}$$

である.したがって $V_{\mathrm{I}}(\tau)$ は τ が異なるとお互いに可換
ではなく，これはダイソンの級数が単純に指数関数の展開
だという例ではない.

S 行列は素粒子物理学の中心的な関心事ではあるが，計
算に値するものはこれだけではない.非常に早い時間の様
子で定義される状態 Ψ_α^+ でのハイゼンベルク描像の演算
子 $\mathcal{O}_{\mathrm{H}}(t)$（すべてが同じ時間 t での演算子の積のこともあ
る）の期待値を計算する必要があることもある.（これは
宇宙論での相関関数での計算で特に関心のある問題であ
り，α は真空ととるのが普通である.）これは時間に依存
する摂動の，「in-in」定式化と呼ばれる別の方法と関係が
ある[2].任意のハイゼンベルク描像の演算子は，相互作
用描像の対応する演算子から次のように表される.

$$\begin{aligned}
\mathcal{O}_{\mathrm{H}}(t) &= e^{iHt/\hbar}\mathcal{O}e^{-iHt/\hbar} \\
&= e^{iHt/\hbar}e^{-iH_0t/\hbar}\mathcal{O}_{\mathrm{I}}(t)e^{iH_0t/\hbar}e^{-iHt/\hbar} \\
&= \Omega(t)\mathcal{O}_{\mathrm{I}}(t)\Omega^\dagger(t).
\end{aligned} \tag{8.7.24}$$

これを式（8.7.2）と式（8.7.5）と共に使って，期待値
を

$$\left(\Psi_\alpha^+, \mathcal{O}_{\mathrm{H}}(t)\Psi_\alpha^+\right)$$

$$= \left(\Phi_\alpha, \Omega^\dagger(-\infty)\Omega(t)\mathcal{O}_{\mathrm{I}}(t)\Omega^\dagger(t)\Omega(-\infty)\Phi_\alpha\right)$$

$$= \left(\Phi_\alpha, U^\dagger(t, -\infty)\mathcal{O}_{\mathrm{I}}(t)U(t, -\infty)\Phi_\alpha\right) \qquad (8.7.25)$$

のように書く. それから摂動級数 (8.7.13) を $U(t, -\infty)$
について使うと,

$$\left(\Psi_\alpha^+, \mathcal{O}_{\mathrm{H}}(t)\Psi_\alpha^+\right)$$

$$= \left(\Phi_\alpha, \left[T\left\{\exp\left[\frac{-i}{\hbar}\int_{-\infty}^t d\tau\, V_{\mathrm{I}}(\tau)\right]\right\}\right]^\dagger \mathcal{O}_{\mathrm{I}}(t)\right.$$

$$\left. \times T\left\{\exp\left[\frac{-i}{\hbar}\int_{-\infty}^t d\tau\, V_{\mathrm{I}}(\tau)\right]\right\}\Phi_\alpha\right) \qquad (8.7.26)$$

となる. ここで $T\{\cdot\}$ は式 (8.7.16) と同じ意味である.
すなわち, 指数関数の展開のべき級数の中の V_{I} 演算子の
時間で順序づけをしなければならない. 式 (8.7.26) の
中の第一の時間順序づけた積の共役は相互作用描像で, 式
のこの部分は時間順序づけされるのではなくて, 反対に時
間順序づけされる. すなわち一番左の演算子は引数が最
も早い演算子である. したがってこの「in-in」の期待値
(8.7.26) は S 行列についてのダイソンの展開 (8.7.16)
とは非常に異なる.

原　注

(1) F. J. Dyson, *Phys. Rev.* **75**, 486, 1736 (1949).

(2) J. Schwinger, *Proc. Nat. Acad. Sci. USA* **46**, 1401
(1960); *J. Math. Phys.* **2**, 407 (1961); K. T. Mahan-
thappa, *Phys. Rev.* **126**, 329 (1962); P. M. Bakshi and

K. T. Mahanthappa, *J. Math. Phys.* **4**, 1, 12 (1963); L.
V. Keldysh, *Sov. Phys. JETP* **20**, 1018 (1965); D. Boy-
anovsky and H. J. de Vega, *Ann. Phys.* **307**, 335 (2003);
B. DeWitt, *The Global Approach to Quantum Field The-
ory* (Clarendon Press, Oxford, 2003), Section 31. 宇宙論の
相関への応用を含む総合報告は S. Weinberg, *Phys. Rev.* D
72, 043514 (2005) [*hep-th/0506236*]参照.

8.8 浅い束縛状態

束縛状態の束縛が十分弱いときには, 散乱振幅の結果を
束縛エネルギーだけから, 相互作用の詳しい情報なしに
得ることができる場合がある. このためにはローの方程
式[1]という手段を使う.

ローの方程式を導くには, リップマン - シュウィンガ
ー方程式 (8.1.6) 上で演算を加える. V は相互作用であ
る. すると

$$V\Psi_\alpha^\pm = V\Phi_\alpha + V[E_\alpha - H_0 \pm i\epsilon]^{-1}V\Psi_\alpha^\pm \qquad (8.8.1)$$

となる. この方程式の解を

$$V\Psi_\alpha^\pm = T(E_\alpha \pm i\epsilon)\Phi_\alpha \qquad (8.8.2)$$

と書くことができる. $T(W)$ は演算子の方程式の解であ
る. すなわち,

$$T(W) = V + V(W - H_0)^{-1}T(W). \qquad (8.8.3)$$

S 行列が式 (8.1.10) と (8.1.11) によって

$$S_{\beta\alpha} = \delta(\beta - \alpha) - 2\pi i\delta(E_\beta - E_\alpha)T_{\beta\alpha} \qquad (8.8.4)$$

と与えられることを思い出す. ここで

$$T_{\beta\alpha} \equiv (\Phi_\beta, V\Psi_\alpha^\pm) = (\Phi_\beta, T(E_\alpha + i\epsilon)\Phi_\alpha) \qquad (8.8.5)$$

である.

　ここまでは，少しばかりの定式化を除いて新しいことは何もない.　さて，少し初等的な計算をすると演算子の方程式 (8.8.3) の解を

$$T(W) = V + V(W-H)^{-1}V \qquad (8.8.6)$$

と書くことができる. レゾルベントの演算子 $(W-H)^{-1}$ を計算するために，H の独立な固有状態の完全な組の上の和を挿入する.　その中には散乱の「in」状態 Ψ_α^+ と任意の束縛状態を含む.（「out」状態 Ψ_α^- は独立でないから含まない. Ψ_α^- は $\int d\beta\, S_{\alpha\beta}^* \Psi_\beta^+$ という重ね合わせとして書くことができる.）したがって

$$(\Phi_\beta, T(W)\Phi_\alpha)$$

$$= V_{\beta\alpha} + \int db \frac{(\Phi_\beta, V\Psi_b)(\Phi_\alpha, V\Psi_b)^*}{W - E_b} + \int d\gamma \frac{T_{\beta\gamma}T_{\alpha\gamma}^*}{W - E_\gamma}.$$

$$(8.8.7)$$

ここで $V_\beta \equiv (\Phi_\beta, V\Phi_\alpha)$ であり，b はさまざまな束縛状態の性質（それらの全運動量を含む）のラベルである.　特に $W = E_\alpha + i\epsilon$ とおくと，式 (8.8.7) は

$$T_{\beta\alpha} = V_{\beta\alpha} + \int db \frac{(\Phi_\beta, V\Psi_b)(\Phi_\alpha, V\Psi_b)^*}{E_a - E_b}$$

$$+ \int d\gamma \frac{T_{\beta\gamma}T_{\alpha\gamma}^*}{E_\alpha - E_\gamma + i\epsilon} \qquad (8.8.8)$$

となる.（束縛状態の項の分母には $i\epsilon$ は必要ない. 束縛状態のエネルギーはどれも H_0 のスペクトルの外にあるから

である.）式 (8.8.8) をローの方程式という.

　ローの方程式は $T_{\beta\alpha}$ についての非線形の積分方程式であって, $T_{\beta\alpha}$ が 0 でない値をもつのは式 (8.8.8) の最初の 2 項のためである. 浅い束縛状態のときは, そのエネルギーが連続スペクトルに非常に近いので, 式 (8.8.8) の中の束縛状態の項はポテンシャルの項を圧倒しており, E_γ が束縛状態のエネルギーに近いとき——すなわち連続エネルギーの最小に近いとき——, 行列要素が k^ℓ の因子で抑えられるのを避けるために, これらの二つの粒子が $\ell = 0$ をもっていれば, $T_{\beta\gamma}$ と $T_{\alpha\gamma}$ が殊に大きな値になると考えられる. したがって α が $\ell = 0$ の 2 粒子状態であり, β が α と同じ種類の 2 粒子状態だとすると, γ も同じ種類の 2 粒子状態に限るのが妥当である. （ここで念頭に置いているのは陽子と中性子の低エネルギー散乱で, その場合は浅い束縛状態は重陽子である.）8.4 節の場合と同様に, これらの 2 粒子状態はその全エネルギー, 全運動量 **P**, 全スピン s, その軌道角運動量 $\ell = 0$, その全角運動量 $J = s$, 全角運動量（および全スピン）の 3 成分 σ, および 2 粒子の種類, でラベル付けされる. $\ell = 0, s$ および 2 種類を表すラベルはずっと同じなので落とすと, 自由粒子は $\Phi_{E, \mathbf{P}, \sigma}$ と表記され, 散乱の「in」状態は $\Psi^+_{E, \mathbf{P}, \sigma}$ と表記される. 式 (8.8.8) に寄与する束縛状態もスピン s をもたねばならない. そのような束縛状態が一つしかないと仮定するとラベル $s, \ell = 0$ を落とすことができ, 束縛状態をその全角運動量とスピンの第 3 成分と

で $\Psi_{\mathbf{P},\sigma}$ と表すことができる. エネルギーは $\mathbf{P}$ の決まっ
た関数である. 相当する行列要素は重心系で次の形をも
つ. すなわち

$$T_{E',\mathbf{P}',\sigma';E,0,\sigma} = \mathcal{T}(E',E)\delta^3(\mathbf{P}')\delta_{\sigma'\sigma} \qquad (8.8.9)$$

および

$$(\Phi_{E,0,\sigma}, V\Psi_{\mathbf{P},\sigma'}) = \mathcal{G}(E)\delta^3(\mathbf{P})\delta_{\sigma'\sigma} \qquad (8.8.10)$$

である. これより, E は2粒子状態の全静止質量に相対
的な値と了解する. したがってそれは 0 から ∞ まで積分
され, 重心系での束縛状態のエネルギーは $-B$ である.
B は束縛エネルギーである. 式 (8.8.8) の中のポテンシ
ャルの項を無視すると, ローの方程式は今や

$$\mathcal{T}(E',E) = \frac{\mathcal{G}(E')\mathcal{G}^*(E)}{E+B}$$
$$+ \int_0^\infty dE'' \frac{\mathcal{T}(E',E'')\mathcal{T}^*(E,E'')}{E-E''+i\epsilon}$$
$$(8.8.11)$$

となる.

さて既に説明したように, この方程式で私たちが興味を
もつのは, 束縛エネルギー B に比べて E と E' の大きさ
が小さい場合である. この場合は

$$\mathcal{G}(E) = \sqrt{p(E)}\, g \qquad (8.8.12)$$

と書くのがよい近似になっていると思われる. g は定
数であり, $p(E)$ は, 全質量が E である重心系でのどち
らかの粒子の運動量である. 非相対論的な運動学では
$p(E) = \sqrt{2\mu E}$ である. μ は換算質量である. 因子 $p(E)$

が必要なのは，次のように予想されるからである．すなわち，$V\Psi_{0,\sigma}$ は各々 $\mathbf{p}$ と $-\mathbf{p}$ の2粒子状態の間に行列要素をもち，それは $\mathbf{p}=0$ の近傍で $\mathbf{p}$ について解析的であり，かつ式 (8.4.9) の中で示したように，これらの2粒子状態は状態 $\Phi_{E,0,\sigma}$ と，$1/\sqrt{|\mathbf{p}|}$ に比例する因子との積である．するとローの方程式 (8.8.11) は今や

$$\mathcal{T}(E',E) = \frac{\sqrt{p(E')p(E)}\,|g|^2}{E+B}$$
$$+ \int_0^\infty dE'' \frac{\mathcal{T}(E',E'')\mathcal{T}^*(E,E'')}{E-E''+i\epsilon} \quad (8.8.13)$$

となる．この方程式をよく調べると，この式は

$$\mathcal{T}(E',E) = \sqrt{p(E')p(E)}\,t(E) \quad (8.8.14)$$

と仮定すれば解けることがわかる．すると

$$t(E) = \frac{|g|^2}{E+B} + \int_0^\infty dE'\,p(E')\frac{|t(E')|^2}{E-E'+i\epsilon} \quad (8.8.15)$$

となる．式 (8.8.15) には実際に厳密解がある．この節の最後に示されるように，任意の正の関数 $p(E)$ について，その解は

$$t(E) = \left[\frac{E+B}{|g|^2} + (E+B)^2 \int_0^\infty \frac{p(E')dE'}{(E'+B)^2(E'-E-i\epsilon)}\right]^{-1}$$

である．$p(E)$ は $E\to\infty$ で急激に増加しすぎてはならない．$p(E)=\sqrt{2\mu E}$ の場合はこれから

$$t(E) = \left[\frac{E+B}{|g|^2} + \frac{\pi(B-E)}{2}\sqrt{\frac{2\mu}{B}} + i\pi\sqrt{2\mu E}\right]^{-1}$$
$$(8.8.16)$$

となる[3].

　束縛状態とその構成要素の結合定数 g を計算すること
ができる．それには束縛状態のベクトル $\Psi_{\mathbf{P},\sigma}$ が

$$(\Psi_{\mathbf{P}',\sigma'}, \Psi_{0,\sigma}) = \delta^3(\mathbf{P}')\delta_{\sigma'\sigma} \qquad (8.8.17)$$

の意味で規格化されているという条件を使う．裸の2粒
子状態 $\Phi_{E,0,\sigma}$ は H_0 の固有状態であり，その固有値は E
である．一方束縛状態 $\Psi_{0,\sigma}$ は H の固有状態であり，そ
の固有値は $-B$ である．したがって，

$$(\Phi_{E,0,\sigma}, V\Psi_{\mathbf{P}',\sigma'}) = (\Phi_{E,0,\sigma}, [H-H_0]\Psi_{\mathbf{P}',\sigma'})$$
$$= -(E+B)(\Phi_{E,0,\sigma}, \Psi_{\mathbf{P}',\sigma'}).$$

---

[3] 式 (8.8.16) の証明は以下のとおり．

$$\frac{1}{(x+B)^2(x-E-i\epsilon)}$$
$$= \frac{1}{(B+E)^2}\left\{-\frac{B+E}{(x+B)^2} - \frac{1}{x+B} + \frac{1}{x-E-i\epsilon}\right\}$$

および $\sqrt{x}=u,\ x=u^2,\ dx=2udu$ とおいて積分する．

$$(B+E)^2\int_0^\infty \frac{\sqrt{x}dx}{(x+B)^2(x-E-i\epsilon)}$$
$$= \int_0^\infty 2u^2\,du\left\{-\frac{B+E}{(u^2+B)^2} - \frac{1}{u^2+B} + \frac{1}{u^2-E-i\epsilon}\right\}$$
$$= \int_0^\infty du\left\{\frac{B-E}{u^2+B} + \frac{2E}{u^2-E-i\epsilon}\right\}$$
$$= \frac{B-E}{\sqrt{B}}\frac{\pi}{2} + 2E\frac{\pi i}{2\sqrt{E}} = \frac{\pi(B-E)}{2}\frac{1}{\sqrt{B}} + i\pi\sqrt{E}$$

この第2項の符号は分母の $-i\epsilon$ で決まる．

すなわち，式 (8.8.10) と式 (8.8.12) を使えば，

$$(\Phi_{E,0,\sigma}, \Psi_{\mathbf{P'},\sigma'}) = -\delta^3(\mathbf{P'})\delta_{\sigma'\sigma}\frac{g\sqrt{p(E)}}{E+B} \qquad (8.8.18)$$

である．そこで，裸の2粒子状態で展開すると，式 (8.8.17) から

$$1 = |g|^2 \int_0^\infty \frac{p(E)dE}{(E+B)^2}$$

となり，したがって[2]

$$|g|^2 = \frac{1}{\pi}\sqrt{\frac{2B}{\mu}} \qquad (8.8.19)$$

となる．これをローの方程式の解 (8.8.16) の中で使うと，

$$t(E) = \frac{1}{\pi\sqrt{2\mu}}\big[\sqrt{B}+i\sqrt{E}\big]^{-1} \qquad (8.8.20)$$

となる．

　この結果を，$\ell=0$ での位相のずれの公式の中に使う．式 (8.4.7) と式 (8.4.25) から，ここで使われている基底での，質量中心の散乱振幅は（添え字 $\ell=0, s, n$ および $J=s$ を省く）

$$M_{0,E,\sigma';0,E,\sigma} = \delta_{\sigma'\sigma}\big[e^{2i\delta(E)}-1\big]$$

となる．また式 (8.3.1) と式 (8.8.4) を比較し，式 (8.8.9) を使うと，

$$\delta^3(\mathbf{P})M_{\mathbf{P},E,\sigma';0,E,\sigma} = -2\pi i T_{E,0,\sigma';E,\mathbf{P},\sigma'}$$

$$= -2\pi i \mathcal{T}(E,E)\delta^3(\mathbf{P})\delta_{\sigma'\sigma}$$

となる．したがって式 (8.8.9) と式 (8.8.14) より

$$e^{2i\delta(E)} - 1 = -2\pi i \mathcal{T}(E, E)$$
$$= -2\pi i \sqrt{2\mu E}\, t(E) \qquad (8.8.21)$$

となる．すると解 (8.8.20) を使うと，

$$e^{2i\delta(E)} - 1 = -2i\sqrt{E}\left[\sqrt{B} + i\sqrt{E}\right]^{-1} \qquad (8.8.22)$$

となる．逆数を考えると $-1/2$ の項が両辺に現れるので，これを打ち消し合うと，

$$\cot\delta = -\sqrt{B/E} \qquad (8.8.23)$$

となる．この結果は実数であることに注意しよう．したがって S 行列のユニタリー性と合っている．これは自明でない合致であって，ボルン近似では満足されないであろう．式 (8.8.23) の結果は有効距離展開 (7.5.21) と比べられる．$E = \hbar^2 k^2/2\mu$ とおくと $k\cot\delta = -\sqrt{2\mu B}/\hbar$ となるので，散乱長は

$$a_s = \hbar/\sqrt{2\mu B} \qquad (8.8.24)$$

である．また展開の中の有効距離とすべての高次の項は無視できる．これらは B と E が 0 となる極限で厳密に正しい．E/B は一定とする．

以前に述べたように，この計算の古典的な応用は低エネルギーの陽子-中性子散乱で，重陽子と同じスピン $s = 1$ の場合である．ここで $\mu = m_n m_p/(m_n + m_p) \simeq m_p/2$ および $B = 2.2246\,\mathrm{MeV}$ であり，式 (8.8.24) から $a_s = 4.31 \times 10^{-13}\mathrm{cm}$ となる．他方，実験からは $a_s = 5.41 \times 10^{-13}\mathrm{cm}$ である．測定された有効距離は 0 ではな

いが，かなり小さめで $r_{有効} = 1.75 \times 10^{-13}$ cm である．核力の範囲は 10^{-13} cm のオーダーであるから，これらの予言の精度は期待通りである．

ちなみに，$B \to 0$ のときには式（8.8.23）から $\cot \delta \to 0$ となるから，$\delta \to 90°$ である．それに $180°$ の自然数倍が加わるかも知れない．これは 7.5 節で議論した低エネルギー極限の例外である．

＊　＊　＊　＊　＊

ここで，非線形積分方程式（8.8.15）を解くことに戻ろう．一般の複素数の z の関数を次のように定義する．すなわち，

$$f(z) \equiv \frac{|g|^2}{z+B} + \int_0^\infty dE'\, p(E') \frac{|t(E')|^2}{z-E'}. \qquad (8.8.25)$$

したがって

$$t(E) = f(E+i\epsilon) \qquad (8.8.26)$$

である．$-f(z)$ は上の半平面の中で解析的であることに注意しよう．そこではその虚部は正定値である．

$$\mathrm{Im}[-f(z)]$$
$$= \mathrm{Im}\, z \left[\frac{|g|^2}{|z+B|^2} + \int_0^\infty dE'\, p(E') \frac{|t(E')|^2}{|z-E'|^2} \right]. \qquad (8.8.27)$$

同じことは $1/f(z)$ についても正しい．一般的な定理[3]により，任意のそのような関数は次のように表すことができる．

$$f^{-1}(z) = f^{-1}(z_0) + (z-z_0)f^{-1'}(z_0)$$

$$+ (z-z_0)^2 \int_{-\infty}^{\infty} dE' \frac{\sigma(E')}{(E'-z_0)^2(E'-z)} \quad (8.8.28)$$

ここで $\sigma(E)$ は実数で正であり，z_0 は任意である．（この種の公式は「2回引かれた分散公式」と呼ばれる．）$z_0 = -B$ および $f^{-1}(-B) = 0$ および $f^{-1'}(-B) = 1/|g|^2$ と選ぶと便利である．すると

$$f^{-1}(z) = \frac{z+B}{|g|^2} + (z+B)^2 \int_{-\infty}^{\infty} dE \frac{\sigma(E)}{(E+B)^2(E-z)}$$

$$(8.8.29)$$

となる．さて，$\sigma(E)$ とは何だろうか．まず試みに $f(z)$ が実軸上に0となる点がないと仮定しよう．すると式 (8.8.29) から

$$\sigma(E) = \frac{1}{\pi} \mathrm{Im}\, f^{-1}(E+i\epsilon) = -\frac{\mathrm{Im}\, f(E+i\epsilon)}{\pi|f(E+i\epsilon)|^2}$$

$$= \begin{cases} p(E), & E \geqq 0 \\ 0, & E \leqq 0 \end{cases} \quad (8.8.30)$$

となる．これを式 (8.8.29) の中で使うと

$$f(z) = \left[\frac{z+B}{|g|^2} + (z+B)^2 \int_0^{\infty} \frac{p(E')dE'}{(E'+B)^2(E'-z)} \right]^{-1}$$

$$(8.8.31)$$

となる．$z = E + i\epsilon$ とおくと $t(E)$ が与えられ，$p(E) = \sqrt{2\mu E}$ とおくと式 (8.8.16) が出てくる．

　この解は一意的ではない．なぜなら上記では $f(z)$ が実

軸上で0とならないと仮定したからである．しかし B が
そのような0の位置よりずっと小さいという極限では，
どんな他の解もここで見つかった解と見分けがつかない．

原　注
(1) この方程式はフランシス・ローにちなんで名づけられた．方程式
　　が初めて現れた文献を見つけることはできなかった．
(2) より一般的には，もし連続固有状態の他に，H_0 の固有状態が束
　　縛状態と同じ量子数をもつ素粒子の状態を含むとすると，$|g|$ は
　　式 (8.8.19) の値より小さくなって $1-Z$ 倍になる．ここで，Z
　　は束縛状態を点検したときに2粒子状態でなく素粒子状態である
　　と見出される確率である．$Z \neq 0$ の場合は S. Weinberg, *Phys.
　　Rev.* B **137**, 672 (1965)で詳細に研究してある．
(3) A. Herglotz, *Ver. Verhandl. Sachs. Ges. Wiss.
　　Leipzig, Math.-Phys.* **63**, 501 (1911); J. A. Shohat and J.
　　D. Tamarkin, *The Problem of Moments* (American Math-
　　ematical Society, New York, 1943), Chapter II.

8.9　散乱過程の時間反転

　3.6節と4.7節で見たように，多くの場合，時間反転に
関する対称性を仮定することは良い近似である．時間反転
は量子力学では反線形および反ユニタリーな演算子 T で
表現される．時間反転が良い近似であるときには演算子
T はハミルトニアン（H_0 と V の両方の項とも）と可換で
あるが，運動量および角運動量演算子とは反可換である．
したがって自由粒子の状態 Φ_α を別の自由粒子の状態に変
換する．すなわち

$$\mathsf{T}\Phi_\alpha = \Phi_{\mathcal{T}\alpha}. \tag{8.9.1}$$

ここで $\mathcal{T}_\alpha$ は α と同じだが，すべての運動量，およびスピンの z 成分が逆の状態である．しかしながら，相互作用を勘定に入れると事情はもっと複雑になる．ハミルトニアンの固有状態として「in」状態 Ψ_α^+ と「out」状態 Ψ_α^- とを定義する．それらは早い時間と遅い時間では自由粒子の状態 Φ_α のように見える．したがって時間反転の演算子 T をこれらの状態に作用させると，得られるのはハミルトニアンの同じエネルギーの固有状態であって，それぞれ「遅い」時間と「早い」時間の自由粒子の状態 $\Phi_{\mathcal{T}\alpha}$ のように見える．すなわち，

$$\mathsf{T}\Psi_\alpha^\pm = \Psi_{\mathcal{T}\alpha}^\mp. \qquad (8.9.2)$$

このことを確かめるには，演算子 T をリップマン-シュウィンガーの方程式 (8.1.6) に作用させればよい．式 (8.9.1) を使い，T が線形でなく反線形であることを念頭におき続ければ，

$$\mathsf{T}\Psi_\alpha^\pm = \Phi_{\mathcal{T}\alpha} + (E_\alpha - E_\beta \mp i\epsilon)^{-1} V \mathsf{T}\Psi_\alpha^\pm \qquad (8.9.3)$$

となることがわかる．したがって $\mathsf{T}\Psi_\alpha^\pm$ はリップマン-シュウィンガー方程式の中で $\Psi_{\mathcal{T}\alpha}^\mp$ と同じ式を満足する．

　T は反線形であるので，行列 $S_{\beta\alpha}$ が，同じ反応でスピンと運動量が逆である場合の行列 $S_{\mathcal{T}\beta\mathcal{T}\alpha}$ と等しいことは，時間反転の不変性からは**わからない**．その代わり，反線形性の定義の性質 (3.4.10) を思い出すと，

$$S_{\beta\alpha} = (\Psi_\beta^-, \Psi_\alpha^+) = (\mathsf{T}\Psi_\alpha^+, \mathsf{T}\Psi_\beta^-)$$
$$= (\Psi_{\mathcal{T}\alpha}^-, \Psi_{\mathcal{T}\beta}^+) = S_{\mathcal{T}\alpha\mathcal{T}\beta} \qquad (8.9.4)$$

となる．このことは詳細つり合いの原理と呼ばれる．

　これ自身だけでは，$\alpha \neq \beta$ の場合の任意の遷移につい
て何も言っていない．個々の遷移について有益な情報が
得られるのは，時間反転の不変性が何らかの近似と結び
合わされた場合である．例えば相互作用 V の 1 次の近
似で，$\beta \neq \alpha$ について式（8.6.2）からボルン近似の結果
$S_{\beta\alpha} = -2\pi i\delta(E_\alpha - E_\beta)(\Phi_\beta, V\Phi_\alpha)$ が得られる．V はエ
ルミートであるから，この近似では $S_{\alpha\beta} = -S_{\beta\alpha}^*$ が成り
立っている．したがって時間反転不変性の結果（8.9.4）
は

$$S_{\beta\alpha} = -S_{\tau\beta\tau\alpha}^* \qquad (8.9.5)$$

となる．マイナスの符号および複素共役は，率を計算する
ときには関係ない．率は S 行列の絶対値の 2 乗にだけ関
係するからである．したがってボルン近似では，時間反転
不変性から任意の過程の率は，すべてのスピンと運動量を
逆転した同一の過程の率に等しい．

　この結果はもっと広く適用できる近似，すなわち 8.6
節で議論した歪曲波ボルン近似で一般化できる．この近似
は相互作用 V が

$$V = V_{\mathrm{S}} + V_{\mathrm{W}} \qquad (8.9.6)$$

という和に書けるときに適用できる．ここで項 V_{S} は項
V_{W} よりずっと強いが，それ自身はその反応の原因にはな
らない．（8.6 節で議論した例で示されているように，V_{S}
と V_{W} は必ずしも核の強い相互作用と弱い相互作用とは
限らない．）式（8.6.19）によるとすべてのそのような場

合，歪曲波ボルン近似は任意の反応 $\alpha \to \beta$ の散乱振幅を V_W については1次，V_S についてはすべてのオーダーで

$$T_{\beta\alpha} = (\Psi_{S\beta}^-, V_W \Psi_{S\alpha}^+) \qquad (8.9.7)$$

と与える．ここで $T_{\beta\alpha}$ はS行列の一般公式（8.1.10）に現れる振幅である．

$$S_{\beta\alpha} = \delta(\alpha - \beta) - 2\pi i \delta(E_\alpha - E_\beta) T_{\beta\alpha} \qquad (8.9.8)$$

また状態ベクトルの添え字 s は，これらの「in」状態と「out」状態の状態ベクトルがリップマン‐シュウィンガー方程式（8.1.6）で相互作用 V の中で V_S だけを含んだ場合の解であることを示している．

　ここで，時間反転の演算子 T が V_S や H_0 と共に V_W とも可換であると仮定し，T が反ユニタリーであることを思い出すと

$$T_{\beta\alpha} = (T\Psi_{S\alpha}^+, V_W T\Psi_{S\beta}^-) = (\Psi_{ST\alpha}^-, V_W \Psi_{ST\beta}^+)$$

となり，また V_W がエルミートであることを使うと

$$T_{\beta\alpha} = (\Psi_{ST\beta}^+, V_W \Psi_{ST\alpha}^-)^* \qquad (8.9.9)$$

となる．これは「in」状態が左で「out」状態が右であることを除けば必要とされる式である．これは，「in」状態と「out」状態の間の関係（8.1.8）を思い出し，強い相互作用のための詳細つり合いの関係（8.9.4）を使うことによって修正できる．すなわち

$$\Psi_{ST\beta}^+ = \int d\beta' \, S_{T\beta T\beta'}^S \Psi_{ST\beta'}^- = \int d\beta' \, S_{\beta'\beta}^S \Psi_{ST\beta'}^-,$$

$$\Psi_{ST\alpha}^- = \int d\alpha' \, S_{T\alpha'T\alpha}^{S*} \Psi_{ST\alpha'}^+ = \int d\alpha' \, S_{\alpha\alpha'}^{S*} \Psi_{ST\alpha'}^+.$$

ここで S^{S} は 相互作用 V の中に V_{S} だけを含んだ場合の S 行列である．したがって今，式 (8.9.9) を再び使うと

$$T_{\beta\alpha} = \int d\alpha' \int d\beta'\, S^{\mathrm{S}}_{\beta'\beta} S^{\mathrm{S}}_{\alpha\alpha'} T^{*}_{\mathcal{T}\beta'\mathcal{T}\alpha'} \qquad (8.9.10)$$

となる．これは今や過程 $\alpha \to \beta$ をスピンと運動量を逆転させた同じ過程 $\mathcal{T}\alpha \to \mathcal{T}\beta$ と関係づける．これが求めていたことである．

　注意すべきことは，式 (8.9.10) の中の α' と β' についての積分は（運動量の積分と離散的な値の和とから成り立つ），各々 α と β から強い相互作用 V_{S} によって生成される状態の上に限られていることである．特にベータ崩壊のような場合には，始状態 α は $H_0 + V_{\mathrm{S}}$ の離散的な固有状態であり，弱い相互作用 V_{W} がなければ安定である．同じことは終状態 β についても正しい．光子および，電子とニュートリノの両方かどちらか一方がなかったら，その上で V_{S} は効果をもたず，式 (8.9.10) の中の S 行列の因子はデルタ関数であり，

$$T_{\beta\alpha} = T^{*}_{\mathcal{T}\beta,\mathcal{T}\alpha} \qquad (8.9.11)$$

である．これはボルン近似の場合と同じである．

　より一般的には，8.4 節で議論したような基底ベクトルを選んで，それについて「強い」S 行列 $S^{\mathrm{S}}_{\beta'\beta}$ が対角的であるようにできる．すなわち

$$S^{\mathrm{S}}_{\beta'\beta} = e^{2i\delta_\beta}\delta(\beta'-\beta). \qquad (8.9.12)$$

ここで δ_β は実数の位相のずれである．もし始状態 α が V_{S} の離散的な固有状態で，V_{W} のないときに安定なら，

式 (8.9.10) から

$$T_{\beta\alpha} = e^{2i\delta_\beta} T^*_{T\beta.T\alpha} \qquad (8.9.13)$$

となる．これはワトソン‐フェルミの定理と呼ばれる[1]．
それはKメソンの崩壊モードK → 2π＋e＋νのような過
程の測定データと合わせて，パイオン‐パイオン散乱の位
相のずれのように，他の方法では測定が難しい量の測定に
使える[2]．

原 注

(1) K. Watson, *Phys. Rev.* **88**, 1163 (1952); E. Fermi,
 Nuovo Cimento **2**, Suppl. 1, 17 (1965).
(2) N. Cabibbo and A. Maksymowicz, *Phys. Rev.* B**137**,
 438 (1965); **168**, 1926 (1968).

問 題

1. 一般的なハミルトニアン $H_0 + V$ を考える．ここで H_0 は
自由な粒子のエネルギーである．状態 Ψ^0_α を，修正されたリッ
プマン‐シュウィンガー方程式

$$\Psi^0_\alpha = \Phi_\alpha + \frac{E_\alpha - H_0}{(E_\alpha - H_0)^2 + \epsilon^2} V\Psi^0_\alpha$$

で定義する．ここで Φ_α は H_0 の固有値 E_α の固有状態であり，
ϵ は正の無限小の量である．

$$A_{\beta\alpha} \equiv (\Phi_\beta, V\Psi^0_\alpha)$$

と定義する．

(a) $E_\beta = E_\alpha$ について $A_{\beta\alpha} = A^*_{\alpha\beta}$ を示せ．

(b) 最も単純な場合でエネルギーが非相対論的に $k^2\hbar^2/2\mu$ で
$V(\mathbf{x})$ 中にある粒子について，状態 Ψ^0_k の座標空間の波

動関数 (Φ_x, Ψ_k^0) の $x \to \infty$ での漸近的な振舞いを計算
せよ．その結果を A の行列要素で表せ．

2. 分離可能な相互作用，すなわちその自由粒子状態間の行列
要素が $(\Phi_\beta, V\Phi_\alpha) = f(\alpha)f^*(\beta)$ の形をしている場合を考える．
ここで $f(\alpha)$ は運動量およびその他の自由粒子状態 Φ_α を特徴づ
ける量子数である．

　(a) この理論の「in」状態についてのリップマン‐シュウィ
　　　 ンガー方程式の厳密解を求めよ．

　(b) (a) の結果を使って S 行列を計算せよ．

　(c) S 行列のユニタリー性を確かめよ．

3. エネルギーが 200～300 MeV 以下の π^+ 粒子と陽子の散
乱は純粋に弾性的であり，軌道角運動量 $\ell = 0$ および $\ell = 1$ から
しか寄与を受けないと考えてよい．

　(a) この低エネルギーでの π^+ と陽子の散乱振幅に関係ある,
　　　 すべての位相のずれを列挙せよ（π 粒子のスピンは 0，陽
　　　 子のスピンは 1/2 である）．

　(b) 微分散乱断面積をこれらの位相のずれで表す公式を与え
　　　 よ．

4. 直接的な計算により，時間に依存する摂動論の相互作用の
1 次と 2 次の項が，古風な摂動論の 1 次と 2 次の項と同じ S 行
列を与えることを示せ．

5. アイソスピンの保存を仮定する．また，π 粒子と核子の
散乱の位相のずれで考慮すべきなのは，量子数が $J = 3/2, \ell = 1$, および $T = 3/2$ のものだけだと仮定する．$\pi^+ + p \to \pi^+ + p$,
$\pi^+ + n \to \pi^+ + n$, $\pi^+ + n \to \pi^0 + p$, および $\pi^- + n \to \pi^- + n$
の微分断面積をこの位相のずれで計算せよ．

6. Λ^0 はスピン 1/2 および質量 1116 GeV/c^2 の粒子であ
る．それは弱い核力だけで崩壊して，核子と π 粒子のアイソス
ピン 1/2 の状態になる．全角運動量 $j = 1/2$，全アイソスピン

$t = 1/2$, 全エネルギー 1116 GeV での, s 波と p 波の π 粒子-陽子散乱の位相のずれを用いて, $\ell = 0$ および $\ell = 1$ の状態への振幅の位相を求めよ (この過程はパリティは保存しないが, 時間反転不変性は仮定してよい).

第9章　正準形式

　量子力学を用いて計算を実行するには，交換関係の知られている演算子でハミルトニアンを表す公式が必要である．これまで取り扱ってきたのは簡単な系で，そのような公式は簡単にわかった．非相対論的でスピンがゼロの粒子が互いにポテンシャル V を通じて相互作用して，そのポテンシャルが粒子間の距離だけに依存している場合，古典力学のエネルギーの公式から

$$H = \sum_n \frac{\mathbf{p}_n^2}{2m_n} + V(\mathbf{x}_1 - \mathbf{x}_2, \mathbf{x}_1 - \mathbf{x}_3, \cdots)$$

であると考えられる．$\mathbf{x}_n$ と $\mathbf{p}_n$ は n 番目の粒子の位置と運動量である．3.5節で見たように，任意の系の全運動量の演算子 $\mathbf{P} = \sum_n \mathbf{p}_n$ と n 番目の粒子の位置との交換関係は式（3.5.3）で与えられ，これから少し飛躍はあるが，各々の粒子の運動量と位置の交換関係は（3.5.6），すなわち

$$[x_{ni}, p_{mj}] = i\hbar \delta_{nm} \delta_{ij}$$

だろうと考えられる．しかしもっと複雑な理論の場合には大変である．速度に依存する相互作用，粒子と場の相互作用，あるいは複数の場同士の相互作用などの場合がある．

　この問題は一般に正準形式で取り扱われる. 9.1 節で見
るように, 古典的な系の運動方程式は通常, 一般座標の変
数およびその時間微分の関数, すなわちラグランジアンと
いう関数から導かれる. 9.2 節で記述するラグランジュ形
式の大きな長所は, 対称性からつねに保存量の存在を導け
ることである. このような保存量の一つがハミルトニアン
であり, 9.3 節で議論される. ハミルトニアンは一般座標
と一般運動量で表される. 9.4 節で示されるように, これ
らの変数は何らかの交換関係を満足しなければならない.
これはラグランジュ形式で提供される保存量が, それに伴
う対称変換の生成子となるためである. 特に, ハミルトニ
アンは時間並進の生成子とならなければならない.

　以上の事柄を説明するために, 局所的なポテンシャルの
中にある非相対論的な粒子の理論を例にとる. この場合は
正準形式の適用はかなり簡単である. しかし拘束条件を満
足する系ではずっと複雑である. 例えば何らかの表面上で
拘束されて動く粒子の場合である. 拘束系は 9.5 節で議
論する. 経路積分の形式は正準形式に代わるものであり,
9.6 節で導かれる.

9.1　ラグランジュ形式

　古典的な物理系を記述する一般座標変数 $q_N(t)$ を決め
る力学的な方程式は, 大抵の場合, 変分原理から導くこと
ができる. 変分原理とは

$$I[q] \equiv \int_{-\infty}^{\infty} L\big(q(t), \dot{q}(t), t\big)dt \qquad (9.1.1)$$

がすべての無限小の変分 $q_N(t) \mapsto q_N(t) + \delta q_N(t)$ について定常的であるということである. $\delta q_N(t)$ は積分の両端 $t \to \pm\infty$ で 0 であるとする. 関数または汎関数 L はラグランジアンと呼ばれ, 汎関数 $I[q]$ は作用と呼ばれる. 粒子の理論では, N は複合的な添え字 ni である. すなわち, $q_N(t)$ は n 番目の粒子の時間 t での位置 $x_{ni}(t)$ の i 番目の成分である. 場の理論では N は複合的なラベル $n\mathbf{x}$ である. $q_N(t)$ は n 番目の場の, 位置 $\mathbf{x}$ および時間 t での値である. N は離散的な添え字として取り扱うが, 第 11 章ではここで導いた定式化が, 連続的な場の場合にも容易に適用できることがわかる.

ここでは L が時間に陽に依存することにする. これは系が時間に依存する外場に影響される可能性を説明するためである. しかし L が孤立した系の場合は, 系の時間依存性は $q(t)$ と $\dot{q}(t)$ への依存性を通じてのみ生じる.

式 (9.1.1) が定常的であるという条件から

$$0 = \delta I[q]$$

$$= \sum_N \int_{-\infty}^{\infty} \left[\frac{\partial L\big(q(t), \dot{q}(t), t\big)}{\partial q_N(t)} \delta q_N(t) \right.$$

$$\left. + \frac{\partial L\big(q(t), \dot{q}(t), t\big)}{\partial \dot{q}_N(t)} \delta \dot{q}_N(t) \right] dt$$

が得られる. 時間微分の変分は変分の時間微分であるので, 第 2 項は部分積分できる. 変分は積分の端点で 0 だ

とするので, 結果は

$$0 = \sum_N \int_{-\infty}^{\infty} \left[\frac{\partial L\big(q(t), \dot{q}(t), t\big)}{\partial q_N(t)} \right. $$
$$\left. - \frac{d}{dt} \frac{\partial L\big(q(t), \dot{q}(t), t\big)}{\partial \dot{q}_N(t)} \right] \delta q_N(t) dt \qquad (9.1.2)$$

となる. これは $t \to \pm\infty$ で 0 となる任意の微小な $\delta q_N(t)$ について成り立たなければならない. したがって各々の N および各々の有限の t について

$$\frac{\partial L\big(q(t), \dot{q}(t)\big)}{\partial q_N(t)} = \frac{d}{dt} \frac{\partial L\big(q(t), \dot{q}(t), t\big)}{\partial \dot{q}_N(t)} \qquad (9.1.3)$$

でなければならない.

　例えば非相対論的な複数個の粒子から成り立つ古典的な系で, 各々の粒子の質量は m_n であり, 位置だけに依存するポテンシャルを通じて相互作用している場合, ニュートンの運動方程式は

$$m_n \ddot{x}_{ni}(t) = -\frac{\partial V}{\partial x_{ni}(t)} \qquad (9.1.4)$$

である. これは, ラグランジアンを

$$L = \sum_n \frac{m_n}{2} \dot{\mathbf{x}}_n^2 - V \qquad (9.1.5)$$

ととれば, ちょうどラグランジュの方程式 (9.1.3) である.

　ラグランジュ形式の良いところの一つは, どんな座標でも容易に使えることである. 例えば, 質量 m の 1 個の粒子が 2 次元のポテンシャル $V(r)$ の中で運動している場合

を考えよう．ポテンシャルは動径座標 r だけに依存する．
ここで，q_N として極座標の r と θ をとるとラグランジア
ン（9.1.5）は

$$L = \frac{m}{2}[\dot{r}^2 + r^2\dot{\theta}^2] - V(r) \qquad (9.1.6)$$

と書ける．これらの座標についてラグランジュの運動方程
式（9.1.3）は

$$0 = \frac{d}{dt}\frac{\partial L}{\partial \dot{r}} - \frac{\partial L}{\partial r} = m\ddot{r} - mr\dot{\theta}^2 + V'(r), \qquad (9.1.7)$$

$$0 = \frac{d}{dt}\frac{\partial L}{\partial \dot{\theta}} - \frac{\partial L}{\partial \theta} = \frac{d}{dt}(mr^2\dot{\theta}) \qquad (9.1.8)$$

である．式（9.1.7）の中には遠心力の効果が表されて
おり，式（9.1.8）の中ではケプラーの第2法則が表さ
れている．両方の場合とも，直交座標系での運動方程式
（9.1.4）を極座標に直接変換する必要なしに導くことが
できる．

　ラグランジュ形式のもっと厄介な例は電磁場の中の荷電
粒子の理論である．これは次章で議論する．

9.2　対称性と保存則

　ラグランジュ形式の大きな利点は，それが対称性の原理
と保存量の存在の単純な関係を提供することである．作用
の連続的な対称性はいずれも，運動方程式によれば，時間
変化しない量が存在することを意味する．この一般的な結
果はエミー・ネーター（1882-1935）によっており，ネー

ターの定理と呼ばれる[1].

変数 $q_N(t)$ の任意の無限小変換

$$q_N \rightarrow q_N + \epsilon \mathcal{F}_N(q, \dot{q}) \qquad (9.2.1)$$

を考えよう. ここで ϵ は無限小の定数であり, 関数 $\mathcal{F}_N$ は変数 q_N と $\dot{q}_N$ の関数で問題の対称性の性質に依存する. この対称性は, もし

$$0 = \sum_N \left[\frac{\partial L}{\partial q_N} \mathcal{F}_N + \frac{\partial L}{\partial \dot{q}_N} \dot{\mathcal{F}}_N \right] \qquad (9.2.2)$$

であれば, ラグランジアンの対称性である. 第1項の中でラグランジュの運動方程式 (9.1.3) を使うと, 上式は

$$0 = \sum_N \left[\left(\frac{d}{dt} \frac{\partial L}{\partial \dot{q}_N} \right) \mathcal{F}_N + \frac{\partial L}{\partial \dot{q}_N} \dot{\mathcal{F}}_N \right] = \frac{dF}{dt} \qquad (9.2.3)$$

となる. ここで F は保存量

$$F \equiv \sum_N \frac{\partial L}{\partial \dot{q}_N} \mathcal{F}_N(q, \dot{q}) \qquad (9.2.4)$$

である.

例えば, ポテンシャル V が粒子の座標の差だけに依存している限り, ラグランジアン (9.1.5) は平行移動

$$x_{ni} \rightarrow x_{ni} + \epsilon_i \qquad (9.2.5)$$

の下で不変である. 各々の粒子のラベル n について ϵ_i は同一である. すると, 各々の i について保存量がある. それは全運動量の i 成分

$$P_i = \sum_n \frac{\partial L}{\partial \dot{x}_{ni}} = \sum_n m_n \dot{x}_{ni} \qquad (9.2.6)$$

である. 同様に V が回転について不変なら, ラグランジ

アン (9.1.5) は無限小回転

$$\mathbf{x}_n \rightarrow \mathbf{x}_n + \mathbf{e} \times \mathbf{x}_n \qquad (9.2.7)$$

の下で不変である. 各々の粒子のラベル n について3元無限小ベクトル $\mathbf{e}$ は同一である. これより軌道角運動量 $\mathbf{L}$ について

$$\frac{d}{dt}\mathbf{L} = 0 \qquad (9.2.8)$$

が出てくる. ここで

$$\mathbf{e} \cdot \mathbf{L} = \sum_{ni} \frac{\partial L}{\partial \dot{x}_{ni}} [\mathbf{e} \times \mathbf{x}_n]_i = \sum_n m_n \dot{\mathbf{x}}_n \cdot [\mathbf{e} \times \mathbf{x}_n]$$

である. 任意のベクトル $\mathbf{a}, \mathbf{b}, \mathbf{c}$ の3重積が対称性 $\mathbf{a} \cdot [\mathbf{b} \times \mathbf{c}] = \mathbf{b} \cdot [\mathbf{c} \times \mathbf{a}]$ を満足することを思い出すと

$$\mathbf{L} = \sum_n m_n \mathbf{x}_n \times \dot{\mathbf{x}}_n \qquad (9.2.9)$$

であることがわかる. これは軌道角運動量だけであり, もちろん相互作用に粒子のスピン演算子 $\mathbf{S}_n$ も関係する場合には保存するとは限らない. なぜならその場合には, ラグランジアンは (9.2.7) のような変換にスピンの変換も含めなければ不変とならないからである.

より一般的には, ラグランジアンの対称性ではないが作用の対称性ではある, という場合を考えることもできる. これがどういう意味であるかを明らかにすることは重要である. 無限小変換が作用の対称性である, と言うことは, 運動方程式が満足されているときに変換が作用を不変にする場合だけを意味しているのではない. なぜなら運動方程

式が満足されていれば，**すべての無限小の変換が作用を不変にするからである**．実際，このようにしてラグランジュ形式で運動方程式が導かれたのであった．作用の対称性とは，運動方程式が満足されているかどうかと無関係に，作用を不変とする変換である．この場合，式（9.2.2）の代わりに

$$\sum_N \left[\frac{\partial L}{\partial q_N}\mathcal{F}_N + \frac{\partial L}{\partial \dot{q}_N}\dot{\mathcal{F}}_N \right] = \frac{dG}{dt} \qquad (9.2.10)$$

が成り立たねばならない．ここで $G(t)$ は $q_N(t)$ と $\dot{q}_N(t)$ の何らかの関数であり，t の関数でもあるかも知れない．また $t = \pm\infty$ で（ゼロのような）等しい値をとる．したがって $\int \dot{G}\,dt = 0$ である．繰り返すが，式（9.2.10）が満足されることが要求されるのは $q_N(t)$ と $\dot{q}_N(t)$ が運動方程式（9.1.3）に従うかどうかと無関係である．運動方程式が満足されていれば，式（9.2.10）は dF/dt に等しいので，この不変性の条件から

$$0 = \frac{d}{dt}[F - G] \qquad (9.2.11)$$

が出てくる．F は式（9.2.4）で与えられている．そのような対称性の例は次の節で紹介しよう．

原　注

(1) E. Noether, *Nachr. König. Gesell. Wiss. zu Göttingen, Math.-phys. Klasse* 235 (1918).

9.3　ハミルトン形式

　ラグランジアンからハミルトニアンという量を構成することができる．その有用性はこれまでの章で繰り返し見てきたとおりである．ハミルトニアンが保存されるのは，ラグランジアンが時間に陽に依存しない場合である．また，より一般的には，ハミルトニアンの時間依存性はラグランジアンの任意の陽な時間依存性だけから生じる．ハミルトニアンの定義は

$$H \equiv \sum_N \dot{q}_N \frac{\partial L}{\partial \dot{q}_N} - L \qquad (9.3.1)$$

である．ラグランジュの運動方程式（9.1.3）よりその変化率は

$$\frac{dH}{dt} = \sum_N \ddot{q}_N \frac{\partial L}{\partial \dot{q}_N} + \sum_N \dot{q}_N \frac{\partial L}{\partial q_N} - \frac{dL}{dt}$$

であるが，ラグランジアンの全変化率は

$$\frac{dL}{dt} = \frac{\partial L}{\partial t} + \sum_N \ddot{q}_N \frac{\partial L}{\partial \dot{q}_N} + \sum_N \dot{q}_N \frac{\partial L}{\partial q_N}$$

である．ここで $\partial L/\partial t$ はラグランジアンの時間変化の率のうち，任意の陽な時間依存性によるものである．例えば外場が時間に依存するような場合である．したがって

$$\frac{dH}{dt} = -\frac{\partial L}{\partial t} \qquad (9.3.2)$$

である．また特に，ハミルトニアンは孤立系では保存される．孤立系のラグランジアンは陽な時間依存性をもたないからである．

　L が陽な時間依存性をもたない場合にハミルトニアンが一定であることは，時間並進という対称性変換について作用が不変であることの結果だと見なされる．時間座標を無限小の ϵ だけずらすと，任意の変数 $q_N(t)$ の変化は $\epsilon \dot{q}_N(t)$ であるから，式 (9.2.1) の記法では，ここで $\mathcal{F}_N(t) = \dot{q}_N(t)$ となり，量 (9.2.4) は

$$F = \sum_N \frac{\partial L}{\partial \dot{q}_N} \dot{q}_N$$

である．これは時間に依存する．なぜなら時間並進はラグランジアンの対称性ではなく，作用の対称性にすぎないからである．ここでは

$$\sum_N \left[\frac{\partial L}{\partial q_N} \mathcal{F}_N + \frac{\partial L}{\partial \dot{q}_N} \dot{\mathcal{F}}_N \right] = \sum_N \left[\frac{\partial L}{\partial q_N} \dot{q}_N + \frac{\partial L}{\partial \dot{q}_N} \ddot{q}_N \right]$$
$$= \frac{dL}{dt}$$

となるから，式 (9.2.10) の中の G はここでは単に $G = L$ となり，式 (9.2.1) の保存量は

$$F - G = \sum_N \frac{\partial L}{\partial \dot{q}_N} \dot{q}_N - L = H$$

となる．

　ラグランジュの定式化では運動方程式は 2 次の微分方程式であるが，ハミルトンの定式化を使うと運動方程式を 2 倍の数の変数の 1 次の微分方程式として書くことができる．2 倍の数の変数とは，q_N とその「正準運動量」，

$$p_N = \frac{\partial L}{\partial \dot{q}_N} \qquad (9.3.3)$$

である. このためには, ハミルトニアンを q_N と p_N の関数 $H(q, p)$ と表さなければならない. その際 $\dot{q}_N$ についての式 (9.3.3) を解いて $\dot{q}_N$ を q_N と p_N で表し, それを式 (9.3.1) の中に代入する. こうして式 (9.3.1) は

$$H(q, p) = \sum_N \dot{q}_N(q, p) p_N - L\big(q, \dot{q}(q, p)\big) \qquad (9.3.4)$$

と解釈されなければならない. すると

$$\frac{\partial H}{\partial q_N} = \sum_M \frac{\partial \dot{q}_M}{\partial q_N} p_M - \frac{\partial L}{\partial q_N} - \sum_M \frac{\partial L}{\partial \dot{q}_M} \frac{\partial \dot{q}_M}{\partial q_N}$$

となる. 第1項と第3項は式 (9.3.3) により打ち消し合うから, ラグランジュの運動方程式 (9.1.3) は

$$\dot{p}_N = -\frac{\partial H}{\partial q_N} \qquad (9.3.5)$$

となる. 次に,

$$\frac{\partial H}{\partial p_N} = \dot{q}_N + \sum_M p_M \frac{\partial \dot{q}_M}{\partial p_N} - \sum_M \frac{\partial L}{\partial \dot{q}_M} \frac{\partial \dot{q}_M}{\partial p_N}$$

であるが, 第2項と第3項が打ち消し合い,

$$\dot{q}_N = \frac{\partial H}{\partial p_N} \qquad (9.3.6)$$

となる. 式 (9.3.5) と式 (9.3.6) がハミルトニアンの定式化による一般的な運動方程式である.

　非常に簡単な例をお目にかけよう. ラグランジアン (9.1.5) を考える.

$$L = \sum_n \frac{m_n}{2}\dot{\mathbf{x}}_n^2 - V(\mathbf{x}).$$

$q_{ni} \equiv [\mathbf{x}_n]_i$ である．式（9.3.3）はここでは有名な結果
$\mathbf{p}_n = m_n\dot{\mathbf{x}}_n$ を与えるから，すぐに $\dot{\mathbf{x}}_n = \mathbf{p}_n/m_n$ となる．
するとハミルトニアン（9.3.1）は

$$H = \sum_n \frac{1}{m_n}\mathbf{p}_n^2 - L = \sum_n \frac{1}{2m_n}\mathbf{p}_n^2 + V(\mathbf{x})$$

となる．これがお馴染みのハミルトニアンで，これに基づ
いて第2章の計算を行った．運動方程式（9.3.5）および
（9.3.6）はここでは

$$\dot{p}_{ni} = -\frac{\partial V}{\partial x_{ni}}, \quad \dot{x}_{ni} = p_{ni}/m_n$$

である．この2式を合わせると運動方程式（9.1.4）とな
る．

　ハミルトンの定式化は任意の座標系で使える．例えば2
次元の系でラグランジアンが式（9.1.6）の場合には，r
と θ についての正準共役〔な運動量〕は

$$p_r = m\dot{r}, \quad p_\theta = mr^2\dot{\theta} \qquad (9.3.7)$$

であり，ハミルトニアンは

$$H = \frac{p_r^2}{2m} + \frac{p_\theta^2}{2mr^2} + V(r) \qquad (9.3.8)$$

である．式（9.3.5）および，ハミルトニアンが θ に依存
しないことから，直ちに p_θ が一定であることがわかる．
これはケプラーの第2法則と一致する．

9.4　正準交換関係

　ここまでのこの章の議論は古典論であったが，量子力学のハイゼンベルク描像による演算子についても同じようによく適用できる．これから q_N と p_N について適切な交換関係を課すことによって，量子力学に移行せねばならない．

　交換関係を求める動機として，量子力学に対称性の原理を適用することに戻る．現在のところ，ラグランジアンの対称性として空間の並進または回転に話を限る．その場合には 9.2 節で導入した関数 $\mathcal{F}_N$ が q だけに依存し，$\dot{q}$ には依存しない．すなわち，ラグランジアンが無限小の変換

$$q_N \rightarrow q_N + \epsilon \mathcal{F}_N(q) \qquad (9.4.1)$$

によって不変だと仮定する．この対称性を量子力学の（微小な）ユニタリー変換

$$[1 - i\epsilon F/\hbar]^{-1} q_N [1 - i\epsilon F/\hbar] = q_N + \epsilon \mathcal{F}_n(q) \qquad (9.4.2)$$

として実現するためには，対称性の生成子として

$$[F, q_N] = -i\hbar \mathcal{F}_N(q) \qquad (9.4.3)$$

を満足する演算子 F を必要とする．（$-i/\hbar$ という因子は式（9.4.2）から抜き出されたが，それは並進を表すユニタリー演算子の公式（3.5.2）の類推である．）9.2 節ではラグランジアンの変換（9.4.1）の下での不変性が保存量（9.2.4）の存在を意味することを見た．それは今では

$$F = \sum_N p_N \mathcal{F}_N(q) \qquad (9.4.4)$$

と書ける．正準交換関係

$$[q_N(t), p_{N'}(t)] = i\hbar\delta_{NN'}, \tag{9.4.5}$$

$$[q_N(t), q_{N'}(t)] = [p_N(t), p_{N'}(t)] = 0 \tag{9.4.6}$$

を仮定した場合,演算子 F は (9.4.1) の形のすべての対称性について交換関係 (9.4.3) を満足する.

式 (9.4.6) にある p 同士の交換関係は,式 (9.4.3) を得るためには必要ない.しかし上のように仮定してあると,簡単な場合には,(9.4.4) の演算子は q_N だけでなく p_N の簡単な変換を生成することができる.非相対論的な粒子(ラベルを n とする)が並進不変なポテンシャルの中にあるとき(この場合 N は座標の添え字 ni である),並進の下での対称性があり,その下で式 (9.4.1) は (9.2.5) の形をとり,生成子 (9.2.6) は

$$\mathbf{P} = \sum_n \mathbf{p}_n \tag{9.4.7}$$

の形をとる.この場合,明らかに式 (9.4.6) より $\mathbf{p}_n$ はみな並進不変であり,

$$[\mathbf{P}, \mathbf{p}_n] = 0 \tag{9.4.8}$$

である.同じように,非相対論でスピン 0 の粒子でポテンシャルが回転対称性をもつときは,回転についての対称性があり,その場合式 (9.4.1) は (9.2.7) の形をとるので生成子 (9.2.9) は

$$\mathbf{L} = \sum_n \mathbf{x}_n \times \mathbf{p}_n \tag{9.4.9}$$

の形をとる.(これはベクトルのベクトル積なので,位置

と運動量の同じ成分の積は含まない. したがってこれらの
演算子の順序は無関係である.) この場合, $\mathbf{L}$ は位置につ
いても運動量についても回転の生成子として作用する. す
なわち

$$
\begin{cases}
[L_i, x_{nj}] = i\hbar \sum_k \epsilon_{ijk} x_{nk}, \\
[L_i, p_{nj}] = i\hbar \sum_k \epsilon_{ijk} p_{nk}.
\end{cases}
\tag{9.4.10}
$$

いつものように, ϵ_{ijk} は完全反対称な量で $\epsilon_{123} = 1$ であ
る. (証明するには式 (9.4.9) を $L_i = \sum_n \epsilon_{ij'k'} x_{nj'} p_{nk'}$
と書こう.)

　粒子がスピンをもっている理論では, スピンが $\mathbf{s}_n \cdot \mathbf{p}_m$
あるいは $\mathbf{s}_n \cdot \mathbf{x}_m$ のようなスカラーの組み合わせで関わっ
ている場合, 回転については不変であるが, 軌道角運動量
$\mathbf{L}$ とは可換ではない. スピン行列 $\mathbf{s}_n$ を定義して普通の交
換関係

$$
[s_{ni}, s_{n'j}] = i\hbar \delta_{nn'} \sum_k \epsilon_{ijk} s_{nk},
$$

$$
[s_{ni}, x_{n'j}] = [s_{ni}, p_{n'j}] = 0
$$

を満足させる. すると演算子 $\mathbf{J} \equiv \mathbf{L} + \sum_n \mathbf{s}_n$ がスピン, 座
標および運動量の回転を生成する. すなわち

$$
\begin{cases}
[J_i, x_{nj}] = i\hbar \sum_k \epsilon_{ijk} x_{nk}, \\
[J_i, p_{nj}] = i\hbar \sum_k \epsilon_{ijk} p_{nk}, \\
[J_i, s_{nj}] = i\hbar \sum_k \epsilon_{ijk} s_{nk}.
\end{cases}
\tag{9.4.11}
$$

　したがって $\mathbf{J}$ は任意の回転について不変な演算子と可換である.

　時間並進の不変性の対称性にはやはり特別な取り扱いが必要である. なぜなら, これは作用の対称性であってラグランジアンの対称性ではないし, また変換則 (9.2.1) の中の $\mathcal{F}_N$ は時間微分 $\dot{q}_N$ に依存するからである. 注意すべきことに, 交換関係 (9.4.5) と (9.4.6) があるために, q_N と p_N の任意の関数 $f(q, p)$ について

$$[f(q, p), q_N] = -i\hbar \frac{\partial f(q, p)}{\partial p_N}, \tag{9.4.12}$$

$$[f(q, p), p_N] = i\hbar \frac{\partial f(q, p)}{\partial q_N} \tag{9.4.13}$$

となる. (式 (9.4.12) を証明するために, 積 $f(q, p)q_N$ の q_N を, $f(q, p)$ の中のすべての p を過ぎて一番左に動かすと, $f(q, p)$ の中の各々の p_N について, $-i\hbar$ と, 関数 $f(q, p)$ からその p_N を除いた項との積を得ることに注意しよう. これらの項の和は $-i\hbar \dfrac{\partial f(q, p)}{\partial p_N}$ に等しい. 式 (9.4.13) の証明も同様である. 微分を計算するには p_N または q_N という因子を取り除き, 他のすべての演算子を変えないように残して計算せねばならない. たとえば $\dfrac{\partial}{\partial p_1}(q_2 p_1 p_2) = q_2 p_2$ である.) こうしてハミルトニアンの運動方程式 (9.3.5) と (9.3.6) は

$$\dot{p}_N = \frac{i}{\hbar}[H(q,p), p_N], \quad \dot{q}_N = \frac{i}{\hbar}[H(q,p), q_N]$$

$$(9.4.14)$$

と書ける．したがってハミルトニアンは時間並進の生成子
である．さらにまた任意の関数 $f(q,p)$ は，陽に時間に依
存しない限り

$$\dot{f}(q,p) = \frac{i}{\hbar}[H(q,p), f(q,p)]. \qquad (9.4.15)$$

特に $\mathbf{P}$ は，任意の並進不変なハミルトニアンと可換であ
るから，外場がなければ保存する．ハイゼンベルク描像で
はスピン行列は式（9.4.14）の時間依存性に合わせて

$$\dot{\mathbf{s}}_n = \frac{i}{\hbar}[H, \mathbf{s}_n] \qquad (9.4.16)$$

と定義される．式（9.4.15）と（9.4.16）より，全角運
動量 $\mathbf{J} = \mathbf{L} + \sum_n \mathbf{s}_n$ についても同じ式

$$\dot{\mathbf{J}} = \frac{i}{\hbar}[H, \mathbf{J}] \qquad (9.4.17)$$

となるから，$\mathbf{J}$ はハミルトニアンが回転対称性をもてば保
存される．孤立系であれば当然としてそうなる．

　式（9.4.12）と（9.4.13）を一般化して q と p の 2 変
数の二つの関数の交換関係の公式

$$[f(q,p), g(q,p)] = i\hbar[f(q,p), g(q,p)]_{\mathrm{P}} \quad (9.4.18)$$

を与えることができる．$[f(q,p), g(q,p)]_{\mathrm{P}}$ は古典力学の
ポアソン括弧で，

$$[f(q, p), g(q, p)]_P$$

$$\equiv \sum_N \left[\frac{\partial f(q, p)}{\partial q_N} \frac{\partial g(q, p)}{\partial p_N} - \frac{\partial g(q, p)}{\partial q_N} \frac{\partial f(q, p)}{\partial p_N} \right] \quad (9.4.19)$$

である。$(g(q, p)$ を過ぎて $f(q, p)$ を右に動かすとき，複数の項の和を得る。$g(q, p)$ の中の各々の q_N については式（9.4.12）により，$-i\hbar\dfrac{\partial f(q, p)}{\partial p_N}$ と $g(q, p)$ からその q_N を取り除いた関数との積を得る。これが式（9.4.19）の第2項である。また $g(q, p)$ の中の各々の p_N については式（9.4.13）により，$+i\hbar\dfrac{\partial f(q, p)}{\partial q_N}$ と $g(q, p)$ からその p_N を取り除いた関数との積を得る。これが式（9.4.19）の第1項である。再び，量子力学ではポアソン括弧の中の q と p の順序を特定しなければならないが，それは場合に応じて最適な方法を考えるのがよい。)

交換関係にはいくつかの代数的性質がある。

$$[f, g] = -[g, f], \quad (9.4.20)$$

$$[f, gh] = [f, g]h + g[f, h]. \quad (9.4.21)$$

またヤコビの恒等式

$$[f, [g, h]] + [g, [h, f]] + [h, [f, g]] = 0 \quad (9.4.22)$$

も成り立つ。ポアソン括弧（9.4.19）が同じ代数的条件を満足することは容易に直接確かめられる。

1.4節で見たように，ディラックは1926年に，ポアソン括弧からの類推によって，ハイゼンベルクが推量した量

子力学の交換関係（9.4.5）を一般化して（9.4.5）および（9.4.6）という完全な組にした．しかしこの類推や正準形式そのものを物理の基本原理の資格があると論じるのは難しい．特にスピンのような物理量には正準形式が適用できない．しかし物理学の現状では，知る限りで対称性の原理が最も基本的だと見える．これがこの節でポアソン括弧からの類推ではなく，対称性の変換を生成する量子力学的な演算子を構成する必要性を動機として正準形式を導入した理由である．

9.5　ハミルトン形式の拘束系

　これまでに考えた系では q と p の独立変数の数は等しかったが，一般にはこれらの正準変数には拘束がついていることがある．そのような拘束された系の重要な物理学的な例を第 11 章で紹介するが，当面は非相対論的な粒子

$$f(\mathbf{x}) = 0 \qquad (9.5.1)$$

で記述されるような拘束条件に従うという，いささか人工的ではあるが，本質をとらえやすい例を説明する．ここで $f(\mathbf{x})$ は位置の何らかの滑らかな関数である．例えば，粒子が半径 R の球面上に拘束されて運動している場合には $f(\mathbf{x}) = \mathbf{x}^2 - R^2$ ととることができる．

　ラグランジアンは，

$$L(\mathbf{x}, \dot{\mathbf{x}}) = \frac{m}{2}\dot{\mathbf{x}}^2 - V(\mathbf{x}) + \lambda f(\mathbf{x}) \qquad (9.5.2)$$

とする．ここで $V(\mathbf{x})$ は局所的なポテンシャルであり，λ

は付加的な座標である．ラグランジュの運動方程式は $\mathbf{x}$
について

$$m\ddot{\mathbf{x}} = -\nabla V + \lambda \nabla f \tag{9.5.3}$$

である．また，ラグランジアンの中に λ の時間微分が現
れないから，λ についての運動方程式は $\partial L/\partial \lambda = 0$ を
意味するだけであり，それは拘束条件（9.5.1）である．
（$\nabla f(\mathbf{x})$ は表面（9.5.1）の $\mathbf{x}$ での法線方向に向いている
ことに注意しよう．$\mathbf{x}$ でのこの表面に接する任意の無限小
ベクトル $\mathbf{u}$ について，$f(\mathbf{x}+\mathbf{u})$ と $f(\mathbf{x})$ は共に 0 であり，
$f(\mathbf{x}+\mathbf{u}) - f(\mathbf{x}) = \mathbf{u}\cdot\nabla f(\mathbf{x}) = 0$ となるからである．した
がって式（9.5.3）は，粒子を表面（9.5.1）に拘束する
ことはこの表面に垂直な力だけを生みだすという物理的な
要求を表している．）

　式（9.5.1）は 1 次の（基本的）拘束と言われ，系の性
質によって直接的に課されている．さらに 2 次の（派生
的）拘束がある．これは 1 次の拘束が，粒子が運動して
も満足され続けるための条件である．表面上のすべての $\mathbf{x}$
に対して

$$\frac{df}{dt} = \dot{\mathbf{x}}\cdot\nabla f(\mathbf{x}) = 0. \tag{9.5.4}$$

すると，また 2 次の拘束が満足され続けるための条件

$$\ddot{\mathbf{x}}\cdot\nabla f + (\dot{\mathbf{x}}\cdot\nabla)^2 f = 0 \tag{9.5.5}$$

がある（量 $(\dot{\mathbf{x}}\cdot\nabla)^2 f$ は一般に 0 とはならない．式（9.
5.4）は $\mathbf{x}$ が表面上にあるときに $\dot{\mathbf{x}}\cdot\nabla f$ が 0 であること
を要求しているだけで，表面を離れる方向の勾配（グ

ラディエント）は0である必要がないからである.）式
(9.5.5) を新しい拘束と数える必要はない．それは λ を
決めるのに役立つだけだからである．式 (9.5.5) の中で
運動方程式 (9.5.3) を使うと

$$\lambda = \frac{1}{(\boldsymbol{\nabla}f)^2}[\boldsymbol{\nabla}f\cdot\boldsymbol{\nabla}V - m(\dot{\mathbf{x}}\cdot\boldsymbol{\nabla})^2 f] \qquad (9.5.6)$$

となるから，運動方程式は

$$m\ddot{\mathbf{x}} = -\boldsymbol{\nabla}V + \boldsymbol{\nabla}f\frac{\boldsymbol{\nabla}f\cdot\boldsymbol{\nabla}V}{(\boldsymbol{\nabla}f)^2} - \frac{m}{(\boldsymbol{\nabla}f)^2}\boldsymbol{\nabla}f(\dot{\mathbf{x}}\cdot\boldsymbol{\nabla})^2 f$$

$$(9.5.7)$$

となる．読者は，この方程式は粒子が拘束されている表
面だけに依存し，0とおいて拘束を記述する特定の関数
$f(\mathbf{x})$ に依存しないことを確かめることができる．そこで
新しい関数 $g(\mathbf{x}) = G(f(\mathbf{x}))$ を導入するとしよう．ここで
G は，一意的なゼロ点をもつ f の任意の滑らかな関数で
ある．すると $f(\mathbf{x})$ の代わりに $g(\mathbf{x})$ とした運動方程式か
ら，式 (9.5.7) の形で f を含む運動方程式を導くことが
できる．

　$\partial L/\partial\dot{\lambda} = 0$ であるから，この系のハミルトニアンは単
に

$$H(\mathbf{x}, \mathbf{p}) = \mathbf{p}\cdot\dot{\mathbf{x}} - L$$

である．但し

$$\mathbf{p} = m\dot{\mathbf{x}}$$

である．拘束 (9.5.1) を使うと，これは単に，

$$H(\mathbf{x}, \mathbf{p}) = \frac{\mathbf{p}^2}{2m} + V(\mathbf{x}) \qquad (9.5.8)$$

となる．しかしここで通常の正準交換関係 $[x_i, p_j] = i\hbar\delta_{ij}$ を課すことはできない．そうすると1次の拘束 $(9.5.1)$ とも2次の拘束 $(9.5.4)$ とも矛盾するからである．式 $(9.5.4)$ は

$$\mathbf{p}\cdot\boldsymbol{\nabla}f = 0 \qquad (9.5.9)$$

となっている．そこでどのような交換関係を用いるべきだろうか？

拘束されたハミルトニアン系の大きなクラスについて，一つの一般的な解答がディラックによって提案された[1]．いま複数の1次および2次の拘束があって，それが

$$\chi_r(q, p) = 0 \qquad (9.5.10)$$

の形に表されているとする．例えば，上記の問題では二つの χ があり

$$\chi_1 = f(\mathbf{x}), \quad \chi_2 = \mathbf{p}\cdot\boldsymbol{\nabla}f(\mathbf{x}) \qquad (9.5.11)$$

である．ディラックは二つの場合を区別した．行列

$$C_{rs}(q, p) \equiv [\chi_r(q, p), \chi_s(q, p)]_{\mathrm{P}} \qquad (9.5.12)$$

の性質で区別したのである．ここで $[f, g]_{\mathrm{P}}$ は式 $(9.4.19)$ で定義されたポアソン括弧である．

$$[f(q, p), g(q, p)]_{\mathrm{P}}$$

$$\equiv \sum_N \left[\frac{\partial f(q, p)}{\partial q_N} \frac{\partial g(q, p)}{\partial p_N} - \frac{\partial g(q, p)}{\partial q_N} \frac{\partial f(q, p)}{\partial p_N} \right]. \qquad (9.5.13)$$

拘束が適用されるのは偏微分が計算された**後である**．ある

u_s が存在して，それについて $\sum\limits_s C_{rs} u_s = 0$ がすべての r について成り立つ場合は**第1種の拘束**と呼ばれ[1]，独立な変数の数を減らすように条件を課して取り扱われなければならない．（例えば，表面に拘束された粒子の場合，条件 (9.5.6) を課す代わりに λ を独立な変数とすれば，この例の拘束は第1種の拘束である．第11章ではもう一つの例を紹介するが，そこでは電磁ポテンシャルのゲージの選択によって拘束を除去する．）これがなされると，条件

$$\mathrm{Det}\, C \neq 0 \qquad\qquad (9.5.14)$$

で定義される**第2種の拘束**となる．したがって行列 C には逆行列 C^{-1} がある．ディラックの提案は，第2種の拘束の理論では，交換関係を式 (9.4.18) のように $i\hbar$ とポアソン括弧の積とする代わりに，

$$[f(q,p), g(q,p)] = i\hbar [f(q,p), g(q,p)]_{\mathrm{D}} \qquad (9.5.15)$$

とすることであった．$[f(q,p), g(q,p)]_{\mathrm{D}}$ は**ディラック括弧**[2]

$$[f(q,p), g(q,p)]_{\mathrm{D}}$$
$$\equiv [f(q,p), g(q,p)]_{\mathrm{P}} - \sum_{rs} [f(q,p), \chi_r(q,p)]_{\mathrm{P}}$$
$$\times C_{rs}^{-1}(q,p) [\chi_s(q,p), g(q,p)]_{\mathrm{P}} \qquad (9.5.16)$$

である．特に，通常の正準交換関係の代わりに，ディラックの提案は

---

[1] 1次，2次は primary, secondary，第1種，第2種は first class, second class である．混同しないように注意されたい．

$$[q_N, p_M] = i\hbar \left[\delta_{NM} - \sum_{rs} \frac{\partial \chi_r}{\partial p_N} C_{rs}^{-1} \frac{\partial \chi_s}{\partial q_M} \right] \qquad (9.5.17)$$

および

$$[q_N, q_M] = i\hbar \sum_{rs} \frac{\partial \chi_r}{\partial p_N} C_{rs}^{-1} \frac{\partial \chi_s}{\partial p_M}, \qquad (9.5.18)$$

$$[p_N, p_M] = i\hbar \sum_{rs} \frac{\partial \chi_r}{\partial q_N} C_{rs}^{-1} \frac{\partial \chi_s}{\partial q_M} \qquad (9.5.19)$$

を要請することである.（ディラック括弧が非可換な演算子を含む場合にはその順序づけに注意が必要である. ここでもまた場合に応じて適切に取り扱わなければならない.）逆に言えば，一般の交換関係（9.5.15）は式（9.5.17）〜（9.5.19）から出てくる.

この提案は交換関係についていくつかの必要な条件を満足する. 第一に，ディラック括弧は交換関係としての代数的性質（9.4.20）〜（9.4.22）を満足する.

$$[f, g]_{\mathrm{D}} = -[g, f]_{\mathrm{D}}, \qquad (9.5.20)$$

$$[f, gh]_{\mathrm{D}} = [f, g]_{\mathrm{D}} h + g[f, h]_{\mathrm{D}}, \qquad (9.5.21)$$

$$[f, [g, h]_{\mathrm{D}}]_{\mathrm{D}} + [g, [h, f]_{\mathrm{D}}]_{\mathrm{D}} + [h, [f, g]_{\mathrm{D}}]_{\mathrm{D}} = 0. \qquad (9.5.22)$$

さらに，仮定（9.5.15）は拘束と無矛盾である. 任意の拘束関数，例えば $\chi_r(q, p)$，と任意の他の関数 $g(q, p)$ のディラック括弧は式（9.5.12）と（9.5.16）から

$$[\chi_r, g]_{\rm D} = [\chi_r, g]_{\rm P} - \sum_{r's} C_{rr'} C_{r's}^{-1} [\chi_s, g]_{\rm P} = 0$$

$$(9.5.23)$$

と与えられることに注意しよう．したがって式 (9.5.11)
は演算子 χ_r が 0 だという条件と無矛盾である．

　上記の表面に拘束された粒子の例で，以上がどのように
有効であるかを見てみよう．拘束関数 (9.5.15) のポア
ソン括弧は

$$C_{12} = -C_{21} = [\chi_1, \chi_2]_{\rm P} = (\boldsymbol{\nabla} f)^2 \qquad (9.5.24)$$

である．またもちろん $C_{11} = C_{22} = 0$ である．したがって
C 行列の逆の各要素は

$$C_{12}^{-1} = -C_{21}^{-1} = -(\boldsymbol{\nabla} f)^{-2}, \quad C_{11}^{-1} = C_{22}^{-1} = 0$$

$$(9.5.25)$$

であるから，(9.5.17) は

$$[x_i, p_j] = i\hbar \left[\delta_{ij} - \frac{\partial f}{\partial x_i} (\boldsymbol{\nabla} f)^{-2} \frac{\partial f}{\partial x_j} \right] \qquad (9.5.26)$$

である．また χ_1 は $\mathbf{p}$ に依存しないから，式 (9.5.18)
はここでは

$$[x_i, x_j] = 0 \qquad (9.5.27)$$

となる．p 同士の交換関係を計算するにはもう少し多くの
努力を要する．式 (9.5.19) によれば，

$$[p_i, p_j] = -i\hbar \left[\frac{\partial f}{\partial x_i} (\boldsymbol{\nabla} f)^{-2} \frac{\partial}{\partial x_j} (\mathbf{p} \cdot \boldsymbol{\nabla} f) - i \leftrightarrow j \right]$$

$$(9.5.28)$$

である．一般に，これは 0 とならない．例えば，もし粒

子を半径 R の球面に留まるよう拘束したいなら，$f(\mathbf{x}) = \mathbf{x}^2 - R^2$ であり，そのとき式 (9.5.28) は

$$[p_i, p_j] = -i\frac{\hbar}{R^2}(x_i p_j - x_j p_i)$$

となる．これらの交換関係と通常の交換関係の違いは交換関係 (9.5.28) および式 (9.5.26) 第 2 項である．後者は $\mathbf{p} \cdot \boldsymbol{\nabla} f$ と x_i の交換関係が $\mathbf{p} \cdot \boldsymbol{\nabla} f$ が 0 となることと矛盾しないために必要である．

ここで，この例の運動方程式を導き出すことができる．ハミルトニアン H は時間並進の生成子であるから，いつものように $\dot{\mathcal{O}} = (i/\hbar)[H, \mathcal{O}]$ が任意の演算子 $\mathcal{O}$ について成り立っている．交換関係 (9.5.26)〜(9.5.28) と H の式 (9.5.8) を使うと

$$\dot{x}_i = \frac{i}{2m\hbar}[\mathbf{p}^2, x_i]$$
$$= \frac{1}{m}p_j\left[\delta_{ij} - \frac{\partial f}{\partial x_i}(\boldsymbol{\nabla} f)^{-2}\frac{\partial f}{\partial x_j}\right]$$

となり，また $\mathbf{p} \cdot \boldsymbol{\nabla} f = 0$ であるから，これはお馴染みの結果

$$\dot{\mathbf{x}} = \mathbf{p}/m \qquad (9.5.29)$$

となる．

他方

$$\dot{p}_j = \frac{i}{\hbar}\left[\left(\frac{\mathbf{p}^2}{2m}+V(\mathbf{x})\right), p_j\right]$$

$$= \frac{1}{m(\boldsymbol{\nabla}f)^2}\frac{\partial f}{\partial x_j}(\mathbf{p}\cdot\boldsymbol{\nabla})^2 f$$

$$-\sum_i \frac{\partial V}{\partial x_i}\left[\delta_{ij}-\frac{\partial f}{\partial x_i}(\boldsymbol{\nabla}f)^{-2}\frac{\partial f}{\partial x_j}\right].$$

言い換えれば

$$\dot{\mathbf{p}} = -\frac{1}{m(\boldsymbol{\nabla}f)^2}\boldsymbol{\nabla}f(\mathbf{p}\cdot\boldsymbol{\nabla})^2 f - \boldsymbol{\nabla}V + \boldsymbol{\nabla}f\frac{\boldsymbol{\nabla}f\cdot\boldsymbol{\nabla}V}{(\boldsymbol{\nabla}f)^2}.$$

$$(9.5.30)$$

したがってディラックの仮定（9.5.15）からこのモデル
の古典的なラグランジアンから導かれるのと同じ運動方程
式（9.5.7）が得られた.

原　注
(1) P. A. M. Dirac, *Lecutres on Quantum Mechanics*
(Yeshiva University, New York, 1964).
(2) 正準変数の数を減らした組について，式（9.5.15）が通常の正
準交換関係から導かれる状況はいろいろある．T. Maskawa and
H. Nakajima, *Prog. Theor. Phys.* **56**, 1295 (1976); S.
Weinberg, *The Quantum Theory of Fields*, vol. I (Cam-
bridge University Press, Cambridge, 1995)〔ワインバーグ
（青山秀明・有末宏明訳）『ワインバーグ場の量子論　第2巻　量子
場の理論形式』吉岡書店，1997〕第7章への補遺を参照.

9.6　経路積分

　リチャード・ファインマンは博士論文で一つの定式化を

提案した[1]. これによると，粒子の一つの集合の最初の
配置から最後の別の配置へ遷移する振幅は，その粒子の集
合が最初から最後までに行くのにとり得る配置のあらゆる
経路についての積分で与えられる．ファインマンは，この
経路積分の定式化が量子力学の通常の定式化とは違う，も
う一つの選択肢となることを意図していたようであるが，
後に理解されたところでは，それは通常の正準交換関係か
ら導かれる．

ハイゼンベルク描像の演算子 $Q_N(t)$ とその正準共役
$P_N(t)$ の組を考えよう．通常の交換関係（9.4.5）と（9.
4.6）が満足されているとする．

$$[Q_N(t), P_N(t)] = i\hbar\delta_{NM}, \tag{9.6.1}$$

$$[Q_N(t), Q_M(t)] = [P_N(t), P_M(t)] = 0. \tag{9.6.2}$$

（これ以降大文字は演算子，小文字はその固有値と区別す
る．）すべての $Q_N(t)$ の組の完全直交規格化された固有ベ
クトルを導入することができる．

$$Q_N(t)\Psi_{q,t} = q_N\Psi_{q,t}, \tag{9.6.3}$$

$$(\Psi_{q',t}, \Psi_{q,t}) = \delta(q-q') \equiv \prod_N \delta(q_N - q'_N). \tag{9.6.4}$$

$Q_N(t)$ が固有値 q_N をもつ状態から $Q_N(t')$ が固有値 q'_N
をもつ状態に系が行く確率振幅 $(\Psi_{q',t'}, \Psi_{q,t})$ を考えよう．
$t' > t$ とする．この目的のために，時間間隔 t から t' の
間に，大きな $\mathcal{N}$ の $\mathcal{N}$ 個の時間 τ_n を導入する．$t' > \tau_1 >
\tau_2 > \cdots > \tau_{\mathcal{N}} > t$ である．また完全な状態 $\Psi_{q,\tau}$ を使って

$$(\Psi_{q',t'}, \Psi_{q,t}) = \int dq_1 dq_2 \cdots dq_{\mathcal{N}} (\Psi_{q',t'}, \Psi_{q_1,\tau_1})$$

$$\times (\Psi_{q_1,\tau_1}, \Psi_{q_2,\tau_2}) \cdots (\Psi_{q_{\mathcal{N}},\tau_{\mathcal{N}}}, \Psi_{q,t}) \qquad (9.6.5)$$

と書く．ここで $\int dq_n$ は $\prod_{N} \int dq_{N,n}$ の略である．（式 (9.6.5) の中の q の下付きの添字は異なる時間の添字 n を表し，異なる正準変数の名前を示す添字 N はあえて表さない．）したがって式 (9.6.5) の中の一般の q' と q について（式 (9.6.5) の中の q と q' とは必ずしも関係ない）τ' が τ よりわずかに大きい場合，スカラー積 $(\Psi_{q',\tau'}, \Psi_{q,\tau})$ を計算する必要がある．

このためには，ハイゼンベルク描像の演算子の時間依存性が

$$Q_N(\tau') = e^{iH(\tau'-\tau)/\hbar} Q_N(\tau) e^{-iH(\tau'-\tau)/\hbar} \qquad (9.6.6)$$

であるから，

$$\Psi_{q',\tau'} = e^{iH(\tau'-\tau)/\hbar} \Psi_{q',\tau} \qquad (9.6.7)$$

したがって

$$(\Psi_{q',\tau'}, \Psi_{q,\tau}) = (\Psi_{q',\tau}, e^{-iH(\tau'-\tau)/\hbar} \Psi_{q,\tau}) \qquad (9.6.8)$$

であることを思い出そう．（式 (9.6.7) の指数関数の引数が $iH(\tau'-\tau)/\hbar$ であって $-iH(\tau'-\tau)/\hbar$ でないことに注意しよう．なぜなら $\Psi_{q',\tau'}$ は時間 τ' ではシュレーディンガー描像の状態ベクトルではなくて，この時間のハイゼンベルク描像の固有ベクトルだからである．）さて，ハミルトニアン H はシュレーディンガー描像の演算子 Q_N と P_N の関数として書けるが，ハミルトニアンは自分自

身と可換であるから，任意の τ についての $Q_N(\tau)$ および $P_N(\tau)$ の同じ関数としても書けるであろう．行列要素 (9.6.8) を計算するためには，指数関数の右に $P_N(t)$ の完全な直交規格化された固有状態の組

$$(\Psi_{q',\tau'},\Psi_{q,\tau})$$
$$=\int dp\Big(\Psi_{q',\tau},\exp\big[-iH\big(Q(\tau),P(\tau)\big)(\tau'-\tau)/\hbar\big]\Phi_{p,\tau}\Big)$$
$$\times(\Phi_{p,\tau},\Psi_{q,\tau})$$

を挿入する必要がある．ここで $\int dp\equiv\prod_N\int dp_N$ であり，

$$P_N(\tau)\Phi_{p,\tau}=p_N\Phi_{p,\tau}, \tag{9.6.9}$$
$$(\Phi_{p',\tau},\Phi_{p,\tau})=\delta(p-p')\equiv\prod_N\delta(p_N-p_N') \tag{9.6.10}$$

である．交換関係 (9.6.1) と (9.6.2) を使ってハミルトニアンを，すべての Q をすべての P の左に移した形にすることはつねにできる．その場合，ハミルトニアンの中の演算子 $Q(\tau)$ と $P(\tau)$ はその固有値で置き換えることができる[2]．

$$(\Psi_{q',\tau'},\Psi_{q,\tau})=\int dp\exp\big[-iH(q',p)(\tau'-\tau)/\hbar\big]$$
$$\times(\Psi_{q',\tau},\Phi_{p,\tau})(\Phi_{p,\tau},\Psi_{q,\tau}). \tag{9.6.11}$$

通常の平面波の場合のように，式 (9.6.11) の中に残っているスカラー積は簡単な

$$(\Psi_{q',\tau}, \Phi_{p,\tau}) = \prod_N \frac{e^{ip_N q'_N/\hbar}}{\sqrt{2\pi\hbar}},$$

$$(\Phi_{p,\tau}, \Psi_{q,\tau}) = \prod_N \frac{e^{-ip_N q_N/\hbar}}{\sqrt{2\pi\hbar}}$$

の形になるから, 式 (9.6.11) は

$$(\Psi_{q',\tau'}, \Psi_{q,\tau}) = \int \prod_N \frac{dp_N}{2\pi\hbar} \exp\Big[-iH(q',p)(\tau'-\tau)/\hbar$$

$$+i\sum_N p_N(q'_N - q_N)/\hbar\Big]$$

となる. すなわち式 (9.6.5) の中で必要な形としては

$$(\Psi_{q_n,\tau_n}, \Psi_{q_{n+1},\tau_{n+1}}) = \int \prod_N \frac{dp_{N,n}}{2\pi\hbar}$$

$$\times \exp\Big[-\frac{i}{\hbar}H(q_n,p_n)(\tau_n - \tau_{n+1})$$

$$+\frac{i}{\hbar}\sum_N p_{N,n}(q_{N,n} - q_{N,n+1})\Big] \quad (9.6.12)$$

となる. 但し

$$q_0 = q', \quad \tau_0 = t', \quad q_{n+1} = q, \quad \tau_{n+1} = \tau$$

である.

そこで式 (9.6.5) の中の行列要素に式 (9.6.12) を使
うと,

$$(\Psi_{q',t'}, \Psi_{q,t}) = \int \Big[\prod_N \prod_{n=1}^{\mathcal{N}} dq_{N,n}\Big]\Big[\int \prod_N \prod_{n=0}^{\mathcal{N}} \frac{dp_{N,n}}{2\pi\hbar}\Big]$$

$$\times \exp\Big[-\frac{i}{\hbar}\sum_{n=0}^{\mathcal{N}} H(q_n,p_n)(\tau_n - \tau_{n+1})$$

$$+\frac{i}{\hbar}\sum_N \sum_{n=0}^{N} p_{N,n}(q_{N,n}-q_{N,n+1})\Biggr] \qquad (9.6.13)$$

となる．ここで τ_n の間を内挿する（つなぐ）c 数の関数 $q_N(t)$ と $p_N(t)$ を導入することができる．すなわち

$$q_N(\tau_n)=q_{N,n}, \quad p_N(\tau_n)=p_{N,n} \qquad (9.6.14)$$

となるようにする．さらに隣り合わせの二つの τ の差が無限小の $d\tau$ であるとする．すなわち，

$$\tau_{n-1}-\tau_n = d\tau. \qquad (9.6.15)$$

すると，$d\tau$ の 1 次について

$$q_{N,n}-q_{N,n+1}=\dot{q}_N(\tau_n)d\tau$$

$$H(q_n,p_n)(\tau_n-\tau_{n+1})=H(q(\tau_n),p(\tau_n))d\tau$$

となるので，式 (9.6.13) を

$$(\Psi_{q',t'},\Psi_{q,t})=\int_{q(t)=q;\,q(t')=q'}\prod_\tau dq(\tau)\int\prod_\tau \frac{dp(\tau)}{2\pi\hbar}$$

$$\times \exp\Biggl[\frac{i}{\hbar}\int_t^{t'}d\tau\Bigl(\sum_N p_N(\tau)\dot{q}_N(\tau)-H\bigl(q(\tau,)p(\tau)\bigr)\Bigr)\Biggr]$$

$$\qquad (9.6.16)$$

と書いてよいであろう．ここで

$$\int \prod_\tau dq(\tau)\int\prod_\tau \frac{dp(\tau)}{2\pi\hbar}$$

$$\equiv \int \prod_N \prod_{n=1}^{N} dq_{N,n}\int\prod_N\prod_{n=0}^{N}\frac{dp_{N,n}}{2\pi\hbar}$$

である．これは**経路積分**，すなわち $q_N(t)=q_N$，$q_N(t')$ $=q'_N$ と拘束されているすべての関数 $q_N(\tau)$ の上の $q_N(\tau)$

と $p_N(\tau)$ についての積分である.

　経路積分を定式化することの長所の一つは，量子力学から古典的な極限への移行の道筋がやさしいことである．巨視的な系では，一般に

$$\int_t^{t'} d\tau \left(\sum_N p_N(\tau)\dot{q}_N(\tau) - H\big(q(\tau), p(\tau)\big) \right) \gg \hbar$$

である．式（9.6.16）の指数関数の位相は非常に大きい．したがって指数関数は非常に急激に振動するので，経路積分は経路の小さな変分について，定常的な経路からの経路積分の寄与を消してしまう．最初と最後の時間での値は変化しないとした $q_N(\tau)$ の変分について経路が定常的だという条件は

$$0 = \int_t^{t'} \left[\sum_N p_N(\tau)\delta\dot{q}_N(\tau) - \frac{\partial H}{\partial q_N(\tau)}\delta q_N(\tau) \right]$$

$$= \int_t^{t'} \left[-\sum_N \dot{p}_N(\tau) - \frac{\partial H}{\partial q_N(\tau)} \right] \delta q_N(\tau)$$

であり，したがって

$$\dot{p}_N = -\frac{\partial H}{\partial q_N}$$

である．同様に，位相が $p_N(\tau)$ の任意の変分について定常的であるという条件は

$$\dot{q}_N = \frac{\partial H}{\partial p_N}$$

である．もちろん，この二つの式は古典的な運動方程式である．

　ファインマンの動機の一つは，量子力学の遷移確率を
ハミルトニアンでなくラグランジアンで表現することで
あった．（8.7節で議論したように，ローレンツ不変な理
論においてはラグランジアンはハミルトニアンと異なり，
スカラー密度の積分である．）しかし式（9.6.16）の指数
関数の中の積分の被積分関数はラグランジアンではない．
なぜならここでの $p_N(t)$ は独立な積分変数であって，量
$\partial L/\partial \dot q_N$ ではないからである．しかし $p(\tau)$ についての積
分を単に $p_N = \partial L/\partial \dot q_N$ とおくことができて，被積分関数
が本当にラグランジアンだという場合がある．それはハミ
ルトニアンが p の2次関数の和である場合である．それ
に定数係数がかかっていてもよいし，p の1次か0次の項
が加わっていてもよい．このとき指数関数はガウス型の関
数である．ガウス型の関数の積分は公式

$$\int_{-\infty}^{\infty} \prod_r d\xi_r \exp\left\{ i \left[\frac{1}{2} \sum_{rs} K_{rs}\xi_r\xi_s + \sum_r L_r\xi_r + M \right] \right\}$$
$$= \left[\mathrm{Det}(K/2i\pi) \right]^{-1/2}$$
$$\times \exp\left\{ i \left[\frac{1}{2} \sum_{rs} K_{rs}\xi_{0r}\xi_{0s} + \sum_r L_r\xi_{0r} + M \right] \right\}$$

$$(9.6.17)$$

で与えられる．ここで ξ_{0r} は指数関数の引数が定常的であ
るときの ξ_r の値である．すなわち

$$\sum_s K_{rs}\xi_{0s} + L_r = 0. \qquad (9.6.18)$$

式（9.6.16）の被積分関数が定常的である場合の $p_N(\tau)$

の値は次の条件を満足する.

$$\dot{q}_N(\tau) = \frac{\partial H\big(q(\tau), p(\tau)\big)}{\partial p_N(\tau)}. \tag{9.6.19}$$

その解によると $\sum_N p_N(\tau)\dot{q}_N(\tau) - H\big(q(\tau), p(\tau)\big)$ がラグランジアンに等しい. したがって式 (9.6.16) の中の p についての積分は

$$\big(\Psi_{q', t'}, \Psi_{q, t}\big)$$

$$= C \int_{q(t)=q; q(t')=q'} \prod_{\tau} dq(\tau) \exp\left[\frac{i}{\hbar} \int_t^{t'} d\tau L\big(q(\tau), \dot{q}(\tau)\big) \right] \tag{9.6.20}$$

となる. C は q と q' のいずれにも依らない比例定数であり, ハミルトニアンの中の p について線形または独立な項と独立である. しかしそれは時間間隔 $t'-t$ に依存し, また長さ $d\tau$ の $\mathcal{N}+1$ 個の切片の分割の仕方にも依存する. 例えば, D 次元のポテンシャルの中で運動している非相対論的な粒子については, ハミルトニアンの中の項で p の 2 次関数は $\mathbf{p}^2/2m$ であり, それが式 (9.6.17) によれば C を計算するために必要なすべてである. この場合[3]

$$C = \left[\frac{1}{2\pi\hbar} \int_{-\infty}^{\infty} dp \exp\left(-\frac{ip^2 d\tau}{2m\hbar}\right) \right]^{(\mathcal{N}+1)D}$$

$$= \left[\frac{m}{2i\pi\hbar d\tau} \right]^{(\mathcal{N}+1)D/2}. \tag{9.6.21}$$

式 (9.6.20) の残りの経路積分は一般に容易ではない. それが容易にできるのは自由粒子 (あるいは自由場) の場

合，あるいは調和振動子のポテンシャルの中の粒子の場合
である．調和振動子の中の粒子の場合はラグランジアンが
$\dot{q}_N$ と q_N の 2 次の関数である．ここでもまた，ラグラン
ジアンが 2 次関数なので，積分は $q(t)$ が次のような関数
だとして行える．すなわち，$q_N(t') = q'_N$, $q_N(t) = q_N$ を
固定したとき，関数 $q_N(\tau)$ の小さな変分に対してラグラ
ンジアンの積分が定常的であるような関数である．したが
って $q_N(\tau)$ は古典的な運動方程式

$$\frac{d}{d\tau}\frac{\partial L(\tau)}{\partial \dot{q}_N(\tau)} = \frac{\partial L(\tau)}{\partial q_N(\tau)}$$

を満たしている．$q_N(t') = q'_N$, $q_N(t) = q_N$ である．例え
ば，D 次元の自由粒子については $L = m\dot{\mathbf{x}}^2/2$ であり，古
典的な運動方程式の解は速度一定の

$$\dot{\mathbf{x}}(\tau) = \Big(\frac{\mathbf{x}' - \mathbf{x}}{t' - t}\Big)$$

である．したがって式（9.6.20）は

$$(\Psi_{\mathbf{x}', t'}, \Psi_{\mathbf{x}, t}) = BC\exp\Big(\frac{im(\mathbf{x}' - \mathbf{x})^2}{2(t' - t)\hbar}\Big) \qquad (9.6.22)$$

となる．ここで B は C と同様，$\mathbf{x}'$ および $\mathbf{x}$ と独立な定
数である．C を求めるのと同様な線に沿ったいささか退
屈な計算によると[4]

$$B = \mathcal{N}^{-D/2}\Big(\frac{m}{2i\pi\hbar d\tau}\Big)^{-D\mathcal{N}/2}$$

となり，$\mathcal{N}d\tau = t' - t$ であるから

$$BC = \left(\frac{m}{2i\pi\hbar(t'-t)}\right)^{D/2} \tag{9.6.23}$$

となる．これを検算するには，（9.6.22）は $t' \to t$ の極限
でデルタ関数 $\delta^D(\mathbf{x'}-\mathbf{x})$ に収束しなければならないこと
に注意する．すなわち任意の滑らかな関数 $f(\mathbf{x})$ につい
て，この極限では

$$\int d^D x \left(\frac{m}{2i\pi\hbar(t'-t)}\right)^{D/2} \exp\left(\frac{im(\mathbf{x'}-\mathbf{x})^2}{2(t'-t)\hbar}\right) f(\mathbf{x})$$

$$\to f(\mathbf{x'})$$

とならなければならない．$t' \to t$ のとき $\mathbf{x} = \mathbf{x'}$ でなけれ
ばこの積分は $\mathbf{x}$ と共に非常に急激に変動する．したがっ
て積分は f の引数が $\mathbf{x'}$ であるとして実行できる．そこで

$$\int d^D x \left(\frac{m}{2i\pi\hbar(t'-t)}\right)^{D/2} \exp\left(\frac{im(\mathbf{x'}-\mathbf{x})^2}{2(t'-t)\hbar}\right) = 1$$

を示せばよい．これはガウス型の積分に対する関数の標
準的な公式から導かれる．行列要素（9.6.22）の $\mathbf{x'}$ への
依存性を理解するには，次の点に注意すればよい．すなわ
ち，この行列要素は，$\mathbf{x}(t')$ が対角的な基底で表した $\mathbf{x}(t)$
の固有状態として定義される，状態の波動関数 $\Psi_{\mathbf{x},t}$ にす
ぎない．したがってこの行列要素はシュレーディンガー方
程式

$$-\left(\frac{\hbar^2\nabla'^2}{2m}\right)(\Psi_{\mathbf{x'},t'},\Psi_{\mathbf{x},t}) = i\hbar\frac{\partial}{\partial t'}(\Psi_{\mathbf{x'},t'},\Psi_{\mathbf{x},t})$$

を満足しなければならないし，実際満足する．こうして経
路積分の定式化によって，シュレーディンガー方程式を一

度も書くことなくシュレーディンガー方程式の解を求める
ことができた.

数個の穴があるスクリーンの一方の側にある点 $\mathbf{x}$ から,
粒子が他方の側にある点 $\mathbf{x}'$ に進むという実験を考えよう.
この場合, $\int L(\tau)d\tau$ が定常的になる軌跡 $\mathbf{x}(\tau)$ は一つだ
けではなく, 各々の穴について一つの軌跡がある. こうし
て経路積分の定式化によってそのような実験でできる干渉
のパターンが波動力学なしに, 数個の可能な古典的な経路
の寄与の重ね合わせの結果として理解できる.

もっと一般的には, 2次でないラグランジアンについ
ては, 経路積分（9.6.20）は解析的には計算できない.
これを取り扱う一つの方法は, ラグランジアンの2次で
ない部分をべき級数展開して, 時間に依存する摂動論
のラグランジアン版にすることである. 他の方法とし
ては, t から t' への積分を $\Delta\tau$ 範囲の積分に分割して,
$\exp(iL(\tau)\Delta\tau/\hbar)$ を各々の切片と端での粒子の座標につ
いて数値的に計算することである. 場の量子論ではまた空
間を格子点として表すこともある. この方法は摂動論では
達成できない特徴を顕わす可能性がある[5].

原　注

(1) R. P. Feynman, *The Principle of Least Action in Quantum Mechanics* (Princeton University, 1942; University Microfilms Publication No. 2948, Ann Arbor, MI). 次の文献も参照：R. P. Feynman and A. R. Hibbs, *Quantum*

Mechanics and Path Integrals (McGraw-Hill, New York, 1965).

(2) H は指数関数の中で現れるから、これが成り立つのは $\tau' - \tau$ が無限小の場合だけである。その場合指数関数は H の線形関数である。

(3) Feynman and Hibbs, *op. cit.* はこの結果の間接的な結果を与えている。p 上の積分からは得ていない。それは彼らの本には現れていない。

(4) Feynman and Hibbs, *op. cit.* pp. 43-44.

(5) 格子の方法の場の理論については、M. Creutz, *Quarks, Gluons, and Lattices* (Cambridge University Press, Cambridge, 1985); T. DeGrand and C. DeTar, *Lattice Methods for Quantum Chromodynamics* (World Scientific Press, Singapore, 2006).

問　題

1. ラグランジアンが

$$L = \frac{m}{2}\dot{\mathbf{x}}^2 + \dot{\mathbf{x}} \cdot \mathbf{f}(\mathbf{x}) - V(\mathbf{x})$$

である場合の1粒子の理論を考えよう。ここで $\mathbf{f}(\mathbf{x})$ と $V(\mathbf{x})$ は位置の任意のベクトルおよびスカラー関数である。

 (a) $\mathbf{x}$ の満足する運動方程式を求めよ。

 (b) ハミルトニアンを $\mathbf{x}$ およびその正準共役 $\mathbf{p}$ の関数として表せ。

 (c) 座標空間の波動関数 $\psi(\mathbf{x}, t)$ の満足するシュレーディンガー方程式は何か。

2. ポアソン括弧とディラック括弧が共にヤコビの恒等式を満足していることを示せ。

3. 1 次元の調和振動子を考えよう．ハミルトニアンは

$$H = \frac{p^2}{2m} + \frac{m\omega^2 x^2}{2}$$

である．経路積分の方法を使って，時刻 t で位置 x から時刻 $t' > t$ で位置 x' に遷移する確率を計算せよ．

第10章　電磁場中の荷電粒子

　この章では非相対論的荷電粒子が外的な電磁場，すなわち何らかの巨視的な系によって量子的なゆらぎが無視できる場の中にある場合を考える．この問題はそれ自身非常に重要であるが，いささか意外な正準交換関係が現れる例も与えてくれる．

10.1　荷電粒子の正準形式

　複数の非相対論的なスピン0の粒子の集まりを考えよう．粒子の質量は m_n，電荷は e_n で，古典的な外的な電場 $\mathbf{E}(\mathbf{x}, t)$ と磁束密度 $\mathbf{B}(\mathbf{x}, t)$ の中にあるとする．（スピンの効果は10.3節で考察する．）局所的なポテンシャル $\mathcal{V}$ も，容易であるので理論の中に考えることにする．$\mathcal{V}$ はさまざまな粒子の座標の一部または全部に依存するものとする．粒子の運動方程式は

$$m_n \ddot{\mathbf{x}}_n(t) = e_n \left[\mathbf{E}(\mathbf{x}_n(t), t) + \frac{1}{c} \dot{\mathbf{x}}_n(t) \times \mathbf{B}(\mathbf{x}_n(t), t)) \right]$$
$$- \boldsymbol{\nabla}_n \mathcal{V}(\mathbf{x}(t)) \quad (10.1.1)$$

である．この系に対して，直接 $\mathbf{E}$ と $\mathbf{B}$ を使って簡単なラグランジアンを書くことは不可能である．その代わりに，

$$\mathbf{E} = -\frac{1}{c}\dot{\mathbf{A}} - \boldsymbol{\nabla}\phi, \quad \mathbf{B} = \boldsymbol{\nabla}\times\mathbf{A} \qquad (10.1.2)$$

が成り立つようなベクトル・ポテンシャル $\mathbf{A}(\mathbf{x},t)$ とスカラー・ポテンシャル $\phi(\mathbf{x},t)$ を導入せねばならない.（これは常に可能である. なぜなら $\mathbf{E}$ と $\mathbf{B}$ は斉次のマクスウェル方程式 $\boldsymbol{\nabla}\times\mathbf{E}+\dot{\mathbf{B}}/c=0$ および $\boldsymbol{\nabla}\cdot\mathbf{B}=0$ を満足しているからである.）仮にラグランジアンを

$$L(t) = \sum_n \Bigg[\frac{m_n}{2}\dot{\mathbf{x}}_n^2(t) - e_n\phi\big(\mathbf{x}_n(t),t\big)$$
$$+ \frac{e_n}{c}\dot{\mathbf{x}}_n(t)\cdot\mathbf{A}\big(\mathbf{x}_n(t),t\big) \Bigg] - \mathcal{V}(\mathbf{x}) \qquad (10.1.3)$$

ととろう. その上でこれが正しい運動方程式（10.1.1）を与えるかどうか検算しよう. ここで ϕ と $\mathbf{A}$ は外場であって, 力学変数ではない.（次章で電磁場を量子化するときには力学変数になる.）したがって, ここでは $q_N(t)$ だけが座標 $x_{ni}(t)$ である場合に微分方程式（9.1.3）を考えればよい. ラグランジアン（10.1.3）について（$\mathbf{x}$ は時間に依存するものとする）

$$\frac{\partial L(t)}{\partial x_{ni}} = -e_n\frac{\partial\phi(\mathbf{x}_n,t)}{\partial x_{ni}} + \frac{e_n}{c}\sum_j \dot{x}_{nj}\frac{\partial A_j(\mathbf{x}_n,t)}{\partial x_{ni}} - \frac{\partial\mathcal{V}(\mathbf{x})}{\partial x_{ni}},$$
$$(10.1.4)$$

$$\frac{\partial L(t)}{\partial\dot{x}_{ni}} = m_n\dot{x}_{ni} + \frac{e_n}{c}A_i(\mathbf{x}_n,t) \qquad (10.1.5)$$

であるから,

$$\frac{d}{dt}\frac{\partial L(t)}{\partial \dot{x}_{ni}} = m_n\ddot{x}_{ni} + \frac{e_n}{c}\frac{\partial A_i(\mathbf{x}_n, t)}{\partial t} + \frac{e_n}{c}\sum_j \frac{\partial A_i(\mathbf{x}_n, t)}{\partial x_{nj}}\dot{x}_{nj}$$

$$(10.1.6)$$

である．すると運動方程式 (9.1.3) は

$$m_n\ddot{x}_{ni} = -e_n\frac{\partial \phi(\mathbf{x}_n, t)}{\partial x_{ni}} - \frac{e_n}{c}\frac{\partial A_i(\mathbf{x}_n, t)}{\partial t}$$

$$+ \frac{e_n}{c}\sum_j \dot{x}_{nj}\left[\frac{\partial A_j(\mathbf{x}_n, t)}{\partial x_{ni}} - \frac{\partial A_i(\mathbf{x}_n, t)}{\partial x_{nj}}\right] - \frac{\partial \mathcal{V}(\mathbf{x})}{\partial x_{ni}}$$

$$(10.1.7)$$

となる．式 (10.1.2) によると，右辺の最初の 2 項の e_n の係数を加えると電場になる．また右辺の第 3 項の中の和は

$$\sum_j \dot{x}_{nj}\left[\frac{\partial A_j(\mathbf{x}_n, t)}{\partial x_{ni}} - \frac{\partial A_i(\mathbf{x}_n, t)}{\partial x_{nj}}\right]$$

$$= \sum_{jk} \dot{x}_{nj}\epsilon_{ijk}[\boldsymbol{\nabla} \times \mathbf{A}(\mathbf{x}_n, t)]_k$$

$$= [\dot{\mathbf{x}}_n \times \mathbf{B}(\mathbf{x}_n, t)]_i$$

である．いつものように ϵ_{ijk} は完全反対称テンソルで $\epsilon_{123} = 1$ である．したがって，ラグランジアンから導かれた運動方程式 (10.1.7) は運動方程式 (10.1.1) と同じである．

エネルギー準位を計算するには，ハミルトニアンを構成する必要がある．式 (10.1.5) によると，座標の時間微分は座標とその正準共役との関数である．すなわち

$$\dot{\mathbf{x}}_n = \frac{1}{m_n}\left[\mathbf{p}_n - \frac{e_n}{c}\mathbf{A}(\mathbf{x}_n, t)\right] \qquad (10.1.8)$$

である. すると式 (9.3.1) よりハミルトニアンは

$$H(\mathbf{x}, \mathbf{p}, t) = \sum_n \frac{1}{m_n}\mathbf{p}_n \cdot \left[\mathbf{p}_n - \frac{e_n}{c}\mathbf{A}(\mathbf{x}_n, t)\right]$$

$$-\sum_n\left\{\frac{1}{2m_n}\left[\mathbf{p}_n - \frac{e_n}{c}\mathbf{A}(\mathbf{x}_n, t)\right]^2 - e_n\phi(\mathbf{x}_n, t)\right.$$

$$\left. +\frac{e_n}{m_n c}\left[\mathbf{p}_n - \frac{e_n}{c}\mathbf{A}(\mathbf{x}_n, t)\right]\cdot\mathbf{A}(\mathbf{x}_n, t)\right\}$$

$$+\mathcal{V}(\mathbf{x})$$

となる. 整理すると

$$H(\mathbf{x}, \mathbf{p}, t) = \sum_n \frac{1}{2m_n}\left[\mathbf{p}_n - \frac{e_n}{c}\mathbf{A}(\mathbf{x}_n, t)\right]^2$$

$$+\sum_n e_n\phi(\mathbf{x}_n, t) + \mathcal{V}(\mathbf{x}) \qquad (10.1.9)$$

である. ここで式 (10.1.8) を使って第1項を $\sum_n m_n \dot{\mathbf{x}}_n^2$ /2 と書けば, これらの粒子の力学はベクトル・ポテンシャルに影響されないと見えるかも知れないが, それは間違っている. ハミルトニアンを使って力学的な方程式を導くときには, 式 (9.3.4) のように $\mathbf{x}_n$ と $\mathbf{p}_n$ の関数として考えなければならない. $\mathbf{x}_n$ と $\dot{\mathbf{x}}_n$ の関数として考えてはならないのである. 特に正準交換関係

$$[x_{ni}, p_{mj}] = i\hbar\delta_{nm}\delta_{ij}, \qquad (10.1.10)$$

$$[x_{ni}, x_{mj}] = [p_{ni}, p_{mj}] = 0 \qquad (10.1.11)$$

に現れるのは $\mathbf{p}_n$ であって $m_n\dot{\mathbf{x}}_n$ ではない．10.3 節では，一様な磁場の中の荷電粒子のエネルギー準位を見出すのにこのハミルトニアンとこれらの交換関係を使う．

ハミルトニアン (10.1.9) の中にベクトル・ポテンシャルが存在することは確率の保存則を損なわないが，確率の流れの式 (1.5.5) を変更しなければならない．簡単のために，質量 m で電荷 $-e$ の 1 個の粒子だけの系を考えよう（原子核については $-e$ を Ze で置き換える）．座標空間の波動関数 ψ についてのシュレーディンガー方程式の中では，交換関係の要求通り，$\mathbf{p}$ を $-i\hbar\boldsymbol{\nabla}$ で置き換える．すると

$$-i\hbar\frac{\partial\psi(\mathbf{x},t)}{\partial t} = H(\mathbf{x}, -i\hbar\boldsymbol{\nabla}, t)\psi(\mathbf{x},t). \qquad (10.1.12)$$

ここで

$$H(\mathbf{x}, -i\hbar\boldsymbol{\nabla}, t) = \frac{1}{2m}\left[-i\hbar\boldsymbol{\nabla} + \frac{e}{c}\mathbf{A}(\mathbf{x},t)\right]^2$$
$$-e\phi(\mathbf{x},t) + \mathcal{V}(\mathbf{x}) \qquad (10.1.13)$$

である．したがって確率密度の変化率は

$$\frac{\partial}{\partial t}|\psi(\mathbf{x},t)|^2 = \frac{i}{\hbar}\left(\psi^*(\mathbf{x},t)H(\mathbf{x}, -i\hbar\boldsymbol{\nabla},t)\psi(\mathbf{x},t)\right.$$
$$\left.-\psi(\mathbf{x},t)H(\mathbf{x}, +i\hbar\boldsymbol{\nabla},t)\psi^*(\mathbf{x},t)\right) \qquad (10.1.14)$$

となる．H の中の項，$\mathcal{V}, -e\phi, (e^2/2mc^2)\mathbf{A}^2$ はすべて右

辺で打ち消し合い，勾配（グラディエント）の中の1次
と2次の項だけが残る．単純な計算により式（10.1.14）
を式（1.5.5）に似た保存則の形

$$\frac{\partial}{\partial t}|\psi(\mathbf{x},t)|^2 + \boldsymbol{\nabla}\cdot\mathcal{J}(\mathbf{x},t) = 0 \qquad (10.1.15)$$

にできる．ここで $\mathcal{J}(\mathbf{x},t)$ は確率の流れであり

$$\mathcal{J} = \frac{-i\hbar}{2m}\left[\psi^*\left[\boldsymbol{\nabla}+\frac{ie}{\hbar c}\mathbf{A}\right]\psi - \psi\left(\left[\boldsymbol{\nabla}+\frac{ie}{\hbar c}\mathbf{A}\right]\psi\right)^*\right] \qquad (10.1.16)$$

である．

10.2　ゲージ不変性

ベクトル・ポテンシャルとスカラー・ポテンシャルが
違っても，同じ電場と磁場になるようにできる．特に，式
（10.1.2）をよく見るとポテンシャルをゲージ変換

$$\mathbf{A}(\mathbf{x},t) \mapsto \mathbf{A}'(\mathbf{x},t) = \mathbf{A}(\mathbf{x},t) + \boldsymbol{\nabla}\alpha(\mathbf{x},t) \qquad (10.2.1)$$

$$\phi(\mathbf{x},t) \mapsto \phi'(\mathbf{x},t) = \phi(\mathbf{x},t) - \frac{1}{c}\frac{\partial}{\partial t}\alpha(\mathbf{x},t) \qquad (10.2.2)$$

によって変更することができる（ここで $\alpha(\mathbf{x},t)$ は任意の
実関数である）．そうしても電場と磁場は変わらない．し
たがって，驚くべきことにラグランジアン（10.1.3）は
ベクトル・ポテンシャルとスカラー・ポテンシャルの特定
の形に依存するが，このラグランジアンから導かれる運動
方程式は電場と磁場だけにしか依存しない．このことを理
解するには，変換（10.2.1）および（10.2.2）のもとで

ラグランジアンが

$$L(t) \mapsto L'(t) = L(t) + \sum_n \frac{e_n}{c} \left[\frac{\partial \alpha(\mathbf{x}_n, t)}{\partial t} + \dot{\mathbf{x}}_n \cdot \boldsymbol{\nabla}_n \alpha(\mathbf{x}_n, t) \right]$$

$$= L(t) + \frac{d}{dt} \sum_n \frac{e_n}{c} \alpha(\mathbf{x}_n, t) \qquad (10.2.3)$$

と変換されることに気づけばよい. こうして, ラグランジ
アンはゲージ不変ではないが, 作用 $\int dt \, L(t)$ はゲージ不
変である. ($\alpha(\mathbf{x}, t)$ は $t \to \pm\infty$ で 0 になるとする.) 作用
がゲージ不変であれば場の方程式もゲージ不変である. な
ぜなら場の方程式は, 力学的なパラメーターの $t \to \pm\infty$
で 0 となる小さな変分について, 作用が定常的だという
条件で決まるからである.

　　しかしハミルトニアンはゲージ不変ではない. ハミル
トニアン (10.1.9) の中でゲージを (10.2.1), (10.2.2)
と変更すると, 新しいハミルトニアン

$$H'(\mathbf{x}, \mathbf{p}, t) = \sum_n \frac{1}{2m_n} \left[\mathbf{p}_n - \frac{e_n}{c} \mathbf{A}(\mathbf{x}_n, t) - \frac{e_n}{c} \boldsymbol{\nabla} \alpha(\mathbf{x}_n, t) \right]^2$$

$$+ \sum_n e_n \phi(\mathbf{x}_n, t) - \sum_n \frac{e_n}{c} \frac{\partial \alpha(\mathbf{x}_n, t)}{\partial t} + \mathcal{V}(\mathbf{x})$$

$$(10.2.4)$$

となる. さて, 交換関係 (10.1.10), (10.1.11) による
と, ユニタリー演算子

$$U(t) \equiv \exp\left[i \sum_n \frac{e_n}{\hbar c} \alpha(\mathbf{x}_n, t) \right] \qquad (10.2.5)$$

を定義することができる. こうすると

$$U(t)\mathbf{p}_n(t)U^{-1}(t) = \mathbf{p}_n(t) - \frac{e_n}{c}\boldsymbol{\nabla}\alpha(\mathbf{x}_n, t) \quad (10.2.6)$$

である. したがってハミルトニアン (10.2.4) は新しい
ゲージでは

$$H'(\mathbf{x}, \mathbf{p}, t) = U(t)H(\mathbf{x}, \mathbf{p}, t)U^{-1}(t) + i\hbar\left[\frac{d}{dt}U(t)\right]U^{-1}(t)$$
$$(10.2.7)$$

と表される. 右辺の第2項は式 (10.2.4) の最後から2
番目の項になる. (ここでは $\mathbf{x}_n$ と $\mathbf{p}_n$ はシュレーディン
ガー描像であって時間変化しない. したがって式
(10.2.7) の時間微分は d/dt であって $\partial/\partial t$ ではない.)
すると容易にわかることだが, $\Psi(t)$ が本来のゲージでの
時間に依存するシュレーディンガー方程式

$$i\hbar\frac{d}{dt}\Psi(t) = H(t)\Psi(t) \quad (10.2.8)$$

を満足するなら, ユニタリー変換された状態ベクトル

$$\Psi'(t) \equiv U(t)\Psi(t) \quad (10.2.9)$$

は新しいゲージでのシュレーディンガー方程式

$$i\hbar\frac{d}{dt}\Psi'(t) = U(t)H(t)\Psi(t) + i\hbar\left[\frac{d}{dt}U(t)\right]\Psi(t)$$
$$= H'(t)\Psi'(t) \quad (10.2.10)$$

を満足する. $\mathbf{x}_n$ は座標空間の波動関数の n 番目の座標ベ
クトルを乗じる演算子であることを思い出そう. したがっ
て変換 (10.2.9) は座標空間の波動関数の位相の, 座標

に依存する変更であり，座標空間での確率密度は変化しない．また電荷 $-e$，質量 m の1個の粒子の確率の流れもまったく変化しない．ゲージ変換 (10.2.1)，(10.2.2) はこの粒子の波動関数の位相を $\exp(-ie\alpha/\hbar c)$ 倍するだけで，式 (10.1.6) の中のベクトル・ポテンシャルの変化は ϕ の勾配の変化と打ち消し合う．

　電場と磁場が時間に依存しない場合，ハミルトニアンは時間に依存しないが，そのときハミルトニアンのエネルギーの固有値にゲージ変換の効果がどうなるかは特別に興味がある．場を時間に依存しないように保つためには，ゲージ変換も時間に依存しないようにとろう[1]．この場合，式 (10.2.7) はちょうどユニタリー変換 $H' = UHU^{-1}$ であるから，Ψ が H の固有値 E の固有状態であるなら，$\Psi' = U\Psi$ は H' の同じ固有値 E の固有状態である．エネルギーがよく定義されている場合には，それはゲージ不変である．

原　　注

(1) λ は $\mathbf{x}$ と t に依存しないとし，$\alpha(\mathbf{x}, t) = \lambda t$ ととると変換された場もまた時間に依存しない．これは静電ポテンシャルに任意の定数を追加し，全電荷 Q の系のすべてのエネルギーを $-\lambda Q/c$ という同じ値だけずらすことに相当する．

10.3　ランダウのエネルギー準位

　前節までに記述した，電磁場の中の荷電粒子の理論の応用例として，1930 年にレフ・ランダウ（1908-68）に

よって取り扱われた古典的な問題を取り上げよう．それは一様な磁場の中の電子の2次元の運動の量子論である[1]．電子にはスピンがあるから，ハミルトニアンに $-\mu_e \mathbf{s} \cdot \mathbf{B}/(\hbar/2)$ という項を加えなければならない．μ_e は電子の磁気能率とよばれるパラメーターである．電子（電荷 $-e$）のハミルトニアンは一般的な電磁場の中では，

$$H = \frac{1}{2m_e}\Big(\mathbf{p} + \frac{e}{c}\mathbf{A}(\mathbf{x}, t)\Big)^2 - e\phi(\mathbf{x}, t) - \frac{2\mu_e}{\hbar}\mathbf{s} \cdot \mathbf{B}(\mathbf{x}, t)$$

$$(10.3.1)$$

である．ここで電子同士の相互作用は無視するので，一度に1電子だけを考えるのが適当である．磁場の方向は $+z$ の方向で，B_z の値が一定だとする．また z 方向の電場もあり，z だけに依存するとする．電場は電子をこの方向に拘束する役割をもつ．これは薄い膜の上の場合かもしれないし，物質の厚板の全体の場合かもしれない．ベクトル・ポテンシャルとスカラー・ポテンシャルは次の形をもつとすることができる．

$$A_y = xB_z, \quad A_x = A_z = 0, \quad \phi = \phi(z). \quad (10.3.2)$$

（この選択は一意的ではないが，10.2 節で示したように，ハミルトニアンの固有値は仮定された〔同じ〕電場と磁場を与えるならポテンシャルの選択には依存しない．）ポテンシャルが以上の通りだとすると，ハミルトニアン（10.3.1）は

$$H = \frac{1}{2m_e}\left(p_x^2 + (p_y + eB_z x/c)^2 + p_z^2\right) - e\phi(z) - 2\mu_e s_z B_z/\hbar$$

(10.3.3)

の形をとる. このハミルトニアンは演算子 p_y および s_z および

$$\mathcal{H} \equiv \frac{p_z^2}{2m_e} - e\phi(z)$$

(10.3.4)

と可換である. そこで, これらすべての演算子の固有状態である Ψ を探そう. その形は

$$\mathcal{H}\Psi = \mathcal{E}\Psi, \quad s_z\Psi = \pm\frac{\hbar}{2}\Psi, \quad p_y\Psi = \hbar k_y\Psi \quad (10.3.5)$$

および

$$H\Psi = E\Psi$$

(10.3.6)

である. するとシュレーディンガー方程式 (10.3.6) は

$$\frac{1}{2m_e}\left(p_x^2 + (\hbar k_y + eB_z x/c)^2\right)\Psi = (E - \mathcal{E} \pm \mu_e B_z)\Psi$$

(10.3.7)

である. これはもっと見慣れた形にすることができる.

$$\left[\frac{1}{2m_e}p_x^2 + \frac{m_e\omega^2}{2}(x - x_0)^2\right]\Psi = (E - \mathcal{E} \pm \mu_e B_z)\Psi$$

(10.3.8)

と書けばよい. ここで

$$\omega = \frac{eB_z}{m_e c}, \quad x_0 = -\frac{\hbar k_y c}{eB_z}$$

(10.3.9)

である. (パラメーター ω は磁場 B_z の中の古典的な電子

の軌道の角振動数であって，サイクロトロン振動数と呼ばれる．）言うまでもなく，式（10.3.8）は 2.5 節で議論した調和振動子のシュレーディンガー方程式と同じ形をしている．（式（10.3.7）の p_x は単純に $m_e\dot{x}$ ではないが，交換関係 $[x, p_x] = i\hbar$ を満足しているので，微分演算子 $-i\hbar\partial/\partial x$ として座標空間の波動関数に作用する．これは普通の調和振動子の場合と同じである．）式（10.3.8）の中に x_0 のあることはエネルギーの固有値にはまったく影響がない．それは座標を $x \mapsto x' = x - x_0$ と定義し直せばすむことである．したがってエネルギーは

$$E = \mathcal{E} \mp \mu_e B_z + \hbar\omega\left(n + \frac{1}{2}\right) \qquad (10.3.10)$$

となる．ここで $n = 0, 1, 2, \cdots$ である．

これは電子の磁気能率の実際の値

$$\mu_e = -\frac{e\hbar(1+\delta)}{2m_e c} \qquad (10.3.11)$$

を使うと面白い形をとる．ここで $\delta = 0.001165923(8)$ は小さな輻射補正である．式（10.3.10）は

$$E = \mathcal{E} + \hbar\omega\left(n + \frac{1}{2} \pm \frac{1+\delta}{2}\right) \qquad (10.3.12)$$

となる．ほとんど縮退していることが見て取れる．すなわち $\delta \simeq 0$ という近似では，所与の $\mathcal{E}$ と k_y に対し，エネルギー $\mathcal{E}$ の 1 状態，$\mathcal{E} + \hbar\omega$ と $\mathcal{E} + 2\hbar\omega$ の 2 状態，等がある．

式（10.3.12）のエネルギーは k_y に依存しないから，

これらのエネルギー準位はさらに非常に大きな縮退度を示す．電子が薄板 $-L_x/2 \leqq x \leqq L_x/2$ および $-L_y/2 \leqq y \leqq L_y/2$ に拘束されていると仮定する．調和振動子の波動関数（2.5.13）は，x_0 のまわりの x 方向に微小な距離 $\simeq (\hbar/m_e\omega)^{1/2}$ の間に広がっている．この距離は L_x よりずっと小さいと想定されるから，式（10.3.8）の中の x_0 は $|x_0| < L_x/2$ のはずである．すると式（10.3.9）により $|k_y| < eB_zL_x/2\hbar c$ となる．式（1.1.1）のように，波数 k_y は $2\pi n_y/L_y$ という値しかとれない．ここで n_y は正または負の整数である．したがって，$|k_y|$ が $eB_zL_x/2\hbar c$ より小さいという条件を満足する $n, \mathcal{E}, s_z$ が与えられた場合，状態の数は，絶対値が $\dfrac{eB_zL_x}{2\hbar c}\dfrac{L_y}{2\pi}$ より小さいような正または負の整数の個数である．それはまた

$$\mathcal{N}_y = \frac{eB_zA}{2\pi\hbar c} \tag{10.3.13}$$

と書ける．$A = L_xL_y$ は薄板の面積である．

さらに進むには，ハミルトニアンの中で，式（10.3.4）で定義した波動関数の z 依存性を決める項 $\mathcal{H}$ について何らかの仮定をする必要がある．最も単純な場合だけを考えよう．金属の薄板が z 方向については非常に薄くて，$\mathcal{H}$ の固有値 $\mathcal{E}$ がお互いに非常に離れており，したがってすべての伝導電子が $\mathcal{H}$ の最低エネルギー $\mathcal{E}_0$ の固有状態にあると仮定する．

最大エネルギー $\mathcal{E}_F$（フェルミ・エネルギーから $\mathcal{E}_0$ を引

いた量）までの調和振動子の状態がすべて占有されている
と仮定すると，伝導電子の数は全部で

$$N = 2\Big(\frac{\mathcal{E}_F}{\hbar\omega}\Big)\mathcal{N}_y = \frac{\mathcal{E}_F m_e A}{\pi\hbar^2} \qquad (10.3.14)$$

となるであろう．磁場のない場合には，フェルミ・エネル
ギーと，面積あたりの電子の数 N/A の間の同じ関係が得
られるであろう．

$$N = 2\Big(\frac{L_x}{2\pi}\Big)\Big(\frac{L_y}{2\pi}\Big)\int_0^{\sqrt{2m_e\mathcal{E}_F}/\hbar} 2\pi k\,dk = \frac{\mathcal{E}_F m_e A}{\pi\hbar^2}.$$

　磁場の存在がどこで違いを起こすかというと，エネルギ
ー準位の量子化の中である．式（10.3.12）（$\delta = 0$）によ
れば，もしすべてのエネルギー準位（10.3.12）がある最
高エネルギーまですべて満たされたとすると，部分的なフ
ェルミ・エネルギー $\mathcal{E}_F$ は $\hbar\omega$ の自然数倍でなければなら
ない．しかし，それは必ずしも伝導電子の単位面積あたり
の数 N/A としての式（10.3.14）によって与えられる $\mathcal{E}_F$
と合致しない．部分的なフェルミ・エネルギー $\mathcal{E}_F$ が $\hbar\omega$
の自然数倍でないときには，調和振動子の最高のエネル
ギー準位まで完全には満たされない．特に，$[\mathcal{E}_F/\hbar\omega]$ を
$\mathcal{E}_F/\hbar\omega$ 以下の最大の自然数と定義するとき，$\hbar\omega[\mathcal{E}_F/\hbar\omega]$
までのすべてのエネルギー準位が満たされ，次の最高のエ
ネルギー準位の満たされる割合の値 f は次の条件で与えら
れる．

$$\Big(\Big[\frac{\mathcal{E}_F}{\hbar\omega}\Big] + f\Big)\hbar\omega = \mathcal{E}_F$$

264 第 10 章 電磁場中の荷電粒子

すなわち

$$f = \frac{\mathcal{E}_\text{F}}{\hbar\omega} - \left[\frac{\mathcal{E}_\text{F}}{\hbar\omega}\right] \qquad (10.3.15)$$

である. 磁場が増えると, 比 $\mathcal{E}_\text{F}/\hbar\omega$ は $1/B_z$ に比例して
減少するから, f は次第に減少する. 遂には $\mathcal{E}_\text{F}/\hbar\omega$ が自
然数になって $f = 0$ となる. B_z をさらに連続的に増やす
と, 占有度 f は 0 からほとんど 1 まで飛び上がり, それ
から $\mathcal{E}_\text{F}/\hbar\omega$ がその次に低い自然数になると 0 となる. 以
下同様である. したがって金属の性質の多くは $1/B_z$ につ
いての周期性を示す. その周期は $\mathcal{E}_\text{F}/\hbar\omega$ が 1 単位減少す
るために必要な $1/B_z$ の減少に等しい.

$$\Delta\left(\frac{1}{B_z}\right) = \frac{\hbar e}{m_e c \mathcal{E}_\text{F}} \qquad (10.3.16)$$

観測された電気抵抗の周期性はシュブニコフ – ド・ハース
効果, 磁化率の周期性はド・ハース – アルフェン効果と呼
ばれている. そのような周期性をさまざまな磁場の方向に
ついて測定することにより, 結晶の中での電子のエネルギ
ーと運動量の関係を決定することができる.

　同様な周期性は z 方向の厚さが有限な板でも見られる.
その場合, $\mathcal{H}$ のさまざまな固有状態が占有されている.
ここでは固有値 $\mathcal{E}$ はブロッホの波数の z 成分である k_z の
関数であり, $\mathcal{E}(k_z)$ は最大と最小の間で振動している.

原　注
(1) L. Landau, *Z. Physik* **64**, 629 (1930).

10.4 アハラノフ-ボーム効果

10.1 節で強調したように，古典物理ではベクトル・ポテンシャルとスカラー・ポテンシャルの導入は単なる数学的な便宜からであったが，量子力学では本質的な意味をもつ．これが鮮やかに立証されたのは，アハラノフとボームによって予言されたある効果の存在である[1]．この効果においては，粒子の経路に沿って磁場はどこでも 0 であるにもかかわらず，ベクトル・ポテンシャルの効果が測定できるのである．

最初に，静電場におけるエネルギー E の電子の波動関数の計算方法を考えよう（スピンの効果は無視する）．場の変動する長さの規模は電子の波長に比べてずっと大きいとする．この場合は 7.10 節で記述したアイコナール近似が使える．ハミルトニアンに現れる電荷は $-e$ であり，電磁的でないポテンシャル $\mathcal{V}$ は考慮しない．したがってハミルトニアンは

$$H(\mathbf{x}, \mathbf{p}) = \frac{1}{2m_e}\left[\mathbf{p} + \frac{e}{c}\mathbf{A}(\mathbf{x})\right]^2 - e\phi(\mathbf{x}) \qquad (10.4.1)$$

である．波動関数を

$$\psi(\mathbf{x}) = N(\mathbf{x})\exp(iS(\mathbf{x})/\hbar) \qquad (10.4.2)$$

と書く．N と S は実数であり，位相 $S(\mathbf{x})/\hbar$ は位置の関数として，振幅 $N(\mathbf{x})$ よりもずっと激しく振動すると近似する．7.10 節で記述したように，S を求めるために，ハミルトニアン方程式（7.10.4）で定義された射線経

路を構成しなければならない. それはハミルトニアン
（10.4.1）については

$$\frac{dx_i}{d\tau} = \frac{1}{m_e}\Big[p_i + \frac{e}{c} A_i(\mathbf{x}) \Big], \qquad (10.4.3)$$

$$\frac{dp_i}{d\tau} = -\frac{e}{m_e c}\sum_j \Big[p_j + \frac{e}{c} A_j(\mathbf{x}) \Big]\frac{\partial A_j(\mathbf{x})}{\partial x_i} + e\frac{\partial \phi(\mathbf{x})}{\partial x_i}$$
$$(10.4.4)$$

である. ここで τ は位相空間の中での経路を記述するパ
ラメーターである. 波動関数の境界条件は初期の表面で指
定される. その表面上では波動関数の位相は支配的なオー
ダーで一定であり, それを 0 ととることができる. また,
その表面上で $d\mathbf{x}/d\tau$ は表面に垂直であり, ハミルトニア
ン H は電子のエネルギー E に等しい.（例えば, z が大
きくかつ負であるときにポテンシャルが 0 になり, この
場合の波動関数が $\exp(ikz)$ に比例しているならば, 最初
の表面を z が負で大きく, z 軸に垂直な任意の平面ととる
ことができる.）すると式（10.4.3）と（10.4.4）は任意
の経路に沿って $H=E$ を与える. 少なくとも最初の平面
の近傍の任意の点 $\mathbf{x}$ に対して, 何らかの点 $\mathbf{X}(\mathbf{x})$ が最初
の表面上に存在して, $\tau=0$ での $\mathbf{X}(\mathbf{x})$ から出発し, ハミ
ルトンの方程式（10.4.3）および（10.4.4）に従い, 最
終的に経路のパラメーターの何らかの値 $\tau=\tau_{\mathbf{x}}$ で $\mathbf{x}$ に到
着する経路が存在する. すると位相 $S(\mathbf{x})/\hbar$ は一般的な公
式

$$S(\mathbf{x}) = \int_0^{\tau_\mathbf{x}} \mathbf{p}(\tau) \cdot \frac{d\mathbf{x}(\tau)}{d\tau} d\tau \qquad (10.4.5)$$

で与えられる. 7.10 節で示されたように, この結果は

$$\mathbf{p}(\tau_\mathbf{x}) = \boldsymbol{\nabla} S(\mathbf{x}) \qquad (10.4.6)$$

である. ここでは $\mathbf{p}(\tau)$ は式 (10.4.3) と (10.4.4) の解であり, 最初の表面から $\mathbf{x}$ までの射線経路についてのものであることは了解されているとする. (このことは $H(\boldsymbol{\nabla} S, \mathbf{x}) = E$ であることを保証する. これは, N の勾配が無視できるという近似でのシュレーディンガー方程式である.) 私たちの場合, 式 (10.4.3) を使い, ハミルトニアン (10.4.1) が E に等しいと定めると, 式 (10.4.5) は

$$S(\mathbf{x}) = \int_0^{\tau_\mathbf{x}} \left[-\frac{e}{c} \mathbf{A}(\mathbf{x}(\tau)) \cdot \frac{d\mathbf{x}(\tau)}{d\tau} + 2\Big(E + e\phi(\mathbf{x}(\tau)) \Big) \right] d\tau$$
$$(10.4.7)$$

となる.

　振幅 $N(\mathbf{x})$ を計算するために, 確率の保存則 (10.1.15) を使う. ここで波動関数は時間に依存しないから, これは

$$\boldsymbol{\nabla} \cdot \boldsymbol{\mathcal{J}} = 0 \qquad (10.4.8)$$

を与える. 流れ $\boldsymbol{\mathcal{J}}$ は式 (10.1.16) で与えられる. 再びアイコナール近似で N の勾配を無視すると, この流れは

$$\boldsymbol{\mathcal{J}} = \frac{1}{m} N^2 \Big(\boldsymbol{\nabla} S + \frac{e}{c} \mathbf{A} \Big) \qquad (10.4.9)$$

である. 7.10 節の議論に従い, $\mathbf{x}$ をとりまき, これらの射線経路に垂直な面積 δa の小さな切れ端に届くすべての

経路を考えよう. これらの経路は最初の $\mathbf{X}(\mathbf{x})$ をとりま
く面積 δA の小さな切れ端から出発したであろう. これ
らの二つの切れ端を両端とし, 側面は, 最初の表面にあ
る切れ端の端から $\mathbf{x}$ をとりまく表面にある切れ端の端に
至る射線経路を形成する細い管を描くことができる. 式
（10.4.8）と（10.4.9）とガウスの定理から, $N^2(\boldsymbol{\nabla}S +$
$(e/c)\mathbf{A})$ の管の表面から外向きの法線への成分のこの表
面上の積分は 0 となる. 式（10.4.3）と（10.4.6）によ
ると, $\boldsymbol{\nabla}S + (e/c)\mathbf{A}$ という組み合わせはちょうど $d\mathbf{x}/d\tau$
に比例し, 射線経路の方向を指しているから, $N^2(\boldsymbol{\nabla}S +$
$(e/c)\mathbf{A})$ の外向きの法線成分は管の側面では 0 となる.
ベクトル $N^2(\boldsymbol{\nabla}S + (e/c)\mathbf{A})$ は $\mathbf{x}$ ではこの切れ端の外向
きの法線の方向を指しているが, 一方, 最初の表面上の対
応する切れ端の上ではそれはこの表面の内向きの方向を指
している. したがってガウスの定理から

$$N^2(\mathbf{x})\left|\left(\frac{d\mathbf{x}(\tau)}{d\tau}\right)_{\tau=\tau_{\mathbf{x}}}\right|\delta a - N^2(\mathbf{X}(\mathbf{x}))\left|\left(\frac{d\mathbf{x}(\tau)}{d\tau}\right)_{\tau=0}\right|\delta A = 0$$

$$(10.4.10)$$

ということがわかる. ここで $d\mathbf{x}/d\tau$ は $\mathbf{x}$ に行く射線経
路について, 最初の表面の対応する点 $X(\mathbf{x})$ から計算さ
れることを了解しておく. 以下の議論で必要になる式
（10.4.10）の特徴はただ一つ, $\mathbf{x}$ での N^2 と対応する初
期の表面上の $\mathbf{X}(\mathbf{x})$ での値の比が E および, 電子に作用
する $\mathbf{B}$ や $\mathbf{E}$ だけに依存するが, これらの場を通じての他
はベクトル・ポテンシャルに依存しないことである. これ

はなぜかと言うと，式（10.4.3）と（10.4.4）から $\mathbf{x}(\tau)$ は式（10.1.1）に似た運動方程式

$$m_e \ddot{\mathbf{x}}(t) = -e\left[\mathbf{E}\big(\mathbf{x}(t), t\big) + \frac{1}{c}\dot{\mathbf{x}}(t) \times \mathbf{B}\big(\mathbf{x}(t), t\big)\right]$$

(10.4.11)

に従うが，一方，式（10.4.1）と（10.4.3）によると，最初の表面での $d\mathbf{x}/d\tau$ の値は E と ϕ にしか依存しない．射線経路 $\mathbf{x}(\tau)$ はしたがってベクトル・ポテンシャルには依存しない．磁場に対する影響は除く．同じことは経路の膨張率 $\delta a/\delta A$ と比

$$\left|\left(\frac{d\mathbf{x}(\tau)}{d\tau}\right)_{\tau = \tau_{\mathbf{x}}}\right| \Big/ \left|\left(\frac{d\mathbf{x}(\tau)}{d\tau}\right)_{\tau = 0}\right|$$

についても成り立つ．したがって式（10.4.10）によると $\mathbf{x}$ での N^2 と初期の表面上の対応する点での値との比についても正しい．

さて，場，スクリーンおよび／またはビーム・スプリッターを適当に配置して，一つの電子のコヒーレントなビームが二つの部分に分かれ，その結果 $\mathbf{x}$ にある検出器へ至る射線経路が二つ存在するとしよう．$\mathbf{x}$ での波動関数は

$$\psi(\mathbf{x}) = N_1(\mathbf{x}) \exp\big(iS_1(\mathbf{x})/\hbar\big) + N_2(\mathbf{x}) \exp\big(iS_2(\mathbf{x})/\hbar\big)$$

(10.4.12)

の形をとるであろう．ここで添え字 1 と 2 は検出器への二つの経路を表す．すると $\mathbf{x}$ での確率密度

$$|\psi(\mathbf{x})|^2 = N_1^2(\mathbf{x}) + N_2^2(\mathbf{x})$$

$$+ 2N_1(\mathbf{x})N_2(\mathbf{x})\cos\big([S_1(\mathbf{x}) - S_2(\mathbf{x})]/\hbar\big) \quad (10.4.13)$$

は位相の差に依存する. 式 (10.4.7) によると, ここに現れる位相の差は最初の表面上の点 $X_1(\mathbf{x})$ から経路1に沿って $\mathbf{x}$ まで行き, それから戻って最初の表面上の点 $X_2(\mathbf{x})$ に行く曲線上の積分として書くことができる. しかし定義により, 最初の表面上の位相 S は一定であるから, 積分は閉曲線 C_{12} 上の積分ととってもかまわない. ここで C_{12} は $X_1(\mathbf{x})$ から経路1に沿って $\mathbf{x}$ に行き, 次に $\mathbf{x}$ から経路2に沿って $X_2(\mathbf{x})$ に戻り, さらに最初の表面上で $X_2(\mathbf{x})$ から $X_1(\mathbf{x})$ に戻る曲線である. したがって

$$\frac{1}{\hbar}\big[S_1(\mathbf{x}) - S_2(\mathbf{x})\big]$$

$$= \frac{1}{\hbar}\oint_{C_{12}}\left[-\frac{e}{c}\mathbf{A}(\tau)\cdot\frac{d\mathbf{x}(\tau)}{d\tau} + 2\Big(E + e\phi(\mathbf{x}(\tau))\Big)\right]d\tau$$

$$(10.4.14)$$

となる. ストークスの定理によれば, 位相の差の第1項は C_{12} を境界とする表面 $\mathcal{A}_{12}$ を貫く磁束に比例する.

$$-\frac{e}{\hbar c}\oint_{C_{12}}\mathbf{A}(\tau)\cdot\frac{d\mathbf{x}(\tau)}{d\tau}d\tau = -\frac{e}{\hbar c}\Phi, \quad (10.4.15)$$

ここで磁束は,

$$\Phi = \int_{\mathcal{A}_{12}}\mathbf{B}\cdot\widehat{\mathbf{n}}\,d\mathcal{A} \quad (10.4.16)$$

であり, $\widehat{\mathbf{n}}$ は表面 $\mathcal{A}_{12}$ に垂直な単位ベクトルである.

したがって位相の差（10.4.14）と確率密度（10.4.13）は，電子が曲線 C_{12} の内側には行かないにもかかわらず，曲線 C_{12} の内側の場所の磁場の値に依存する．

アハラノフとボームは特別な場合として，経路1と2の間に磁束 Φ を担うソレノイドを挿入した．その磁束は完全にソレノイドの中に含まれている．今まで見てきたように，射線経路および N^2 の値は経路上の電場と磁場だけに影響される．したがってソレノイドには影響されない．しかし，ソレノイドのベクトル・ポテンシャルは実際にその外に広がっている．ソレノイドのつくる磁場は二つの射線経路上で0であるにもかかわらず，ソレノイドのベクトル・ポテンシャルは位相の差に $-e\Phi/\hbar c$ だけ寄与する．位相の差（10.4.14）には他の寄与もあるが，系の他の部分には変化をさせずに，ソレノイドの磁束 Φ を変化させることによってソレノイドの寄与が観測できる．式（10.4.13）〜（10.4.15）で示されるように，検出器での電子の確率密度は Φ について周期的であり，その周期は $2\pi\hbar c/e = 4.14 \times 10^{-7}$ Gauss cm^2 である．この効果は幾度にもわたる実験の末に観測された[2]．

アハラノフ‐ボーム効果はここでは時間に依存しない文脈で記述されたが，それを電子の静止系で見たときの磁場の変化の効果と見ることもできる．この意味では式（10.4.15）は6.7節で議論したベリー位相の例と見なせる．

原　注

(1) Y. Aharonov and D. Bohm, *Phys. Rev.* **115**, 485 (1959).

(2) R. G. Chambers, *Phys. Rev. Lett.* **5**, 3 (1960); H. A. Fowler, L. Marton, J. A. Simpson, and J. A. Suddeth, *J. Appl. Phys.* **22**, 1153 (1961); H. Boersch, H. Hamisch, K. Grohmann, and D. Wohlleben, *Z. Phys.* **165**, 79 (1961); G. Möllenstedt and W. Bayh, *Phys. Blätter* **18**, 299 (1962); A. Tonomura, T. Matsuda, R. Suzuki, A. Fukuhara, N. Osakabe, H. Umezaki, J. Endo, K. Shinagawa, Y. Sugita, and H. Fujiwara, *Phys. Rev. Lett.* **48**, 1443 (1982).

問　題

1. 外的な電磁場の中の系を考えよう. スカラー・ポテンシャル ϕ とベクトル・ポテンシャル $\mathbf{A}$ に依存する部分のラグランジアンが

$$L_{\text{int}}(t) = \int d^3x [-\rho(\mathbf{x}, t)\phi(\mathbf{x}, t) + \mathbf{J}(\mathbf{x}, t) \cdot \mathbf{A}(\mathbf{x}, t)]$$

の形をとるとしよう. ここで, ρ と J は物質の変数に依存するが ϕ や $\mathbf{A}$ には依存しないとする. 作用がゲージ不変であるために ρ と $\mathbf{J}$ が満足しなければならない条件は何か.

2. 長方形の金属の厚板を考える. その 3 辺の長さは L_x, L_y, L_z である. 電場のポテンシャル ϕ は厚板の中では 0 であり, 厚板中の伝導電子の波動関数は, 厚板の表面では周期的境界条件を満足すると仮定する. 厚板は z 方向の一定の磁場の中にあり, その磁場は十分強くてサイクロトロン振動数 ω は $\hbar/m_e L_z^2$ よりずっと大きいとする. 単位体積あたり n_e 個の伝導電子が厚板の中にあるとする. $\omega m_e L_z^2/\hbar \to \infty$ の極限で, 個々の伝導電子の

もち得る最大のエネルギーを計算せよ.

　3. 外的な電磁場の中の非相対論的な電子を考える．その速度
の異なる成分の交換関係を計算せよ.

第 11 章　輻射の量子論

　20 世紀の初めに量子論の起源となった問題に戻る．それは，電磁輻射の本性の問題である．

11.1　オイラー – ラグランジュの方程式

　電磁場を量子化するためには，マックスウェル方程式を導くラグランジアンを使う必要がある．しかしこのラグランジアンを導入する前に，一般に場の理論で，ラグランジアンからどのように場の方程式が導かれるかを説明するのが役立つだろう．

　場の理論の正準変数 $q_N(t)$ は場 $\psi_n(\mathbf{x}, t)$ である．ここで N は複合的な添え字で，場の型を記述する離散的な名前 n と空間の座標 $\mathbf{x}$ を表す．これに対応して，ラグランジアン $L(t)$ は $\psi_n(\mathbf{x}, t)$ と $\dot{\psi}_n(\mathbf{x}, t)$ の汎関数であり，$\psi_n(\mathbf{x}, t)$ と $\dot{\psi}_n(\mathbf{x}, t)$ のあらゆる関数形に依存している．$\mathbf{x}$ についてはすべての値を考えるが，t は固定しておく．その結果，運動方程式の中の q_N と $\dot{q}_N$ についての偏微分は，$\psi_n(\mathbf{x}, t)$ と $\dot{\psi}_n(\mathbf{x}, t)$ についての偏微分と解釈することになる．したがって運動方程式は

$$\frac{\partial}{\partial t}\left(\frac{\delta L(t)}{\delta \dot{\psi}_n(\mathbf{x}, t)}\right) = \frac{\delta L(t)}{\delta \psi_n(\mathbf{x}, t)} \tag{11.1.1}$$

となる. ここで, 関数 L についての偏微分 $\delta L/\delta \dot{\psi}_n$ と $\delta L/\delta \psi_n$ は, $\psi_n(\mathbf{x}, t)$ と $\dot{\psi}_n(\mathbf{x}, t)$ の独立な無限小の変分 $\delta \psi_n(\mathbf{x}, t)$ と $\delta \dot{\psi}_n(\mathbf{x}, t)$ についての関数微分と解釈されねばならず, その結果ラグランジアンの変分は

$$\delta L(t) = \sum_n \int d^3x \left[\frac{\delta L(t)}{\delta \psi_n(\mathbf{x}, t)} \delta \psi_n(\mathbf{x}, t)\right.$$
$$\left. + \frac{\delta L(t)}{\delta \dot{\psi}_n(\mathbf{x}, t)} \delta \dot{\psi}_n(\mathbf{x}, t)\right] \tag{11.1.2}$$

と書ける. t は固定してある. 同様に, $\psi_n(\mathbf{x}, t)$ に正準共役な量は

$$\pi_n(\mathbf{x}, t) = \frac{\delta L(t)}{\delta \dot{\psi}_n(\mathbf{x}, t)} \tag{11.1.3}$$

である. また拘束のない理論では, 正準交換関係は

$$[\psi_n(\mathbf{x}, t), \pi_m(\mathbf{y}, t)] = i\hbar \delta_{nm} \delta^3(\mathbf{x} - \mathbf{y}), \tag{11.1.4}$$

$$[\psi_n(\mathbf{x}, t), \psi_m(\mathbf{y}, t)] = [\pi_n(\mathbf{x}, t), \pi_m(\mathbf{y}, t)] = 0 \tag{11.1.5}$$

である.

例外はあるが, 場の理論の典型的なラグランジアンは局所的なラグランジアン密度 $\mathcal{L}$ の積分

$$L(t) = \int d^3x \, \mathcal{L}\big(\psi(\mathbf{x}, t), \nabla\psi(\mathbf{x}, t), \dot{\psi}(\mathbf{x}, t)\big). \tag{11.1.6}$$

で書かれている. ラグランジアンの変分は ψ_n およびその

空間微分と時間微分の無限小の変分によるものである．但しそれらは $|\mathbf{x}| \to \infty$ で 0 になるとする．

$$\delta L(t) = \int d^3x \sum_n \left[\frac{\partial \mathcal{L}}{\partial \psi_n} \delta \psi_n + \sum_i \frac{\partial \mathcal{L}}{\partial(\partial_i \psi_n)} \frac{\partial}{\partial x_i} \delta \psi_n \right.$$
$$\left. + \frac{\partial \mathcal{L}}{\partial \dot{\psi}_n} \frac{\partial}{\partial t} \delta \psi_n \right]$$

である．右辺第2項を部分積分すると

$$\delta L(t) = \int d^3x \sum_n \left[\left(\frac{\partial \mathcal{L}}{\partial \psi_n} - \sum_i \frac{\partial}{\partial x_i} \frac{\partial \mathcal{L}}{\partial(\partial_i \psi_n)} \right) \delta \psi_n \right.$$
$$\left. + \frac{\partial \mathcal{L}}{\partial \dot{\psi}_n} \frac{\partial}{\partial t} \delta \psi_n \right]$$

となる．上の表式を（11.1.2）と比較し，

$$\frac{\delta L}{\delta \psi_n} = \frac{\partial \mathcal{L}}{\partial \psi_n} - \sum_i \frac{\partial}{\partial x_i} \frac{\partial \mathcal{L}}{\partial(\partial_i \psi_n)}, \qquad (11.1.7)$$

$$\frac{\delta L}{\delta \dot{\psi}_n} = \frac{\partial \mathcal{L}}{\partial \dot{\psi}_n} \qquad\qquad (11.1.8)$$

が得られる．すると運動方程式（11.1.1）はラグランジアン密度に関する**オイラー‐ラグランジュの場の方程式**

$$\frac{\partial \mathcal{L}}{\partial \psi_n} - \sum_i \frac{\partial}{\partial x_i} \frac{\partial \mathcal{L}}{\partial(\partial_i \psi_n)} = \frac{\partial}{\partial t} \frac{\partial \mathcal{L}}{\partial \dot{\psi}_n} \qquad (11.1.9)$$

となる．（相対論的に不変な理論ではこれを

$$\frac{\partial \mathcal{L}}{\partial \psi_n} = \sum_\mu \frac{\partial}{\partial x^\mu} \frac{\partial \mathcal{L}}{\partial(\partial_\mu \psi_n)} \qquad (11.1.10)$$

と書くのが便利である．μ は4成分の添え字で，和は $i=1, 2, 3, 0$ についてとる．$x^i = x_i, x^0 = ct$ である．）同様

に，局所的なラグランジアン密度のある理論では場の変数
(11.1.3)，すなわち $\phi_n(\mathbf{x}, t)$ に正準共役な場の変数は

$$\pi_n = \frac{\delta L}{\delta \dot{\phi}_n} = \frac{\partial \mathcal{L}}{\partial \dot{\phi}_n} \qquad (11.1.11)$$

である．

11.2 電磁力学のラグランジアン

電場 $\mathbf{E}(\mathbf{x}, t)$ と磁場 $\mathbf{B}(\mathbf{x}, t)$ は非斉次なマックスウェル
方程式[1]

$$\boldsymbol{\nabla} \times \mathbf{B} - \frac{1}{c}\frac{\partial \mathbf{E}}{\partial t} = \frac{4\pi}{c}\mathbf{J}, \quad \boldsymbol{\nabla} \cdot \mathbf{E} = 4\pi\rho \qquad (11.2.1)$$

を満たし，また既に 10.1 節で出会った通り，斉次のマッ
クスウェル方程式

$$\boldsymbol{\nabla} \times \mathbf{E} + \frac{1}{c}\frac{\partial \mathbf{B}}{\partial t} = 0, \quad \boldsymbol{\nabla} \cdot \mathbf{B} = 0 \qquad (11.2.2)$$

を満足する．$\rho(\mathbf{x}, t)$ は電荷密度であり，任意の体積の
中の電荷がその体積の中の ρ の積分で表される．また
$\mathbf{J}(\mathbf{x}, t)$ は電流密度であり，小さな面積を単位時間あたり
に通過する電荷が，$\mathbf{J}$ のその面の法線方向成分に面積をか
けたものとなる．これらはまた電荷の保存則

$$\frac{\partial \rho}{\partial t} + \boldsymbol{\nabla} \cdot \mathbf{J} = 0 \qquad (11.2.3)$$

を満足する．これは式 (11.2.1) が無矛盾であるために
必要である．例えば，非相対論的な点粒子の組で各々の電
荷が e_n で，座標ベクトルが $\mathbf{x}_n(t)$ である場合，電荷密度

および電流密度は

$$
\begin{cases}
\rho(\mathbf{x}, t) = \sum_n e_n \delta^3 \big(\mathbf{x} - \mathbf{x}_n(t) \big), \\
\mathbf{J}(\mathbf{x}, t) = \sum_n e_n \dot{\mathbf{x}}_n(t) \delta^3 \big(\mathbf{x} - \mathbf{x}_n(t) \big)
\end{cases}
\tag{11.2.4}
$$

となる. 関係

$$
\frac{\partial}{\partial t} \delta^3 \big(\mathbf{x} - \mathbf{x}_n(t) \big) = -\dot{\mathbf{x}}_n(t) \cdot \boldsymbol{\nabla} \delta^3 \big(\mathbf{x} - \mathbf{x}_n(t) \big)
$$

を使えば, 以上が電荷の保存則 (11.2.3) を満足することが容易に導ける.

10.1 節の場合のように, 電磁気学のためのラグランジアンを構成するためには, 電場と磁場をベクトル・ポテンシャル $\mathbf{A}(\mathbf{x}, t)$ とスカラー・ポテンシャル $\phi(\mathbf{x}, t)$ で

$$
\mathbf{E} = -\frac{1}{c} \dot{\mathbf{A}} - \boldsymbol{\nabla} \phi, \quad \mathbf{B} = \boldsymbol{\nabla} \times \mathbf{A}
\tag{11.2.5}
$$

と表す必要がある. そうすれば斉次のマックスウェル方程式は自動的に満足される. 式 (10.1.3) によると, ラグランジアンの中で非相対論的な粒子と電磁場の相互作用 (interaction) が

$$
L_{\mathrm{int}}(t) = \sum_n \left[-e_n \phi \big(\mathbf{x}_n(t), t \big) + \frac{e_n}{c} \dot{\mathbf{x}}_n(t) \cdot \mathbf{A} \big(\mathbf{x}_n(t), t \big) \right]
$$

であることがわかっている. これは局所的な密度の積分で

$$
L_{\mathrm{int}}(t) = \int d^3 x \, \mathcal{L}_{\mathrm{int}}(\mathbf{x}, t)
\tag{11.2.6}
$$

と表せる.

$$\mathcal{L}_{\text{int}}(\mathbf{x}, t) = -\rho(\mathbf{x}, t)\phi(\mathbf{x}, t) + \frac{1}{c}\mathbf{J}(\mathbf{x}, t) \cdot \mathbf{A}(\mathbf{x}, t)$$

$$(11.2.7)$$

である. 以後これを任意の電荷と電流に対する相互作用の
ラグランジアン密度とする.

式 (11.2.7) に対して, 電磁場自身のラグランジアン
密度 $\mathcal{L}_0$ を加えなければならない. そうすると電磁場と関
係する部分を含めたラグランジアンは密度

$$\mathcal{L}_{\text{em}} = \mathcal{L}_0 + \mathcal{L}_{\text{int}} \qquad (11.2.8)$$

の積分となる. これから示すように, 正しいマックスウェ
ル方程式を与える電磁場のラグランジアンは

$$\mathcal{L}_0 = \frac{1}{8\pi}[\mathbf{E}^2 - \mathbf{B}^2] \qquad (11.2.9)$$

である. $\mathbf{E}$ と $\mathbf{B}$ は式 (11.2.5) によって $\mathbf{A}$ と ϕ で表さ
れる. 系の全ラグランジアンは

$$L(t) = \int d^3x \, \mathcal{L}_{\text{em}}(\mathbf{x}, t) + L_{\text{mat}}(t) \qquad (11.2.10)$$

である. ここで $L_{\text{mat}}(t)$ は物質 (matter) の座標とその
時間変化率だけに依存し, 電磁ポテンシャルには依存しな
いので, 電磁場の方程式を決めるには全く役割を果たさな
い.

ラグランジアン密度をポテンシャルおよびその微分で微
分した結果は,

$$\begin{cases} \dfrac{\partial \mathcal{L}_{\mathrm{em}}}{\partial (\partial_j A_i)} = -\dfrac{1}{4\pi} \sum_k \epsilon_{kji} B_k, \\[2mm] \dfrac{\partial \mathcal{L}_{\mathrm{em}}}{\partial \dot{A}_i} = -\dfrac{1}{4\pi c} E_i, \quad \dfrac{\partial \mathcal{L}_{\mathrm{em}}}{\partial A_i} = \dfrac{1}{c} J_i \end{cases} \tag{11.2.11}$$

$$\begin{cases} \dfrac{\partial \mathcal{L}_{\mathrm{em}}}{\partial (\partial_i \phi)} = -\dfrac{1}{4\pi} E_i, \\[2mm] \dfrac{\partial \mathcal{L}_{\mathrm{em}}}{\partial \dot{\phi}} = 0, \quad \dfrac{\partial \mathcal{L}_{\mathrm{em}}}{\partial \phi} = -\rho \end{cases} \tag{11.2.12}$$

である. ここで i, j, k はそれぞれ三つの座標軸 $1, 2, 3$ に
わたり, 以前同様 ϵ_{kji} は完全反対称の量で $\epsilon_{123} = +1$ と
とる. すると, 非斉次のマックスウェル方程式 (11.2.1)
が A_i と ϕ についてのオイラー－ラグランジュの方程式
(11.1.9) に等しいことは容易に確かめられる.

$$\begin{cases} \dfrac{\partial \mathcal{L}_{\mathrm{em}}}{\partial A_i} - \sum_j \dfrac{\partial}{\partial x_j} \dfrac{\partial \mathcal{L}_{\mathrm{em}}}{\partial (\partial_j A_i)} = \dfrac{\partial}{\partial t} \dfrac{\partial \mathcal{L}_{\mathrm{em}}}{\partial \dot{A}_i}, \\[2mm] \dfrac{\partial \mathcal{L}_{\mathrm{em}}}{\partial \phi} - \sum_j \dfrac{\partial}{\partial x_j} \dfrac{\partial \mathcal{L}_{\mathrm{em}}}{\partial (\partial_j \phi)} = \dfrac{\partial}{\partial t} \dfrac{\partial \mathcal{L}_{\mathrm{em}}}{\partial \dot{\phi}}. \end{cases} \tag{11.2.13}$$

したがって $\mathcal{L}_{\mathrm{em}}$ は確かに電磁場のラグランジアン密度で
ある. もちろん, 物質と輻射のラグランジアン L 全体を
任意の定数倍しても, 同じ場の方程式と運動方程式が得ら
れるが, 後にわかるように, ここでこのように規格化して
おけば L から光子や荷電粒子のエネルギーが正しく出て
くる.

原　注
(1) 4π が現れるのは，この本では電荷と電流について非有理化単位系を使っているからである．したがって電荷 e によって距離 r のところに生じる電場は $e/4\pi r^2$ でなくて e/r^2 である．これらはガウスの単位系と呼ばれることもある．

11.3　電磁力学の交換関係

　式 (11.2.12) と (11.2.11) から，A_i と ϕ の正準共役は[1]

$$\Pi_\phi \equiv \frac{\partial \mathcal{L}}{\partial \dot{\phi}} = 0, \tag{11.3.1}$$

$$\Pi_i \equiv \frac{\partial \mathcal{L}}{\partial \dot{A}_i} = -\frac{1}{4\pi c}E_i = \frac{1}{4\pi c}\left[\frac{1}{c}\dot{\mathbf{A}} + \boldsymbol{\nabla}\phi\right]_i. \tag{11.3.2}$$

拘束 (11.3.1) は明らかに通常の交換関係 $[\phi(\mathbf{x},t), \Pi_\phi(\mathbf{y},t)] = i\hbar\delta^3(\mathbf{x}-\mathbf{y})$ と矛盾する．また，$\mathbf{E}$ についての場の方程式からは，Π_i がさらに拘束

$$\boldsymbol{\nabla}\cdot\boldsymbol{\Pi} = -\rho/c \tag{11.3.3}$$

に従うことがわかる．式 (11.3.3) は通常の交換関係，$[A_i(\mathbf{x},t), \Pi_j(\mathbf{y},t)] = i\hbar\delta_{ij}\delta^3(\mathbf{x}-\mathbf{y})$，および $A_i(\mathbf{x},t)$ と $\rho(\mathbf{y},t)$ が可換であることと矛盾する．

　9.5 節で記述されたディラックの言葉遣いでは，拘束 (11.3.1) と (11.3.3) は「第1種の拘束」である．なぜなら Π_ϕ と $\boldsymbol{\nabla}\cdot\boldsymbol{\Pi}+\rho/c$ の交換関係は0となるからである．他方（第1種の拘束の存在と無関係ではないが），ゲージ不変性により力学的変数に付加的な拘束を課す自由度

がある．さまざまな可能性があるが，最も一般的に選択されるのは**クーロン・ゲージ**といい，ベクトル・ポテンシャルがソレノイダルだという条件[1]

$$\nabla \cdot \mathbf{A} = 0 \qquad (11.3.4)$$

を課すことである．（これはいつでもできることに注意しよう．もし $\nabla \cdot \mathbf{A}$ が 0 でなければ，ゲージ変換 (10.2.1)，(10.2.2)

$$\mathbf{A} \mapsto \mathbf{A}' = \mathbf{A} + \nabla \alpha, \quad \phi \mapsto \phi' = \phi - \dot{\alpha}/c$$

によって 0 にできる．但し $\nabla^2 \alpha = -\nabla \cdot \mathbf{A}$ であり，$\nabla \cdot \mathbf{A}' = 0$ となる．）(11.3.4) のゲージを採用すると，場の方程式 $\nabla \cdot \mathbf{E} = 4\pi\rho$ は $\nabla^2 \phi = -4\pi\rho$ となるので，ϕ は独立な場の変数でなくなり，$\mathbf{x}$ と物質の座標の同時の関数

$$\phi(\mathbf{x}, t) = \int d^3 y \, \frac{\rho(\mathbf{y}, t)}{|\mathbf{x} - \mathbf{y}|} = \sum_n \frac{e_n}{|\mathbf{x} - \mathbf{x}_n(t)|} \qquad (11.3.5)$$

になる[2]．したがって今や Π_ϕ が 0 になることについて心配する必要はない．まだ二つの拘束 (11.3.3) と (11.3.4) が残っている．これは 9.5 節の記法により $\chi_1 = \chi_2 = 0$ と書くことにする．ここで

$$\chi_1 = \nabla \cdot \mathbf{A}, \quad \chi_2 = \nabla \cdot \mathbf{\Pi} + \rho/c \qquad (11.3.6)$$

である．9.5 節のように，行列

$$C_{r\mathbf{x}, s\mathbf{y}} \equiv [\chi_r(\mathbf{x}), \chi_s(\mathbf{y})]_{\mathrm{P}} \qquad (11.3.7)$$

を定義する．ここで $[\cdot, \cdot]_{\mathrm{P}}$ はポアソン括弧 (9.4.19) を

---

[1] ここでソレノイダルはベクトル場の発散が 0 であることを表す．(11.3.4) の $\mathbf{A}$ や後述の式 (11.3.17) の $\mathbf{\Pi}^\perp$ はソレノイダルである．

表し，r と s は値 1 と 2 をとる．（ポアソン括弧は正準交換関係から $i\hbar$ という因子を除いたものであることを思い出そう．）この「行列」の要素は下記の通りである．

$$C_{1\mathbf{x},\,2\mathbf{y}} = -C_{2\mathbf{y},\,1\mathbf{x}}$$

$$= \sum_{ij} \delta_{ij} \frac{\partial^2}{\partial x_i \partial y_j} \delta^3(\mathbf{x}-\mathbf{y}) = -\nabla^2 \delta^3(\mathbf{x}-\mathbf{y}),$$

$$(11.3.8)$$

$$C_{1\mathbf{x},\,1\mathbf{y}} = C_{2\mathbf{x},\,2\mathbf{y}} = 0. \tag{11.3.9}$$

これには逆行列がある．

$$C^{-1}_{1\mathbf{x},\,2\mathbf{y}} = -C^{-1}_{2\mathbf{y},\,1\mathbf{x}} = -\frac{1}{4\pi|\mathbf{x}-\mathbf{y}|}. \tag{11.3.10}$$

$$C^{-1}_{1\mathbf{x},\,1\mathbf{y}} = C^{-1}_{2\mathbf{y},\,2\mathbf{x}} = 0. \tag{11.3.11}$$

その意味は

$$\int d^3y \begin{pmatrix} 0 & C_{1\mathbf{x},\,2\mathbf{y}} \\ C_{2\mathbf{x},\,1\mathbf{y}} & 0 \end{pmatrix} \begin{pmatrix} 0 & C^{-1}_{1\mathbf{y},\,2\mathbf{z}} \\ C^{-1}_{2\mathbf{y},\,1\mathbf{z}} & 0 \end{pmatrix}$$

$$= \begin{pmatrix} \delta^3(\mathbf{x}-\mathbf{z}) & 0 \\ 0 & \delta^3(\mathbf{x}-\mathbf{z}) \end{pmatrix} \tag{11.3.12}$$

である．すなわち，

$$\int d^3y\, C_{1\mathbf{x},\,2\mathbf{y}} C^{-1}_{2\mathbf{y},\,1\mathbf{z}} = \int d^3y \left[-\nabla^2 \delta^3(\mathbf{x}-\mathbf{y}) \right] \left[\frac{1}{4\pi|\mathbf{y}-\mathbf{z}|} \right]$$

$$= \int d^3y \left[\delta^3(\mathbf{x}-\mathbf{y}) \right] \left[-\nabla^2 \frac{1}{4\pi|\mathbf{y}-\mathbf{z}|} \right]$$

$$= \delta^3(\mathbf{x}-\mathbf{z}).$$

$\int d^3y\, C_{2\mathbf{x},1\mathbf{y}} C_{1\mathbf{y},2\mathbf{z}}^{-1}$ についても同様である．ポアソン括弧についても

$$[A_i(\mathbf{x},t),\chi_{2\mathbf{x}'}(t)]_{\mathrm P} = \frac{\partial}{\partial x_i'}\delta^3(\mathbf{x}-\mathbf{x}'),$$

$$[A_i(\mathbf{x},t),\chi_{1\mathbf{x}'}(t)]_{\mathrm P} = 0,$$

$$[\chi_{1\mathbf{y}'}(t),\Pi_j(\mathbf{y},t)]_{\mathrm P} = \frac{\partial}{\partial y_j'}\delta^3(\mathbf{y}'-\mathbf{y}),$$

$$[\chi_{2\mathbf{y}'}(t),\Pi_j(\mathbf{y},t)]_{\mathrm P} = 0$$

である．すると式 (9.5.17)〜(9.5.19) により正準変数の間の交換関係は

$$[A_i(\mathbf{x},t),\Pi_j(\mathbf{y},t)] = i\hbar\Big[\delta_{ij}\delta^3(\mathbf{x}-\mathbf{y})$$
$$-\int d^3x'\int d^3y'\,[A_i(\mathbf{x},t),\chi_{2\mathbf{x}'}(t)]_{\mathrm P}$$
$$\times C_{2\mathbf{x}',1\mathbf{y}'}^{-1}[\chi_{1\mathbf{y}'}(t),\Pi_j(\mathbf{y},t)]_{\mathrm P}\Big]$$

$$= i\hbar\Big[\delta_{ij}\delta^3(\mathbf{x}-\mathbf{y}) - \int d^3x'\int d^3y'\Big[\frac{\partial}{\partial x_i'}\delta^3(\mathbf{x}-\mathbf{x}')\Big]$$
$$\times\Big[\frac{1}{4\pi|\mathbf{x}'-\mathbf{y}'|}\Big]\Big[\frac{\partial}{\partial y_j'}\delta^3(\mathbf{y}-\mathbf{y}')\Big]\Big]$$

$$= i\hbar\Big[\delta_{ij}\delta^3(\mathbf{x}-\mathbf{y}) - \frac{\partial^2}{\partial x_i\partial y_j}\frac{1}{4\pi|\mathbf{x}-\mathbf{y}|}\Big], \quad (11.3.13)$$

$$[A_i(\mathbf{x},t),A_j(\mathbf{y},t)] = [\Pi_i(\mathbf{x},t),\Pi_j(\mathbf{y},t)] = 0. \quad (11.3.14)$$

クーロン・ゲージでの正準交換関係には，まだ触れてい

なかった複雑な特徴がある．粒子の位置座標 x_{nj} と A_i の
交換関係，x_{nj} と Π_i の交換関係もみな 0 となるが，粒子
の運動量 p_{nj} と Π_i の交換関係は 0 にならない．ディラッ
クの処方および式 (11.3.8)〜(11.3.11) によると，この
交換関係は

$$[\Pi_i(\mathbf{x}, t), p_{nj}(t)]$$

$$= -i\hbar \int d^3 y \int d^3 z \, [\Pi_i(\mathbf{x}, t), \chi_{1\mathbf{y}}(t)]_{\mathrm{P}}$$

$$\times C^{-1}_{1\mathbf{y}, 2\mathbf{z}}[\chi_{2\mathbf{z}}(t), p_{nj}(t)]_{\mathrm{P}}$$

$$= -i\hbar \int d^3 y \int d^3 z \left[-\frac{\partial}{\partial y_i} \delta^3(\mathbf{x}-\mathbf{y}) \right] \left[\frac{-1}{4\pi|\mathbf{y}-\mathbf{z}|} \right]$$

$$\times \left[\frac{1}{c} \frac{\partial}{\partial x_{nj}} \rho(\mathbf{z}) \right]$$

$$= \frac{i\hbar e_n}{4\pi c} \frac{\partial^2}{\partial x_i \partial x_{nj}} \frac{1}{|\mathbf{x}-\mathbf{x}_n(t)|} \qquad (11.3.15)$$

である．この複雑性を避けるには，$\mathbf{\Pi}$ の代わりにそのソ
レノイダルな部分

$$\mathbf{\Pi}^{\perp} \equiv \mathbf{\Pi} - \frac{1}{4\pi c}\nabla\phi = \frac{1}{4\pi c^2}\dot{\mathbf{A}} \qquad (11.3.16)$$

を導入する．これについてはクーロン・ゲージでは

$$\nabla\cdot\mathbf{\Pi}^{\perp} = 0 \qquad (11.3.17)$$

である．$-\nabla\phi/4\pi c$ と p_{nj} のディラック括弧はちょうど
ポアソン括弧なので，

$$\left[\frac{\partial}{\partial x_i}\phi(\mathbf{x}, t), p_{nj}(t)\right] = i\hbar e_n \frac{\partial^2}{\partial x_i \partial x_{nj}} \frac{1}{|\mathbf{x} - \mathbf{x}_n(t)|}.$$

$$(11.3.18)$$

したがって

$$[\mathbf{\Pi}^\perp(\mathbf{x}, t), p_{nj}(t)] = 0 \qquad (11.3.19)$$

であることがわかる. また, ϕ と χ_1 および χ_2 のポアソン括弧は 0 であるので, ϕ と $\mathbf{A}$ および $\mathbf{\Pi}$ の交換関係も 0 であり, したがって $\mathbf{\Pi}^\perp$ のお互いの成分同士, および $\mathbf{\Pi}^\perp$ と $\mathbf{A}$ の交換関係は $\mathbf{\Pi}$ の場合と同じである. すなわち

$$[A_i(\mathbf{x}, t), \Pi_j^\perp(\mathbf{y}, t)]$$

$$= i\hbar\left[\delta_{ij}\delta^3(\mathbf{x} - \mathbf{y}) - \frac{\partial^2}{\partial x_i \partial y_j}\frac{1}{4\pi|\mathbf{x} - \mathbf{y}|}\right],$$

$$(11.3.20)$$

$$[A_i(\mathbf{x}, t), A_j(\mathbf{y}, t)]$$

$$= [\Pi_i^\perp(\mathbf{x}, t), \Pi_j^\perp(\mathbf{y}, t)] = 0. \qquad (11.3.21)$$

これらの交換関係は, $\mathbf{A}$ と $\mathbf{\Pi}^\perp$ の発散が共に 0 であることと矛盾しないことに注意しよう.

原　注

(1) ここで A_i の正準共役を大文字の Π_i としたのは, ハイゼンベルク描像の演算子 A_i と Π_i を相互作用描像の演算子と区別するためである. 相互作用描像の演算子は, 11.5 節で a_i と π_i と表記した.

(2) ここでは $\nabla_\mathbf{y}^2|\mathbf{y} - \mathbf{z}|^{-1} = -4\pi\delta^3(\mathbf{y} - \mathbf{z})$ という関係を使っている. この量が $\mathbf{y} \neq \mathbf{z}$ のときに 0 となることの証明はやさしい.

$d/dr(r^2 d/dr(1/r)) = 0$ だからである。ガウスの定理により $\mathbf{z}$ を中心とする球について積分すると、それは球面上の $(d/dr)(1/r)$ の積分に等しく、-4π になる。

11.4 電磁力学のハミルトニアン

さて、この理論のハミルトニアンを構成しよう。クーロン・ゲージでは ϕ はもはや独立な物理変数ではないので、全ハミルトニアンは

$$H = \int d^3x \left[\mathbf{\Pi}\cdot\dot{\mathbf{A}} - \mathcal{L}_0 \right] + H_{\text{mat}} \qquad (11.4.1)$$

である。ここで、$\mathcal{L}_0$ は純粋に電磁気的なラグランジアン密度（11.2.9）であり、H_{mat} は物質のハミルトニアンであるが、今では電磁場との相互作用を含んでいる。$\mathbf{\nabla}\cdot\mathbf{A} = 0$ なので第1項の $\mathbf{\Pi}$ を $\mathbf{\Pi}^\perp$ で置き換えることができ、式（11.3.16）で $\dot{\mathbf{A}}$ を $4\pi c^2\mathbf{\Pi}^\perp$ と置き換えてよい。また式（11.3.16）と（11.2.5）を使って $\mathcal{L}_0$ の $\mathbf{E}$ を $-4\pi c\mathbf{\Pi}^\perp$ と置き換えてよい。すなわち、

$$H = \int d^3x \left[4\pi c^2 [\mathbf{\Pi}^\perp]^2 - \frac{1}{8\pi}[4\pi c\mathbf{\Pi}^\perp + \mathbf{\nabla}\phi]^2 \right.$$
$$\left. + \frac{1}{8\pi}(\mathbf{\nabla}\times\mathbf{A})^2 \right] + H_{\text{mat}}.$$

部分積分によると $\int d^3x\,\mathbf{\Pi}^\perp\cdot\mathbf{\nabla}\phi = 0$ かつ

$$-\frac{1}{8\pi}\int d^3x\,(\boldsymbol{\nabla}\phi)^2 = \frac{1}{8\pi}\int d^3x\,\phi\nabla^2\phi$$

$$= -\frac{1}{2}\int d^3x\,\rho\phi$$

である．するとハミルトニアンは

$$H = \int d^3x\left[2\pi c^2\,[\boldsymbol{\Pi}^{\perp}]^2 + \frac{1}{8\pi}(\boldsymbol{\nabla}\times\mathbf{A})^2\right] + H'_{\mathrm{mat}}$$

$$(11.4.2)$$

となる．ここで

$$H'_{\mathrm{mat}} = H_{\mathrm{mat}} - \frac{1}{2}\int d^3x\,\rho\phi. \qquad (11.4.3)$$

例えば，物質が非相対論的な荷電粒子で成り立っていて一般的な局所的ポテンシャル $\mathcal{V}$ の中にある場合には，式（10.1.9）は

$$H_{\mathrm{mat}} = \sum_n \frac{1}{2m_n}\left[\mathbf{p}_n - \frac{e_n}{c}\mathbf{A}(\mathbf{x}_n,t)\right]^2$$

$$+ \sum_n e_n\phi(\mathbf{x}_n,t) + \mathcal{V}(\mathbf{x})$$

となり，さらにここでは[1]

$$\phi(\mathbf{x},t) = \sum_m \frac{e_m}{|\mathbf{x}-\mathbf{x}_m(t)|},$$

$$\int d^3x\rho(\mathbf{x},t)\phi(\mathbf{x},t) = \sum_{n\neq m}\frac{e_n e_m}{|\mathbf{x}_n - \mathbf{x}_m(t)|}$$

である．したがって，

$$H'_{\mathrm{mat}} = \sum_n \frac{1}{2m_n}\left[\mathbf{p}_n - \frac{e_n}{c}\mathbf{A}(\mathbf{x}_n)\right]^2$$
$$+ \frac{1}{2}\sum_{n\neq m}\frac{e_n e_m}{|\mathbf{x}_n - \mathbf{x}_m|} + \mathcal{V}(\mathbf{x}). \qquad (11.4.4)$$

（時間の引数はここでは省略した.）第2項は荷電した点粒子の組の通常のクーロン・エネルギーであることが見てとれる. この項にかかっている因子 $1/2$ は，H_{mat} の中の $\int d^3x \rho\phi$ と式 (11.4.3) の中の項 $-\dfrac{1}{2}\int d^3x\, \rho\phi$ の組み合わせから生じている. この因子は2重に計算することを除いている. 例えば n と m についての和は $n=1, m=2$ の項と，同じ大きさの $n=2, m=1$ の項を含んでいる.

このハミルトニアンからマックスウェル方程式が再び導けることを確かめよう. 交換関係 (11.3.20) と (11.3.21) および式 (11.3.17) を使うと，$\mathbf{A}$ と $\mathbf{\Pi}$ についてのハミルトンの運動方程式〔正準方程式〕は

$$\dot{A}_i = \frac{i}{\hbar}[H, A_i] = 4\pi c^2 \Pi_i^\perp, \qquad (11.4.5)$$

$$\dot{\Pi}_i^\perp = \frac{i}{\hbar}[H, \Pi_i^\perp]$$
$$= -\frac{1}{4\pi}(\mathbf{\nabla}\times\mathbf{\nabla}\times\mathbf{A})_i$$
$$+ \sum_{nj}\frac{e_n}{m_n c}\left(p_{nj} - \frac{e_n}{c}A_j(\mathbf{x}_n)\right)$$

$$\times \left[\delta^3(\mathbf{x}-\mathbf{x}_n)\delta_{ij} - \frac{\partial^2}{\partial x_i \partial x_{nj}} \frac{1}{4\pi|\mathbf{x}-\mathbf{x}_n|} \right].$$
$$(11.4.6)$$

（式（11.4.6）の最後の項の最後の因子は交換関係（11.3.20）から生じる．式（11.4.5）および式（11.4.6）の第 1 項ではこの交換関係の第 2 項は落としてもかまわない．なぜなら $\mathbf{\Pi}^\perp$ と $\mathbf{\nabla}\times\mathbf{A}$ は共に発散が 0 だからである．）マックスウェル方程式と関係づけるためには，式（10.1.8）によって $\mathbf{p}_n - e_n\mathbf{A}(\mathbf{x}_n)/c = m_n\dot{\mathbf{x}}_n$ であることを思い出そう．したがって式（11.4.5）と（11.4.6）は

$$\ddot{\mathbf{A}} = -c^2\mathbf{\nabla}\times\mathbf{B} + 4\pi c\mathbf{J} - c\mathbf{\nabla}\dot{\phi}$$

すなわち

$$\dot{\mathbf{E}} = c\mathbf{\nabla}\times\mathbf{B} - 4\pi\mathbf{J}$$

となる．これは非斉次マックスウェル方程式（11.2.1）の第一の式である．クーロン・ゲージでは，もう一つの非斉次マックスウェル方程式 $\mathbf{\nabla}\cdot\mathbf{E} = 4\pi\rho$ は $\mathbf{E}$ を $\dot{\mathbf{A}}$ と $\mathbf{\nabla}\phi$ で表す公式（11.2.5），$\mathbf{E}$ の拘束（11.3.4），および ϕ の表式（11.3.5）から簡単に出てくる．したがってハミルトニアン（11.4.2）と交換関係（11.3.20），(11.3.21) の組はマックスウェル方程式の全体と等価になるのである．

原　　注

(1) n と m についての和をとるにあたって $n \neq m$ と制限をつけることで，無限大の c 数の項をハミルトニアンから除いている．その

項はエネルギーの値を全体としてずらすだけであり，ハミルトニアンから導かれる変化には何の影響もない．

11.5 相互作用描像

8.7 節で記述した時間に依存する摂動論を使うためには，ハミルトニアン H を，すべての次数まで取り扱われる H_0 と，展開に使用する項 V に分ける必要がある．

$$H = H_0 + V \qquad (11.5.1)$$

輻射遷移がなければ，安定な原子や分子が輻射によって状態間の遷移を起こす．その遷移率を計算するためには，式 (11.4.2) と (11.4.4) で与えられるハミルトニアン H を

$$H_0 = H_{0\gamma} + H_{0\,\mathrm{mat}}, \qquad (11.5.2)$$

$$H_{0\gamma} = \int d^3x \left[2\pi c^2 [\mathbf{\Pi}^\perp]^2 + \frac{1}{8\pi} (\boldsymbol{\nabla} \times \mathbf{A})^2 \right], \quad (11.5.3)$$

$$H_{0\,\mathrm{mat}} = \sum_n \frac{\mathbf{p}_n^2}{2m_n} + \frac{1}{2} \sum_{n \neq m} \frac{e_n e_m}{|\mathbf{x}_n - \mathbf{x}_m|} + \mathcal{V}(\mathbf{x}) \quad (11.5.4)$$

の三つと，式 (11.4.4) の中でベクトル・ポテンシャルを含む項 V に分ける必要がある．V は次のように書ける．

$$V = -\sum_n \frac{e_n}{m_n c} \mathbf{A}(\mathbf{x}_n) \cdot \mathbf{p}_n + \sum_n \frac{e_n^2}{2m_n c^2} \mathbf{A}^2(\mathbf{x}_n). \qquad (11.5.5)$$

V の第 1 項では $\mathbf{A}(\mathbf{x}_n) \cdot \mathbf{p}_n + \mathbf{p}_n \cdot \mathbf{A}(\mathbf{x}_n)$ を $2\mathbf{A}(\mathbf{x}_n) \cdot \mathbf{p}_n$ で置き換えた．これは，クーロン・ゲージでは

$$\mathbf{A}(\mathbf{x}_n) \cdot \mathbf{p}_n - \mathbf{p}_n \cdot \mathbf{A}(\mathbf{x}_n) = i\hbar \boldsymbol{\nabla} \cdot \mathbf{A}(\mathbf{x}_n) = 0$$

だからである.

　また, 相互作用描像の演算子を導入する必要がある. その時間依存性は H でなく H_0 で支配される. 相互作用描像のベクトル・ポテンシャル $\mathbf{a}$ とその正準共役のソレノイダル部分 $\boldsymbol{\pi}^{\perp}$ について, 相互作用描像での時間依存性は, それらと $H_{0\gamma}$ の交換関係を計算することによって求められる. それは前節でハイゼンベルク描像で行ったのと同じ方法である. 今回は相互作用 V からの寄与がないことを除けば, 結果はまったく同じである. したがって式 (11.4.5) と (11.4.6) と同様の結果を得るが, 電荷 e_n の関係する項はすべて落ちている. すなわち

$$\dot{\mathbf{a}} = 4\pi c^2 \boldsymbol{\pi}^{\perp}, \tag{11.5.6}$$

$$\dot{\boldsymbol{\pi}}^{\perp} = -\frac{1}{4\pi} \boldsymbol{\nabla} \times \boldsymbol{\nabla} \times \mathbf{a}. \tag{11.5.7}$$

相互作用描像の演算子は対応するハイゼンベルク描像の演算子と同様, $t = 0$ でユニタリー変換

$$\begin{cases} \mathbf{a}(\mathbf{x}, t) = e^{iH_0t/\hbar} \mathbf{A}(\mathbf{x}, 0) e^{-iH_0t/\hbar} \\ \boldsymbol{\pi}^{\perp}(\mathbf{x}, t) = e^{iH_0t/\hbar} \boldsymbol{\Pi}^{\perp}(\mathbf{x}, 0) e^{-iH_0t/\hbar} \end{cases} \tag{11.5.8}$$

で関係づけられているから, これらの演算子は時間によらずハイゼンベルク演算子と同様, 以下の条件を満足する. すなわち,

$$\boldsymbol{\nabla} \cdot \mathbf{a} = \boldsymbol{\nabla} \cdot \boldsymbol{\pi}^{\perp} = 0. \tag{11.5.9}$$

その結果, $\boldsymbol{\nabla} \times \boldsymbol{\nabla} \times \mathbf{a} = -\nabla^2 \mathbf{a}$ である. 式 (11.5.6) と (11.5.7) から $\boldsymbol{\pi}^{\perp}$ を除くと, $\mathbf{a}$ についての波動方程式

$$\ddot{\mathbf{a}} = c^2 \nabla^2 \mathbf{a} \qquad (11.5.10)$$

が出てくる.

方程式 (11.5.9) および (11.5.10) のエルミートな一般解はフーリエ積分

$$\mathbf{a}(\mathbf{x}, t) = \int d^3k \left[e^{i\mathbf{k}\cdot\mathbf{x}} e^{-i|\mathbf{k}|ct} \boldsymbol{\alpha}(\mathbf{k}) + e^{-i\mathbf{k}\cdot\mathbf{x}} e^{i|\mathbf{k}|ct} \boldsymbol{\alpha}^\dagger(\mathbf{k}) \right] \tag{11.5.11}$$

と表される. ここで演算子 $\boldsymbol{\alpha}(\mathbf{k})$ は条件

$$\mathbf{k} \cdot \boldsymbol{\alpha}(\mathbf{k}) = 0 \qquad (11.5.12)$$

に従う. すると式 (11.5.6) から $\mathbf{a}$ の正準共役のソレノイダル部分は

$$\boldsymbol{\pi}^\perp(\mathbf{x}, t) = -\frac{i}{4\pi c} \int |\mathbf{k}| d^3k \left[e^{i\mathbf{k}\cdot\mathbf{x}} e^{-i|\mathbf{k}|ct} \boldsymbol{\alpha}(\mathbf{k}) \right.$$
$$\left. - e^{-i\mathbf{k}\cdot\mathbf{x}} e^{i|\mathbf{k}|ct} \boldsymbol{\alpha}^\dagger(\mathbf{k}) \right] \tag{11.5.13}$$

となる.

演算子 $\boldsymbol{\alpha}(\mathbf{k})$ とそのエルミート共役の交換関係を求める必要がある. 再び, 相互作用描像の演算子は対応するハイゼンベルク描像の演算子と $t = 0$ でユニタリー変換で関係づけられているから, 相互作用描像の演算子はハイゼンベルク描像の演算子と同じ交換関係 (11.3.20), (11.3.21) を満足していなければならない. すなわち

$$[a_i(\mathbf{x}, t), \pi_j^\perp(\mathbf{y}, t)]$$
$$= i\hbar \left[\delta_{ij}\delta^3(\mathbf{x} - \mathbf{y}) - \frac{\partial^2}{\partial x_i \partial y_j} \frac{1}{4\pi|\mathbf{x} - \mathbf{y}|} \right],$$
$$\tag{11.5.14}$$

$$[a_i(\mathbf{x}, t), a_j(\mathbf{y}, t)]$$
$$= [\pi_i^\perp(\mathbf{x}, t), \pi_j^\perp(\mathbf{y}, t)] = 0. \quad (11.5.15)$$

また，$\mathbf{a}$ と $\boldsymbol{\pi}^\perp$ はすべての物質の座標および運動量と可換である．式 (11.5.11) と (11.5.13) より，$a_i(\mathbf{x}, t)$ と $\pi_j^\perp(\mathbf{y}, t)$ の交換関係が出てくる．

$$[a_i(\mathbf{x}, t), \pi_j^\perp(\mathbf{y}, t)]$$
$$= \frac{i}{4\pi c} \int d^3k \int d^3k' \, |\mathbf{k}'|$$
$$\times \Big[e^{i(\mathbf{k} \cdot \mathbf{x} - \mathbf{k}' \cdot \mathbf{y})} e^{ict(-|\mathbf{k}| + |\mathbf{k}'|)} [\alpha_i(\mathbf{k}), \alpha_j^\dagger(\mathbf{k}')]$$
$$- e^{i(-\mathbf{k} \cdot \mathbf{x} + \mathbf{k}' \cdot \mathbf{y})} e^{ict(|\mathbf{k}| - |\mathbf{k}'|)} [\alpha_i^\dagger(\mathbf{k}), \alpha_j(\mathbf{k}')]$$
$$- e^{i(\mathbf{k} \cdot \mathbf{x} + \mathbf{k}' \cdot \mathbf{y})} e^{ict(-|\mathbf{k}| - |\mathbf{k}'|)} [\alpha_i(\mathbf{k}), \alpha_j(\mathbf{k}')]$$
$$+ e^{i(-\mathbf{k} \cdot \mathbf{x} - \mathbf{k}' \cdot \mathbf{y})} e^{ict(|\mathbf{k}| + |\mathbf{k}'|)} [\alpha_i^\dagger(\mathbf{k}), \alpha_j^\dagger(\mathbf{k}')] \Big].$$
$$(11.5.16)$$

式 (11.5.14) はこれが時間に依存しないことを示しているから，正定値または負定値の振動数をもっている項は両方とも 0 とならなければならない．したがって

$$[\alpha_i(\mathbf{k}), \alpha_j(\mathbf{k}')] = [\alpha_i^\dagger(\mathbf{k}), \alpha_j^\dagger(\mathbf{k}')] = 0 \quad (11.5.17)$$

である．

残る交換関係を計算するために，フーリエ変換

$$\delta^3(\mathbf{x} - \mathbf{y}) = \int \frac{d^3k}{(2\pi)^3} e^{i\mathbf{k} \cdot (\mathbf{x} - \mathbf{y})},$$
$$\frac{1}{4\pi|\mathbf{x} - \mathbf{y}|} = \int \frac{d^3k}{(2\pi)^3 |\mathbf{k}|^2} e^{i\mathbf{k} \cdot (\mathbf{x} - \mathbf{y})}$$

を使い, 式 (11.5.14) を

$$[a_i(\mathbf{x}, t), \pi_j^\perp(\mathbf{y}, t)] = i\hbar \int \frac{d^3k}{(2\pi)^3} e^{i\mathbf{k}\cdot(\mathbf{x}-\mathbf{y})}\left[\delta_{ij} - \frac{k_i k_j}{|\mathbf{k}|^2}\right]$$
(11.5.18)

と書き換える. これを式 (11.5.16) の最初の二つの項と比較すると

$$[\alpha_i(\mathbf{k}), \alpha_j^\dagger(\mathbf{k}')] = \frac{4\pi c\hbar}{2|\mathbf{k}|(2\pi)^3}\delta^3(\mathbf{k}-\mathbf{k}')\left[\delta_{ij} - \frac{k_i k_j}{|\mathbf{k}|^2}\right]$$
(11.5.19)

であることがわかる. すると交換関係 (11.5.15) は自動的に出てくる.

与えられた $\mathbf{k}$ に垂直な任意のベクトルと同様に, 演算子 $\alpha(\mathbf{k})$ は $\mathbf{k}$ に垂直な二つの任意の独立なベクトル $\mathbf{e}(\widehat{\mathbf{k}}, \pm 1)$ の線形結合と表せるだろう. すなわち,

$$\boldsymbol{\alpha}(\mathbf{k}) = \sqrt{\frac{4\pi c\hbar}{2|\mathbf{k}|(2\pi)^3}} \sum_\pm \mathbf{e}(\widehat{\mathbf{k}}, \pm 1)a(\mathbf{k}, \pm 1).$$
(11.5.20)

因子 $\sqrt{4\pi c\hbar/2|\mathbf{k}|(2\pi)^3}$ はこれから見つかる演算子 $a(\mathbf{k}, \pm 1)$ の交換関係を単純化するために挿入した. 例えば, $\mathbf{k}$ が z 方向を向いているとすると,

$$\mathbf{e}(\widehat{\mathbf{z}}, \pm 1) = \frac{1}{\sqrt{2}}(1, \pm i, 0)$$
(11.5.21)

ととり, $\mathbf{k}$ が任意の他の方向を向いていれば, $e_i(\widehat{\mathbf{k}}, \pm 1) = \sum_j R_{ij}(\widehat{\mathbf{k}})e_j(\widehat{\mathbf{z}}, \pm 1)$ ととる. $R_{ij}(\widehat{\mathbf{k}})$ は z 方向を $\mathbf{k}$ の方向に移す回転行列である. 任意の $\mathbf{k}$ について

$$\mathbf{k}\cdot\mathbf{e}(\widehat{\mathbf{k}},\sigma) = 0, \quad \mathbf{e}(\widehat{\mathbf{k}},\sigma)\cdot\mathbf{e}^*(\widehat{\mathbf{k}},\sigma') = \delta_{\sigma\sigma'} \quad (11.5.22)$$

である．また

$$\sum_{\sigma} e_i(\widehat{\mathbf{k}},\sigma)e_j^*(\widehat{\mathbf{k}},\sigma) = \delta_{ij} - \widehat{k}_i\widehat{k}_j. \quad (11.5.23)$$

（式（11.5.22）と（11.5.23）を証明するには，まず $\widehat{\mathbf{k}}$ が z 方向を向いているときに直接計算で確かめ，その上でこれらの式が回転してもその形を保つことに注意するのが最も容易な方法である．）そうするともし

$$[a(\mathbf{k},\sigma), a^\dagger(\mathbf{k}',\sigma')] = \delta_{\sigma'\sigma}\delta^3(\mathbf{k}-\mathbf{k}') \quad (11.5.24)$$

であれば交換関係（11.5.19）が満足される．また，もし

$$[a(\mathbf{k},\sigma), a(\mathbf{k}',\sigma')] = [a^\dagger(\mathbf{k},\sigma), a^\dagger(\mathbf{k}',\sigma')] = 0$$
$$(11.5.25)$$

ならば交換関係（11.5.17）が満足される．式（11.5.24）と（11.5.25）は調和振動子の上昇および下降演算子の間の交換関係（2.5.8）と（2.5.9）と同じであるが，そこでの 3 成分の i と j がここでは複合的な添え字 $\mathbf{k},\sigma$ や $\mathbf{k}',\sigma'$ に置き換えられている．

　自由な電磁場の場合のハミルトニアン $H_{0\gamma}$ は，相互作用描像では式（11.5.3）で $t = 0$ とおき，それからユニタリー変換（11.5.8）を適用すれば計算できる．結果は同じ形の

$$H_{0\gamma} = \int d^3x\left[2\pi c^2[\boldsymbol{\pi}^\perp]^2 + \frac{1}{8\pi}(\boldsymbol{\nabla}\times\mathbf{a})^2\right] \quad (11.5.26)$$

である．

　演算子 $a(\mathbf{k},\sigma)$ と $a^\dagger(\mathbf{k},\sigma)$ の物理的な意味は，自由場

のハミルトニアン $H_{0\gamma}$ をこれらの演算子で表してみると
よくわかる. つまり $\mathbf{a}(\mathbf{x}, t)$ と $\boldsymbol{\pi}^{\perp}(\mathbf{x}, t)$ を以下のように書
き換える.

$$\mathbf{a}(\mathbf{x}, t) = \sqrt{4\pi c\hbar} \sum_{\sigma} \int \frac{d^3 k}{\sqrt{2k(2\pi)^3}}$$

$$\times \left[e^{i\mathbf{k}\cdot\mathbf{x}} e^{-ictk} \mathbf{e}(\mathbf{k}, \sigma) a(\mathbf{k}, \sigma) + \mathrm{H.c.} \right], \quad (11.5.27)$$

$$\boldsymbol{\pi}^{\perp}(\mathbf{x}, t) = -i \frac{\sqrt{4\pi c\hbar}}{4\pi c} \sum_{\sigma} \int \frac{k \, d^3 k}{\sqrt{2k(2\pi)^3}}$$

$$\times \left[e^{i\mathbf{k}\cdot\mathbf{x}} e^{-ictk} \mathbf{e}(\mathbf{k}, \sigma) a(\mathbf{k}, \sigma) - \mathrm{H.c.} \right]. \quad (11.5.28)$$

ここで $k \equiv |\mathbf{k}|$ である. H.c. は直前の項のエルミート共
役を示す. 式 (11.5.26) の中の $\mathbf{x}$ についての積分は波数
についてのデルタ関数の $(2\pi)^3$ 倍を与える. すると

$$\int d^3 x \, (\boldsymbol{\nabla} \times \mathbf{a})^2$$

$$= 2\pi c\hbar \sum_{\sigma'\sigma} \int k \, d^3 k$$

$$\times \left[\mathbf{e}^*(\widehat{\mathbf{k}}, \sigma) \cdot \mathbf{e}(\widehat{\mathbf{k}}, \sigma') a^\dagger(\mathbf{k}, \sigma) a(\mathbf{k}, \sigma') \right.$$

$$+ \mathbf{e}^*(\widehat{\mathbf{k}}, \sigma') \cdot \mathbf{e}(\widehat{\mathbf{k}}, \sigma) a(\mathbf{k}, \sigma) a^\dagger(\mathbf{k}, \sigma')$$

$$+ \mathbf{e}(\widehat{\mathbf{k}}, \sigma) \cdot \mathbf{e}(-\widehat{\mathbf{k}}, \sigma') a(\mathbf{k}, \sigma) a(-\mathbf{k}, \sigma') e^{-2ickt}$$

$$\left. + \mathbf{e}^*(\widehat{\mathbf{k}}, \sigma) \cdot \mathbf{e}^*(-\widehat{\mathbf{k}}, \sigma') a^\dagger(\mathbf{k}, \sigma) a^\dagger(-\mathbf{k}, \sigma') e^{2ickt} \right],$$

$$\int d^3x \left(\boldsymbol{\pi}^\perp\right)^2$$

$$= -\frac{\hbar}{8\pi c}\sum_{\sigma'\sigma}\int k\, d^3k$$

$$\times \left[-\mathbf{e}^*(\widehat{\mathbf{k}},\sigma)\cdot\mathbf{e}(\widehat{\mathbf{k}},\sigma')a^\dagger(\mathbf{k},\sigma)a(\mathbf{k},\sigma')\right.$$

$$-\mathbf{e}^*(\widehat{\mathbf{k}},\sigma')\cdot\mathbf{e}(\widehat{\mathbf{k}},\sigma)a(\mathbf{k},\sigma)a^\dagger(\mathbf{k},\sigma')$$

$$+\mathbf{e}(\widehat{\mathbf{k}},\sigma)\cdot\mathbf{e}(-\widehat{\mathbf{k}},\sigma')a(\mathbf{k},\sigma)a(-\mathbf{k},\sigma')e^{-2ickt}$$

$$\left.+\mathbf{e}^*(\widehat{\mathbf{k}},\sigma)\cdot\mathbf{e}^*(-\widehat{\mathbf{k}},\sigma')a^\dagger(\mathbf{k},\sigma)a^\dagger(-\mathbf{k},\sigma')e^{2ickt}\right].$$

式 (11.5.26) の中の二つの項を加えると，時間に依存
する項は打ち消し合う（$H_{0\gamma}$ は自分自身と可換なのだ
から当然である）．これは都合が良いことである．なぜ
なら $\mathbf{e}(\widehat{\mathbf{k}},\sigma)\cdot\mathbf{e}(-\widehat{\mathbf{k}},\sigma)$ は $\widehat{\mathbf{z}}$ を $\widehat{\mathbf{k}}$ と $-\widehat{\mathbf{k}}$ にする回転の選び
方に依存するからである．他方，時間に依存しない項に
関しては，式 (11.5.26) の二つの項は同じ寄与をする．
これらの残りの項は式 (11.5.22) を使って計算すると，
$\mathbf{e}^*(\widehat{\mathbf{k}},\sigma)\cdot\mathbf{e}(\widehat{\mathbf{k}},\sigma')=\delta_{\sigma'\sigma}$ なので，

$$H_{0\gamma} = \frac{1}{2}\sum_{\sigma}\int d^3k\, \hbar ck\left[a^\dagger(\mathbf{k},\sigma)a(\mathbf{k},\sigma)\right.$$

$$\left.+a(\mathbf{k},\sigma)a^\dagger(\mathbf{k},\sigma)\right] \quad (11.5.29)$$

となる．この結果の物理的な解釈は次節で述べる．

11.6　光　　子

　交換関係 (11.5.24) と (11.5.25) によると，非摂動
電磁ハミルトニアン (11.5.29) と演算子 $a^\dagger(\mathbf{k},\sigma)$ およ

び $a(\mathbf{k}, \sigma)$ との交換関係は

$$[H_{0\gamma}, a^\dagger(\mathbf{k}, \sigma)] = \hbar c k a^\dagger(\mathbf{k}, \sigma), \qquad (11.6.1)$$

$$[H_{0\gamma}, a(\mathbf{k}, \sigma)] = -\hbar c k a(\mathbf{k}, \sigma) \qquad (11.6.2)$$

である．したがって $a^\dagger(\mathbf{k}, \sigma)$ と $a(\mathbf{k}, \sigma)$ はエネルギーの上昇と下降の演算子である．すなわち Ψ が $H_{0\gamma}$ の固有状態で固有値が E であるとすると，$a^\dagger(\mathbf{k}, \sigma)\Psi$ はエネルギー $E + \hbar c k$ の固有状態であり，$a(\mathbf{k}, \sigma)\Psi$ はエネルギー $E - \hbar c k$ の固有状態である．

　量子力学の定式化から強制されるわけではないが，物質は安定でなければならないから，最低エネルギーの状態 Ψ_0 が存在すると仮定する．さらに $\hbar c k$ だけエネルギーの低い状態 $a(\mathbf{k}, \sigma)\Psi_0$ のあることを防ぐ唯一の方法は

$$a(\mathbf{k}, \sigma)\Psi_0 = 0 \qquad (11.6.3)$$

と仮定することである．交換関係（11.5.24）を使うと（11.5.29）は

$$H_{0\gamma} = \sum_\sigma \int d^3k \, \hbar c k a^\dagger(\mathbf{k}, \sigma) a(\mathbf{k}, \sigma) + E_0 \qquad (11.6.4)$$

と書けるので，状態 Ψ_0 のエネルギーが求められる．ここで E_0 は無限大の定数

$$E_0 = \sum_\sigma \int d^3k \, \frac{\hbar c k}{2} \delta^3(\mathbf{k} - \mathbf{k}) \qquad (11.6.5)$$

である．系を体積 Ω の箱に入れることによって，これにある種の意味を与えることができる．すると $\delta^3(\mathbf{k} - \mathbf{k})$ は $\Omega/(2\pi)^3$ となるから，体積あたりのエネルギーは

$$E_0/\Omega = (2\pi)^{-3} \int d^3k \,\hbar ck \qquad (11.6.6)$$

となる．このエネルギーは電磁場の避けがたい量子のゆら
ぎに帰せられる．式（11.5.18）と（11.5.6）で示されて
いるように，任意の点についてベクトル・ポテンシャルが
0になる（または任意の決まった値になる）ことを証明す
ることはできない．場がある瞬間に0となったとしても，
その瞬間での場の変化率はゼロを含めてどのような決ま
った値もとることができない．エネルギー密度（11.6.6）
は通常の実験室の実験には何の効果も及ぼさない．なぜな
らそれは空間自身に内在するものであり，当然のことなが
ら空間は生成消滅と無縁だからである．重力には影響を
与え，したがって宇宙の膨張や銀河系のような大きな物
体の形成に影響する．言うまでもなく，無限大という結果
は観測から許されない．実験室の実験で検出される最大
の波数，たとえば 10^{15} cm^{-1} で積分を切断したとしても，
その結果は観測で許される値のざっと 10^{56} 倍である．電
磁場や他のボソン場のゆらぎによるエネルギーはフェルミ
オン場の負のエネルギーと相殺するが，この相殺がなぜ厳
密なのか，あるいは真空のエネルギーが観測と符合するよ
うな小さな値になるのかさえ，その理由がさっぱりわから
ない．E_0/Ω は達成できる規模での真空のゆらぎから評価
できる値よりずっと小さいことが知られていたので，何十
年の間，ほとんどの物理学者は，何らかの基本的な原理が
見つかり，E_0/Ω が 0 でなければならないと示されるだろ

うと考えていた．1998年に宇宙の膨張が加速しているこ
とが発見され，それによって E_0/Ω の値が物質のエネル
ギー密度の約3倍になることが示され，この可能性は排
除された[1]．これは今なお現代物理学の根本問題だが[2]，
重力の影響を取り扱わない限り無視してかまわない．

　さて，いわゆるフォック空間

$$\Psi_{\mathbf{k}_1,\sigma_1;\mathbf{k}_2,\sigma_2;\cdots;\mathbf{k}_n\sigma_n}$$

$$\propto a^\dagger(\mathbf{k}_1,\sigma_1)a^\dagger(\mathbf{k}_2,\sigma_2)\cdots a^\dagger(\mathbf{k}_n,\sigma_n)\Psi_0 \quad (11.6.7)$$

の張る空間を構成しよう．式（11.6.1）によれば，フォ
ック空間のエネルギーは，E_0 の項を除くと

$$\hbar ck_1+\hbar ck_2+\cdots+\hbar ck_n$$

である．したがってこれ〔式（11.6.7）〕はエネルギー
$\hbar ck_1,\hbar ck_2,\cdots,\hbar ck_n$ をもつ n 個の光子の状態と解釈され
る．

　これらの状態の運動量を求めるには，9.4節の一般的な
結果によれば，無限小の並進 $a_i(\mathbf{x},t)\mapsto a_i(\mathbf{x}-\boldsymbol{\epsilon},t)$ を起
こす演算子は式（9.4.4）により

$$\boldsymbol{\epsilon}\cdot\mathbf{P}_\gamma=-\sum_i\int d^3x\,\pi_i^\perp(\mathbf{x},t)(\boldsymbol{\epsilon}\cdot\boldsymbol{\nabla})a_i(\mathbf{x},t) \quad (11.6.8)$$

である（すなわち，式（9.4.4）の中の N についての和
はベクトルの添え字 i と場の引数 $\mathbf{x}$ についての積分で置
き換えられる）ことに注意しよう．交換関係（11.5.14）
と（11.5.15）を使うと，

$$\begin{cases} [\mathbf{P}_\gamma, a_i(\mathbf{x},t)] = i\hbar\boldsymbol{\nabla}a_i(\mathbf{x},t), \\ [\mathbf{P}_\gamma, \pi_i^\perp(\mathbf{x},t)] = i\hbar\boldsymbol{\nabla}\pi_i^\perp(\mathbf{x},t) \end{cases} \quad (11.6.9)$$

となる.（式（11.5.14）の角括弧の中の第2項は $\boldsymbol{\nabla}\cdot\mathbf{a}=0$ および $\boldsymbol{\nabla}\cdot\boldsymbol{\pi}^\perp=0$ なので寄与しない.）すると $\mathbf{P}_\gamma$ は $H_{0\gamma}$ と可換である. $\mathbf{P}_\gamma$ は $a_i(\mathbf{x},t)$ と $\pi_i^\perp(\mathbf{x},t)$ およびそれらの勾配の任意の関数の $\mathbf{x}$ についての積分と可換なので当然である. 式（11.5.11）と（11.5.13）を式（11.6.9）に挿入すると

$$\begin{cases} [\mathbf{P}_\gamma, a(\mathbf{k},\sigma)] = -\hbar\mathbf{k}a(\mathbf{k},\sigma) \\ [\mathbf{P}_\gamma, a^\dagger(\mathbf{k},\sigma)] = \hbar\mathbf{k}a^\dagger(\mathbf{k},\sigma) \end{cases} \quad (11.6.10)$$

となる. Ψ_0 は並進不変だと仮定すると，上式から状態（11.6.7）のもつ運動量は

$$\hbar\mathbf{k}_1 + \hbar\mathbf{k}_2 + \cdots + \hbar\mathbf{k}_n$$

である. したがってこれらの状態は n 個の光子からできており，各々が運動量 $\hbar\mathbf{k}$ とエネルギー $\hbar ck$ をもっていると解釈できる. 光子のエネルギー E はその $\mathbf{p}$ と $E=c|\mathbf{p}|$ の関係があるから，光子は質量ゼロの粒子である.

交換関係（11.5.24）から，演算子 $a(\mathbf{k},\sigma)$ と $a^\dagger(\mathbf{k},\sigma)$ は状態（11.6.7）に作用すると

$$a(\mathbf{k},\sigma)\Psi_{\mathbf{k}_1,\sigma_1;\mathbf{k}_2,\sigma_2;\cdots;\mathbf{k}_n,\sigma_n}$$

$$\propto \sum_{r=1}^n \delta^3(\mathbf{k}-\mathbf{k}_r)\delta_{\sigma\sigma_r}$$

$$\times \Psi_{\mathbf{k}_1,\sigma_1;\mathbf{k}_2,\sigma_2;\cdots;\mathbf{k}_{r-1},\sigma_{r-1};\mathbf{k}_{r+1},\sigma_{r+1};\cdots;\mathbf{k}_n,\sigma_n}$$

$$(11.6.11)$$

$$a^\dagger(\mathbf{k}, \sigma)\Psi_{\mathbf{k}_1,\sigma_1;\mathbf{k}_2,\sigma_2;\cdots;\mathbf{k}_n,\sigma_n} \propto \Psi_{\mathbf{k},\sigma;\mathbf{k}_1,\sigma_1;\mathbf{k}_2,\sigma_2;\cdots;\mathbf{k}_n,\sigma_n}$$
$$(11.6.12)$$

となる．したがって $a(\mathbf{k},\sigma)$ と $a^\dagger(\mathbf{k},\sigma)$ は，各々運動量 $\hbar\mathbf{k}$ でスピンの添え字 σ の光子を消滅または生成させる．

さて，各々の光子のもつラベル σ の物理的な意味を考えなければならない．この目的のためには，演算子 $a(\mathbf{k},\sigma)$ の回転に対する性質を求める必要がある．波のベクトル $\mathbf{k}$ が z の方向 $\hat{\mathbf{z}}$ を向いているとし，$\hat{\mathbf{z}}$ を不変にする回転に話を限ろう．式（4.1.4）によると，直交行列 R_{ij} で表現される回転の下で，$\boldsymbol{\alpha}(k\hat{\mathbf{z}})$ のようなベクトルは次のように変換される．

$$U^{-1}(R)\alpha_i(k\hat{\mathbf{z}})U(R) = \sum_j R_{ij}\alpha_j(k\hat{\mathbf{z}}).\qquad(11.6.13)$$

（11.5.20）の分解を挿入すると，これは

$$\sum_\sigma e_i(\hat{\mathbf{z}},\sigma)U^{-1}(R)a(k\hat{\mathbf{z}},\sigma)U(R)$$
$$= \sum_\sigma\sum_j R_{ij}e_j(\hat{\mathbf{z}},\sigma)a(k\hat{\mathbf{z}},\sigma)$$

となる．$\hat{\mathbf{z}}$ を不変にする回転の形は

$$R_{ij}(\theta) = \begin{pmatrix} \cos\theta & -\sin\theta & 0 \\ \sin\theta & \cos\theta & 0 \\ 0 & 0 & 1 \end{pmatrix}$$

である．簡単な計算によって

$$\sum_j R_{ij}(\theta)e_j(\hat{\mathbf{z}}, \sigma) = e^{-i\sigma\theta}e_i(\hat{\mathbf{z}}, \sigma) \qquad (11.6.14)$$

であることがわかる．したがって $e_i(\hat{\mathbf{z}}, \sigma)$ の係数を等しいとすると

$$U^{-1}(R)a(k\hat{\mathbf{z}}, \sigma)U(R) = e^{-i\sigma\theta}a(k\hat{\mathbf{z}}, \sigma) \qquad (11.6.15)$$

となる．さて，無限小の θ について $R_{ij} = \delta_{ij} + \omega_{ij}$ である．ここで ω_{ij} の 0 でない要素は $\omega_{xy} = -\omega_{yx} = -\theta$ であるから，式 (4.1.7) と (4.1.11) によると

$$U(\theta) \to 1 - (i/\hbar)\theta J_z$$

および式 (11.6.15) は

$$(i/\hbar)[J_z, a(k\hat{\mathbf{z}}, \sigma)] = -i\sigma a(k\hat{\mathbf{z}}, \sigma)$$

となる．共役をとると

$$[J_z, a^\dagger(k\hat{\mathbf{z}}, \sigma)] = \hbar\sigma a^\dagger(k\hat{\mathbf{z}}, \sigma).$$

光子なしの状態 Ψ_0 が回転不変であると仮定すると，1 光子状態 $\Psi_{k\hat{\mathbf{z}}, \sigma} \equiv a^\dagger(k\hat{\mathbf{z}}, \sigma)\Psi_0$ は

$$J_z\Psi_{k\hat{\mathbf{z}}, \sigma} = \hbar\sigma\Psi_{k\hat{\mathbf{z}}, \sigma} \qquad (11.6.16)$$

を満足する．z 方向について何の特別なこともないので，結論として一般の 1 光子状態 $\Psi_{\mathbf{k}, \sigma}$ はヘリシティ $\hbar\sigma$ をもち，運動方向に角運動量 $\mathbf{J}\cdot\hat{\mathbf{k}}$ をもつ．このために光子はスピン 1 だと言われるが，無質量の粒子の特殊性として $\mathbf{J}\cdot\hat{\mathbf{k}} = 0$ の状態はない．ヘリシティ ±1 の光子は，古典論の言い方では，左または右の円偏光の光線に対応する．

　もちろん光子は円偏光しなければならないわけではない．一般の場合，運動量 $\hbar\mathbf{k}$ の光子は重ね合わせ

$$\Psi_{\mathbf{k}, \xi} \equiv (\xi_+ a^\dagger(\mathbf{k}, +) + \xi_- a^\dagger(\mathbf{k}, -))\Psi_{0\gamma} \qquad (11.6.17)$$

である. ここで $\xi_\pm$ は一般に一対の複素数である. 式
(11.5.24) によるとこれらの状態間のスカラー積は

$$(\Psi_{\mathbf{k}',\,\xi'},\,\Psi_{\mathbf{k},\,\xi}) = \delta^3(\mathbf{k}' - \mathbf{k})(\xi'^*_+\xi_+ + \xi'^*_-\xi_-) \quad (11.6.18)$$

であるから, 特にこれらの 1 光子状態は $|\xi_+|^2 + |\xi_-|^2 = 1$
であれば正しく規格化されている. そのような状態には偏
極ベクトル

$$e_i(\widehat{\mathbf{k}},\,\xi) \equiv \xi_+ e_i(\widehat{\mathbf{k}},\,+) + \xi_- e_i(\widehat{\mathbf{k}},\,-) \quad (11.6.19)$$

が対応する. その意味は

$$(\Psi_{0\gamma},\,\mathbf{a}(\mathbf{x},\,t)\Psi_{\mathbf{k},\,\xi}) = \frac{\sqrt{4\pi c\hbar}}{(2\pi)^{3/2}\sqrt{2k}}e^{i\mathbf{k}\cdot\mathbf{x}}e^{-ickt}\mathbf{e}(\widehat{\mathbf{k}},\,\xi)$$

$$(11.6.20)$$

である. 円偏光は ξ_+ か ξ_- のどちらか一方が 0 となり,
光子のヘリシティが確定するという極端な場合である. 逆
の極端な場合は $|\xi_-| = |\xi_+| = 1/\sqrt{2}$ であり, 偏極ベクトル
は全体にかかる位相を除くと実数となる. 直線偏光の場合
もある. 例えば $\mathbf{k}$ が z 方向を向いているとすると, 偏極
ベクトルは

$$\mathbf{e}(\widehat{\mathbf{z}},\,\xi) = (\cos\zeta,\,\sin\zeta,\,0) \quad (11.6.21)$$

である. 但し,

$$\xi_\pm = e^{\mp i\zeta}/\sqrt{2} \quad (11.6.22)$$

ととった場合である. (状態ベクトル $\Psi_{\mathbf{k},\,\xi}$ と $-\Psi_{\mathbf{k},\,\xi}$ の間
には何も物理的な違いはないから, 偏極ベクトルとそ
の -1 倍, あるいは偏極の角度 ζ と $\zeta + \pi$ には何の物理
的な違いもない.) 11.8 節で必要になる式 (11.6.18) と
(11.6.22) から得られる一つの結果として, 観測者が方

向 ζ に直線偏光している光子を見，それから分析器（アナライザー）をセットしなおして光子が ζ' の方向に偏極しているかどうか判断しようとすると，この方向の偏極の確率は

$$P(\xi \mapsto \xi') = |\xi_+'^* \xi_+ + \xi_-'^* \xi_-|^2 = \cos^2(\zeta - \zeta') \quad (11.6.23)$$

となる．任意の ζ について，ζ の方向の偏極と $\zeta + \pi/2$ の方向の偏極が完全な直交規格化基底となる．

$|\xi_+|$ と $|\xi_-|$ が等しくなく，しかもどちらも 0 でないという中間的な場合は楕円偏光になる．

　ヘリシティ $\pm \hbar j$ の 2 状態だけしか登場しないのは質量のない粒子の特徴である．ここで j は整数または半整数である．光子は $j = 1$ の場合だとわかっている．重力場の量子化の議論によれば重力子（グラビトン）は $j = 2$ である．

　$a(\mathbf{k}, \sigma)$ と $a^\dagger(\mathbf{k}, \sigma)$ は可換でないので，両方の演算子の共通の固有状態を見つけることはできない．しかし $a(\mathbf{k}, \sigma)$ はあらゆる $\mathbf{k}$ と σ についてお互いに可換であるから，すべての消滅演算子の固有状態 $\Phi_{\mathcal{A}}$ を見つけることはできる．すなわち

$$a(\mathbf{k}, \sigma)\Phi_{\mathcal{A}} = \mathcal{A}(\mathbf{k}, \sigma)\Phi_{\mathcal{A}}. \quad (11.6.24)$$

$\mathcal{A}$ は $\mathbf{k}$ および σ の任意の複素関数である．これらは**コヒーレントな状態**だと言われる．コヒーレントな状態では，電磁場（11.5.11）の期待値は

$$\frac{(\Phi_{\mathcal{A}}, \mathbf{a}(\mathbf{x}, t)\Phi_{\mathcal{A}})}{(\Phi_{\mathcal{A}}, \Phi_{\mathcal{A}})}$$

$$= \int d^3k \sum_{\sigma} \sqrt{\frac{4\pi c\hbar}{2|\mathbf{k}|(2\pi)^3}} \Big[e^{i\mathbf{k}\cdot\mathbf{x}} e^{-ic|\mathbf{k}|t} \mathbf{e}(\mathbf{k}, \sigma)\mathcal{A}(\mathbf{k}, \sigma)$$

$$+ e^{-i\mathbf{k}\cdot\mathbf{x}} e^{ic|\mathbf{k}|t} \mathbf{e}^*(\mathbf{k}, \sigma)\mathcal{A}^*(\mathbf{k}, \sigma) \Big] \qquad (11.6.25)$$

である（ここでは共役の定義となる性質 $(\Phi, a^\dagger\Phi) = (a\Phi, \Phi)$ を使った）. コヒーレントな状態 $\Phi_{\mathcal{A}}$ は, 古典的には電磁場のベクトル・ポテンシャルが値（11.6.25）をもつかのように現れる. このコヒーレントな状態は無限大の数の光子を含んでいる. なぜなら, もし $\Phi_{\mathcal{A}}$ がある最大の数 N 個の光子の状態（11.6.7）の重ね合わせだとしたら, $a(\mathbf{k}, \sigma)\Phi_{\mathcal{A}}$ は最大数 $N-1$ 個の光子の状態の重ね合わせとなり, $\Phi_{\mathcal{A}}$ に比例することはあり得ないからである.

原　注

(1) これは二つのチームによる独立な実験結果による. すなわち「超新星宇宙論計画」(S. Perlmutter *et al.*, *Astrophys. J.* **517**, 565 (1999); S. Perlmutter *et al.*, *Nature* **391**, 51 (1998)) および「高 z 超新星探索チーム」(A. G. Riess *et al.*, *Astron. J.* **116**, 1009 (1998); B. Schmidt *et al.*, *Astrophys. J.* **507**, 46 (1998)) である.

(2) S. Weinberg, *Rev. Mod. Phys.* **61**, 1 (1989)参照.

11.7　輻射の遷移率

さて, この節では原子または分子の反応 $a \to b + \gamma$ の遷

移率を計算しよう. 以下で, Ψ_a と Ψ_b は物質のハミルトニアン (11.5.4) の固有状態である. すなわち

$$\begin{cases} H_{0\,\text{mat}}\Psi_a = E_a\Psi_a, \\ H_{0\,\text{mat}}\Psi_b = E_b\Psi_b. \end{cases} \tag{11.7.1}$$

Ψ_a と Ψ_b は共に光子ゼロの状態である. つまり, 任意の $\mathbf{k}$ と σ について

$$a(\mathbf{k},\sigma)\Psi_a = a(\mathbf{k},\sigma)\Psi_b = 0 \tag{11.7.2}$$

である. したがって輻射崩壊の過程の終状態は特定の波数 $\mathbf{k}$ とヘリシティ σ の光子 γ を含み

$$\Psi_{b,\gamma} = \hbar^{-3/2}a^\dagger(\mathbf{k},\sigma)\Psi_b \tag{11.7.3}$$

と表されるだろう. ここで因子 $\hbar^{-3/2}$ が挿入されたのは, これらの状態のスカラー積が波数よりも運動量のデルタ関数に関係するためである. すなわち, 式 (11.7.2), (11.7.3) および (11.5.24) より

$$\begin{aligned} (\Psi_{b',\gamma'},\Psi_{b,\gamma}) &= \hbar^{-3}\delta^3(\mathbf{k}'-\mathbf{k})(\Psi_{b'},\Psi_b) \\ &= \delta^3(\hbar\mathbf{k}'-\hbar\mathbf{k})(\Psi_{b'},\Psi_b) \end{aligned}$$

である. 遷移 $a \to b+\gamma$ の場合の S 行列要素は, 相互作用 V の 1 次のオーダーで, 式 (8.6.2) により (あるいは $(\Psi_{b\gamma}, V(\tau)\Psi_a) = \exp(-i(E_a - E_b - \hbar ck)\tau/\hbar)(\Psi_{b\gamma}, V(0)\Psi_a)$ を使って式 (8.7.14) により)

$$\begin{aligned} S_{b\gamma,a} &= -2\pi i\delta(E_a - E_b - \hbar ck)(\Psi_{b\gamma}, V(0)\Psi_a) \\ &= -2\pi i\hbar^{-3/2}\delta(E_a - E_b - \hbar ck)(\Psi_b, a(\mathbf{k},\sigma)V(0)\Psi_a) \end{aligned} \tag{11.7.4}$$

となる.

　相互作用 V は $\tau=0$ のときは式 (11.5.5) で与えられ，相互作用描像の演算子で書ける. なぜならそれは $\tau=0$ でハイゼンベルク描像の演算子と等しいからである. すなわち,

$$V = -\sum_n \frac{e_n}{m_n c}\mathbf{a}(\mathbf{x}_n)\cdot\mathbf{p}_n + \sum_n \frac{e_n^2}{2m_n c^2}\mathbf{a}^2(\mathbf{x}_n).$$

$$(11.7.5)$$

（以後，時間の引数 $\tau=0$ を省略する.） 式 (11.7.5) の中の $\mathbf{a}^2$ の項は光子二つを生成または消滅するか，または光子の数を変えないかだけなので，ここで落とすことができる. 残るのは

$$S_{b\gamma,a} = 2\pi i\hbar^{-3/2}\delta(E_a - E_b - \hbar ck)$$

$$\times \sum_n \frac{e_n}{m_n c}(\Psi_b, a(\mathbf{k},\sigma)\mathbf{a}(\mathbf{x}_n)\cdot\mathbf{p}_n\Psi_a)$$

である. 式 (11.5.27) を挿入し，交換関係 (11.5.24) と (11.5.25) を使ってこれを

$$S_{b\gamma,a} = \frac{2\pi i\sqrt{4\pi c\hbar}}{\sqrt{2k(2\pi\hbar)^3}}\delta(E_a - E_b - \hbar ck)$$

$$\times \mathbf{e}^*(\hat{\mathbf{k}},\sigma)\cdot\sum_n \frac{e_n}{m_n c}(\Psi_b, e^{-i\mathbf{k}\cdot\mathbf{x}_n}\mathbf{p}_n\Psi_a) \quad (11.7.6)$$

のように書く[2].

　もちろん，運動量とエネルギーは崩壊過程で保存され

---

[2] 総和記号の前の・はベクトル $\mathbf{e}^*(\hat{\mathbf{k}},\sigma)$ とベクトル $\mathbf{p}_n$ の内積を表す.

る．これがどう役に立つかを見るために，また後になって
明らかになる理由のために，相対的な座標 $\overline{\mathbf{x}}_n$ を

$$\overline{\mathbf{x}}_n \equiv \mathbf{x}_n - \mathbf{X} \qquad (11.7.7)$$

と定義する．ここで $\mathbf{X}$ は重心の座標であり，M は全質量
である．

$$\mathbf{X} \equiv \sum_n m_n \mathbf{x}_n / M, \quad M \equiv \sum_n m_n. \qquad (11.7.8)$$

（もちろん，$\overline{\mathbf{x}}_n$ は独立ではなくて，拘束 $\sum_n m_n \overline{\mathbf{x}}_n = 0$ に
従う．）したがって式（11.7.6）の中の行列要素は

$$(\Psi_b, e^{-i\mathbf{k}\cdot\mathbf{x}_n}\mathbf{p}_n\Psi_a) = (\Psi_{\overline{b}}, e^{-i\mathbf{k}\cdot\overline{\mathbf{x}}_n}\mathbf{p}_n\Psi_a) \qquad (11.7.9)$$

と書けるだろう．ここで

$$\Psi_{\overline{b}} \equiv e^{i\mathbf{k}\cdot\mathbf{X}}\Psi_b \qquad (11.7.10)$$

である．$[\mathbf{P}, e^{i\mathbf{k}\cdot\mathbf{X}}] = \hbar\mathbf{k}e^{i\mathbf{k}\cdot\mathbf{X}}$ に注意しよう．したがって
演算子 $e^{i\mathbf{k}\cdot\mathbf{X}}$ はちょうど状態のガリレイ変換の効果だけが
あり，運動量が $\hbar\mathbf{k}$ ずれる．すなわち，

$$\mathbf{P}\Psi_{\overline{b}} = (\mathbf{p}_b + \hbar\mathbf{k})\Psi_{\overline{b}}. \qquad (11.7.11)$$

演算子 $\mathbf{P}$ は $\overline{\mathbf{x}}_n$ および $\mathbf{p}_n$ と可換である．したがって行列
要素（11.7.9）は $\mathbf{p}_b + \hbar\mathbf{k} = \mathbf{p}_a$ でなければ 0 となり，

$$(\Psi_{\overline{b}}, e^{-i\mathbf{k}\cdot\overline{\mathbf{x}}_n}\mathbf{p}_n\Psi_a) = \delta^3(\mathbf{p}_b + \hbar\mathbf{k} - \mathbf{p}_a)\mathbf{D}_{nba}(\widehat{\mathbf{k}})$$

$$(11.7.12)$$

と書ける．$\mathbf{D}_{nba}(\widehat{\mathbf{k}})$ はデルタ関数を含まない．（$\mathbf{D}_{nba}(\widehat{\mathbf{k}})$
は $\widehat{\mathbf{k}}$ の関数として書き，$\mathbf{k}$ の関数としては書かない．な
ぜなら $k = |\mathbf{k}|$ の値はエネルギーの保存則により決まって
いるからである．）

　次のことに注意すればこの関数が計算できる．座標空間では状態 Ψ_a と Ψ_b を表す波動関数は $(2\pi\hbar)^{-3/2}\exp(i\mathbf{p}_a \cdot \mathbf{X}/\hbar)\psi_a(\overline{\mathbf{x}})$ と $(2\pi\hbar)^{-3/2}\exp(i\mathbf{p}_b \cdot \mathbf{X}/\hbar)\psi_b(\overline{\mathbf{x}})$ の形をとるので，行列要素は

$$(\Psi_b, e^{-i\mathbf{k}\cdot\mathbf{x}_n}\mathbf{p}_n\Psi_a)$$

$$= (2\pi\hbar)^{-3}\int d^3X \int \left(\prod_m d^3\overline{x}_m\right)\delta^3\left(\sum_m m_m\overline{x}_m/M\right)$$

$$\times \exp(-i\mathbf{p}_b\cdot\mathbf{X}/\hbar)\psi_b^*(\overline{\mathbf{x}})$$

$$\times \exp(-i\mathbf{k}\cdot\overline{\mathbf{x}}_n)\exp(-i\mathbf{k}\cdot\mathbf{X})$$

$$\times (-i\hbar\boldsymbol{\nabla}_n)\exp(i\mathbf{p}_a\cdot\mathbf{X}/\hbar)\psi_a(\overline{\mathbf{x}})$$

である．重心系で計算を続けるので $\mathbf{p}_a = 0$ であり，$\mathbf{X}$ に依存する因子は一つの指数関数にまとめられる．すると $\mathbf{X}$ についての積分により

$$(\Psi_b, e^{-i\mathbf{k}\cdot\mathbf{x}_n}\mathbf{p}_n\Psi_a)$$

$$= \delta^3(\mathbf{p}_n + \hbar\mathbf{k})\int \left(\prod_m d^3\overline{x}_m\right)\delta^3\left(\sum_m m_m\overline{\mathbf{x}}_n/M\right)$$

$$\times \psi_b^*(\overline{\mathbf{x}})e^{-i\mathbf{k}\cdot\overline{\mathbf{x}}_n}(-i\hbar\boldsymbol{\nabla}_n)\psi_a(\overline{\mathbf{x}})$$

となる．これを $\mathbf{p}_a = 0$ ととった式（11.7.12）と比較すると

$$\mathbf{D}_{n\,ba}(\widehat{\mathbf{k}}) = \int \left(\prod_m d^3\overline{x}_m\right)\delta^3\left(\sum_m m_m\overline{\mathbf{x}}_n/M\right)$$

$$\times \psi_b^*(\overline{\mathbf{x}})e^{-i\mathbf{k}\cdot\overline{\mathbf{x}}_n}(-i\hbar\boldsymbol{\nabla}_n)\psi_a(\overline{\mathbf{x}}) \qquad (11.7.13)$$

である．

　ここでS行列要素の計算に戻ると，式（11.7.6），

(11.7.9) および (11.7.12) をまとめて

$$S_{b\gamma,a} = \delta(E_a - E_b - \hbar ck)\delta^3(\mathbf{p}_a - \mathbf{p}_b - \hbar\mathbf{k})M_{b\gamma,a}$$

(11.7.14)

となる．ここで

$$M_{b\gamma,a} = \frac{2\pi i\sqrt{4\pi c\hbar}}{\sqrt{2k(2\pi\hbar)^3}}\mathbf{e}^*(\widehat{\mathbf{k}},\sigma)\cdot\sum_n \frac{e_n}{m_n c}\mathbf{D}_{n\,ba}(\widehat{\mathbf{k}})$$

(11.7.15)

である．$a \to b+\gamma$ の崩壊率は重心系（$\mathbf{p}_a = 0$ かつ $\mathbf{p}_b = -\hbar\mathbf{k}$ である）では，$\widehat{\mathbf{k}}$ が無限小の立体角 $d\Omega$ の中にあるとして，式 (8.2.13) より

$$d\Gamma = \frac{1}{2\pi\hbar}|M_{\beta\alpha}|^2\mu\hbar k\,d\Omega$$

(11.7.16)

となる．ここで μ は式 (8.2.11) で与えられ，それは通常の $E_b \approx Mc^2 \gg \hbar ck$ の場合には

$$\mu \equiv \frac{E_b\hbar ck}{c^2(E_b + \hbar ck)} \simeq \frac{\hbar k}{c}$$

(11.7.17)

である．式 (11.7.15) と (11.7.17) を式 (11.7.16) の中で使うと

$$d\Gamma(\widehat{\mathbf{k}},\sigma) = \frac{k}{2\pi\hbar}\left|\mathbf{e}^*(\widehat{\mathbf{k}},\sigma)\cdot\sum_n \frac{e_n}{m_n c}\mathbf{D}_{n\,ba}(\widehat{\mathbf{k}})\right|^2 d\Omega$$

(11.7.18)

となる．光子の偏極が測定されないときは，遷移率はこの式の σ についての和である．式 (11.5.23) を使うと，これは

$$d\Gamma(\widehat{\mathbf{k}}) \equiv \sum_{\sigma} d\Gamma(\widehat{\mathbf{k}}, \sigma)$$

$$= \frac{k}{2\pi\hbar} \sum_{nmij} \frac{e_n e_m}{m_n m_m c^2} \mathbf{D}_{nabi}(\widehat{\mathbf{k}}) \mathbf{D}^*_{mabj}(\widehat{\mathbf{k}}) [\delta_{ij} - \widehat{k}_i \widehat{k}_j] d\Omega.$$

$$(11.7.19)$$

この結果はもっと簡単にできる．遷移で放出される典型的なエネルギーの値 $\hbar ck$ は $\approx e^2/r$ であることが多い．ここで r は粒子と重心の典型的な距離である．したがって式 (11.7.12) と (11.7.13) の中の指数関数 $\exp(-i\mathbf{k} \cdot \overline{\mathbf{x}}_n)$ の引数は $kr \approx e^2/\hbar c \simeq 1/137$ のオーダーである．これは $\mathbf{D}_{nba}(\widehat{\mathbf{k}})$ が 0 とならない限り小さいから，式 (11.7.13) の中の指数関数 $\exp(-i\mathbf{k} \cdot \overline{\mathbf{x}}_n)$ の引数を 0 とするのは良い近似である．したがってこの場合

$$\mathbf{D}_{nab}(\widehat{\mathbf{k}}) = (b|\mathbf{p}_n|a) \tag{11.7.20}$$

となる．但し，ここで定義した換算行列要素 $(b|\mathbf{p}_n|a)$ は式 (11.7.12) の定義により，$\mathbf{p}_n$ の行列要素からデルタ関数を除いたものになっている．

$$(\Psi_{\overline{b}}, \mathbf{p}_n \Psi_a) = \delta^3(\mathbf{p}_a - \mathbf{p}_b - \hbar\mathbf{k})(b|\mathbf{p}_n|a). \tag{11.7.21}$$

座標空間での計算では

$$(b|\mathbf{p}_n|a) = \int \Big(\prod_m d^3 \overline{x}_m\Big) \delta^3\Big(\sum_m m_m \overline{\mathbf{x}}_n / M\Big)$$

$$\times \psi_b^*(\overline{\mathbf{x}})(-i\hbar \boldsymbol{\nabla}_n) \psi_a(\overline{\mathbf{x}}) \tag{11.7.22}$$

となる．こうして換算行列要素は $\widehat{\mathbf{k}}$ の方向には依存しないことがわかったから，式 (11.7.19) は遷移率の角度依存性を陽に表す．すなわち

$$dΓ(\widehat{\mathbf{k}}) = \frac{k}{2\pi\hbar} \sum_{nmij} \frac{e_n e_m}{m_n m_m c^2} (b|p_{ni}|a)(b|p_{mj}|a)^*$$
$$\times [\delta_{ij} - \widehat{k}_i \widehat{k}_j] \, d\Omega. \quad (11.7.23)$$

したがって式 (11.7.19) を方向 $\widehat{\mathbf{k}}$ について積分すると,全輻射率は

$$Γ = \frac{4k}{3\hbar} \left| \sum_n \frac{e_n}{m_n c} (b|\mathbf{p}_n|a) \right|^2 \quad (11.7.24)$$

となる.

　この公式は以前に見たことがあるが, その時はいささか形が異なっていた. 運動量でなく座標の行列要素が関係していたのである. そのつながりを見るためには

$$[H_{0\,\mathrm{mat}}, \overline{\mathbf{x}}_n] = -i\hbar \left[\frac{\mathbf{p}_n}{m_n} - \frac{\mathbf{P}}{M} \right]$$

に注意しよう. 重心系にいて, $\mathbf{P}\Psi_a = 0$ であるから,上式の角括弧の中の第 2 項は落とすことができて, 式 (11.7.22) の中の行列要素を

$$(\Psi_{\overline{b}}, \mathbf{p}_n \Psi_a) = \frac{i m_n}{\hbar} (\Psi_{\overline{b}}, [H_{0\,\mathrm{mat}}, \overline{\mathbf{x}}_n]\Psi_a)$$
$$= \frac{i m_n}{\hbar} (E_{\overline{b}} - E_a)(\Psi_{\overline{b}}, \overline{\mathbf{x}}_n \Psi_a)$$

と書ける. 状態 $\Psi_{\overline{b}}$ の運動量は $\mathbf{p}_b + \hbar\mathbf{k} = \mathbf{p}_a = 0$ だから,そのエネルギー $E_{\overline{b}}$ は E_b に正確に等しくはなく, むしろ E_b から実際の反跳の運動エネルギー $(\hbar k)^2/2M$ を減じた量である. どのような非相対論的な系でも, この反跳エネルギーはエネルギーの差 $E_b - E_a = \hbar ck$ に比べて非常に

小さい．なぜなら $E_a - E_b \ll Mc^2$ だからである．したがって $E_{\bar{b}} - E_a \simeq \hbar ck$ ととれるから,

$$(\Psi_{\bar{b}}, \mathbf{p}_n \Psi_a) = ickm_n(\Psi_{\bar{b}}, \overline{\mathbf{x}}_n \Psi_a). \qquad (11.7.25)$$

もちろん，運動量はここでも保存されるから

$$(\Psi_{\bar{b}}, \overline{\mathbf{x}}_n \Psi_a) = \delta^3(\mathbf{p}_b + \hbar c\mathbf{k})(b|\overline{\mathbf{x}}_n|a) \qquad (11.7.26)$$

と書くことができ，また式（11.7.22）を導いたのと同じ議論によって

$$(b|\overline{\mathbf{x}}_n|a) = \int \left(\prod_m d^3\overline{x}_m\right) \delta^3\left(\sum_m m_m\overline{\mathbf{x}}_n/M\right)$$
$$\times \phi_b^*(\overline{\mathbf{x}})\overline{\mathbf{x}}_n\psi_a(\overline{\mathbf{x}}). \qquad (11.7.27)$$

したがって，式（11.7.24）は

$$\Gamma = \frac{4\omega^3}{3c^3\hbar}\left|\sum_n e_n(b|\overline{\mathbf{x}}_n|a)\right|^2 \qquad (11.7.28)$$

と書ける．ここで $\omega \equiv ck$ である．演算子 $\sum_n e_n\overline{\mathbf{x}}_n$ は電気双極子の演算子であるから，4.4 節で述べたように，これは E1 輻射または**電気双極子輻射**と呼ばれる．

この公式は式（1.4.5）のちょっとした一般化であり，1925 年にハイゼンベルクによって古典的な電荷の振動子とのアナロジーから導かれた．6.5 節で議論したように，同じ結果は 1926 年にディラックによって古典的な光の波の励起放射の計算を基礎とし，励起放射と自発放射のアインシュタインの関係（1.2.16）と結合して再び導かれた．本書の導き方は 1927 年のディラックによっている[(1)]．彼は量子化された電磁場と物質を通じて光子が生成される様

子を初めて示した.

演算子 $\mathbf{p}_n$ および $\overline{\mathbf{x}}_n$ は空間的なベクトルであり,式
(4.4.6) で示されるように,回転の下で $j = 1$ の演算子の
ように振舞う.4.3 節で記述した角運動量の加法の規則
によれば,そのような演算子は状態 Ψ_a と Ψ_b の角運動量
$\hbar j_a$ と $\hbar j_b$ が $|j_a - j_b| \leqq 1 \leqq j_a + j_b$ の関係を満足してい
なければ,これらの状態の間の行列要素が 0 である.ま
たこれらの演算子は空間座標の反転について符号を変える
から,行列要素は状態 a と b のパリティが逆でなければ 0
である.既に述べたように,$|j_a - j_b| \leqq 1 \leqq j_a + j_b$ かつ a
と b のパリティが逆という選択則を満足する遷移を**電気
双極子**遷移あるいは **E1 遷移**と呼ぶ.したがって例えば,
電子のスピンに関係する小さな効果を別とすれば,公式
(11.7.28) を使って,水素原子の遷移の中の 1 光子放出
の率を E1 ライマン α 遷移 $2p \rightarrow 1s$ のような場合に計算
できるが,$3d \rightarrow 1s$ あるいは $3p \rightarrow 2p$ の E1 遷移はない.

電気双極子の選択則を満足しない 1 光子放出の率を計
算するためには,式 (11.7.13) の指数関数の展開の中の
高次の項を取り入れねばならない.行列要素 $(\Psi_b, \mathbf{p}_n, \Psi_a)$
と $(\Psi_b, \overline{\mathbf{x}}_n, \Psi_a)$ がすべて 0 となる遷移があるとする.こ
の場合は式 (11.7.13) の指数関数の展開の 1 次の項を
入れて遷移率の計算を試みることができる.すなわち式
(11.7.20) の代わりに,

$$D_{nabi}(\hat{\mathbf{k}}) = -i \sum_j k_j (b|\overline{x}_{nj} p_{ni}|a) \qquad (11.7.29)$$

が成り立つ. 全粒子の運動量と可換な任意の演算子 $\mathcal{O}$ の換算行列要素の定義は

$$(\Psi_{\overline{b}}, \mathcal{O}\Psi_a) = \delta^3(\mathbf{p}_b + \hbar\mathbf{k} - \mathbf{p}_a)(b|\mathcal{O}|a) \qquad (11.7.30)$$

である. すると崩壊率の微分 (11.7.19) は

$$d\Gamma(\widehat{\mathbf{k}}) = \frac{k^3}{2\pi\hbar} \sum_{nmijkl} \frac{e_n e_m}{m_n m_m c^2} (b|\overline{x}_{nk}p_{ni}|a)(b|\overline{x}_{ml}p_{mj}|a)^*$$
$$\times \widehat{k}_k \widehat{k}_l [\delta_{ij} - \widehat{k}_i\widehat{k}_j]d\Omega \qquad (11.7.31)$$

と書ける. $\widehat{\mathbf{k}}$ の方向について積分するには, ここで公式[2]

$$\int d\Omega\, \widehat{k}_i \widehat{k}_j \widehat{k}_k \widehat{k}_l = \frac{4\pi}{15}[\delta_{ij}\delta_{kl} + \delta_{ik}\delta_{jl} + \delta_{il}\delta_{jk}]$$

および以前も使った

$$\int d\Omega\, \widehat{k}_k \widehat{k}_l = \frac{4\pi}{3}\delta_{kl}$$

が必要である. すると崩壊率は

$$\Gamma = \frac{2k^3}{15\hbar} \sum_{nmijkl} \frac{e_n e_m}{m_n m_m c^2} (b|\overline{x}_{nk}p_{ni}|a)(b|\overline{x}_{ml}p_{mj}|a)^*$$
$$\times [4\delta_{ij}\delta_{kl} - \delta_{ik}\delta_{jl} - \delta_{jk}\delta_{il}] \qquad (11.7.32)$$

となる. 最後の因子は i と k および j と l について対称的な項と, i と k および j と l について反対称的な項に分けて

$$4\delta_{ij}\delta_{kl} - \delta_{ik}\delta_{jl} - \delta_{jk}\delta_{il}$$

$$= \frac{3}{2}\Big(\delta_{ij}\delta_{kl} + \delta_{kj}\delta_{il} - \frac{2}{3}\delta_{ik}\delta_{jl}\Big) + \frac{5}{2}(\delta_{ij}\delta_{kl} - \delta_{kj}\delta_{il})$$

$$(11.7.33)$$

としておくのが便利である.

　これに対応して (11.7.32) の遷移率は

$$\Gamma = \frac{2k^3}{15\hbar c^2}\sum_{ij}\left[\frac{3}{4}|(b|Q_{ij}|a)|^2 + \frac{5}{4}|(b|M_{ij}|a)|^2\right]$$

$$(11.7.34)$$

と表される. 但し

$$(b|Q_{ij}|a) \equiv \sum_n \frac{e_n}{m_n}\Big[(b|\overline{x}_{ni}p_{nj}|a) + (b|\overline{x}_{nj}p_{ni}|a)$$

$$- \frac{2}{3}\delta_{ij}\sum_l (b|\overline{x}_{nl}p_{nl}|a)\Big], \quad (11.7.35)$$

$$(b|M_{ij}|a) \equiv \sum_n \frac{e_n}{m_n}[(b|\overline{x}_{ni}p_{nj}|a) - (b|\overline{x}_{nj}p_{ni}|a)]$$

$$(11.7.36)$$

である. 換算行列要素 $(b|Q_{ij}|a)$ と $(b|M_{ij}|a)$ は[3]それぞれ**電気四極子 (E2)** および**磁気双極子 (M1)** の行列要素と呼ばれる. 関係する演算子は回転のもとで $j=2$ と $j=1$ の演算子として変換するから, これらの行列要素は次の選択則を満足していなければ 0 である.

$$\begin{cases} \mathrm{E2} : |j_a - j_b| \leqq 2 \leqq j_a + j_b, \\ \mathrm{M1} : |j_a - j_b| \leqq 1 \leqq j_a + j_b. \end{cases} \quad (11.7.37)$$

---

[3] 長いが単純な計算による. Q は quadrupole, M は magnetic を表す.

また，E1 の場合と異なり，これらの行列要素は状態 a と
b のパリティが同じでなければ 0 である．したがって，水
素原子の遷移 $3d \to 2s$ と $3d \to 1s$ では E2 の行列要素が
支配的であるが，$3p \to 2p$ では E2 と M1 の両方の行列要
素からの寄与がある．

E2 と M1 の行列要素の公式（11.7.35）と（11.7.36）
はもっと便利な形に書き直せる．式（11.7.25）を導いた
のと同じように，E2 の行列要素が

$$(b|Q_{ij}|a) = ick \sum_n e_n \left[(b|\bar{x}_{ni}\bar{x}_{nj}|a) - \delta_{ij}\frac{1}{3}(b|\bar{\mathbf{x}}_n^2|a) \right]$$

(11.7.38)

であることは容易に示せる．このわざを M1 の行列要素
に使うことはできないが，その代わりに

$$(b|M_{ij}|a) = \sum_k \epsilon_{ijk} \sum_n \frac{e_n}{m_n}(b|L_{nk}|a)$$ (11.7.39)

であることに気づく．ここで $\mathbf{L}_n$ は n 番目の粒子の軌道
角運動量 $\mathbf{x}_n \times \mathbf{p}_n$ である．

ここまで荷電粒子のスピンは何も考えなかったが，この
計算の正確さを期すには，ここで磁気能率の効果を含む必
要がある．式（10.3.1）で注意したように，磁気能率の
効果は相互作用に

$$\Delta V = -\sum_n \boldsymbol{\mu}_n \cdot (\boldsymbol{\nabla} \times \mathbf{a}(\mathbf{x}_n))$$ (11.7.40)

の項が加わることである．ここで任意のスピンについて
$\boldsymbol{\mu}_n = \mu_n \mathbf{S}_n / s_n$ である．ただし，$\mathbf{S}_n$ は n 番目の粒子のス

ピン演算子であり, μ_n は n 番目の粒子の磁気能率と呼ばれる量である. 式 (11.7.34) に至ったのと同じ解析を行えば, この式 (11.7.40) の追加の効果は式 (11.7.39) を

$$(b|M_{ij}|a) = \sum_k \epsilon_{ijk} \sum_n \frac{e_n}{m_n} (b|L_{nk} + g_n S_{nk}|a) \quad (11.7.41)$$

に入れ替えることであることがわかる. ここで g_n は磁気回転比と呼ばれ, 一般に 1 のオーダーの無次元の定数であり, $\mu_n = e_n g_n s_n/2m_n$, 言い換えれば $\boldsymbol{\mu}_n = e_n g_n \mathbf{S}_n/2m_n$ と定義される (電子については $g = 2.002322\cdots$ である). 例えば, 水素原子の (電子と陽子の) 全スピン 1 の $1s$ 状態から全スピン 0 の $1s$ 状態への重要な遷移の中で, 波長 21 cm の光子が生成されるが, M1 の行列要素が支配的であり, それはもっぱら式 (11.7.41) の第 2 項に由来する.

この解析はこれで終わりではない. E1, E2, M1 の選択則を満足しない遷移の行列要素は, 式 (11.7.12) や (11.7.13) の中の指数関数の $\mathbf{k}\cdot\bar{\mathbf{x}}_n$ について 1 次よりも高次の項を含めて計算することができる. しかし, $\mathbf{k}\cdot\bar{\mathbf{x}}_n$ のあらゆる次数について禁止されている遷移が一種類ある. それは $j_a = j_b = 0$ の 1 光子生成である. この規則は角運動量の $\hat{\mathbf{k}}$ 方向に沿った成分の保存則からすぐに出てくる. $j_a = j_b = 0$ のとき, 状態 a と b は必然的にこの成分 (実は任意の成分) の角運動量の値が 0 である. 一方, 光子はこの成分について $\hbar$ または $-\hbar$ でしかあり得ない.

したがって，例えば荷電したスピン0のK⁺粒子が荷電
したスピン0のπ⁺粒子と1光子になることは絶対に禁止
されている．

原　注
(1) P. A. M. Dirac, *Proc. Roy. Soc.* A **114**, 710 (1927).
(2) この公式の右辺は，定数の因子を別とすれば，添え字について完
　全対称な唯一のクロネッカーのデルタ記号の組み合わせである．数
　値的な係数は，すべての添え字の対について縮約すれば，積分が
　4πになることに注意する．

11.8　量子鍵配送

　大昔から人々は，指定した相手以外には誰にもわから
ないようにメッセージを送ろうと試みてきた．たとえメ
ッセージが盗聴者に横取りされても，内容がわかられて
はならないのである．どんなメッセージでも一つの自然
数mと見なすことができる．例えばモールス信号の「ト
ン」と「ツー」は0と1で置き換え，0と1の長いつなが
りは何らかの数を2進法で表現したものであると解釈す
ればよい．暗号化とは，送り手（アリス）と指定された受
け手（ボブ）との間では了解されているが，可能な盗聴者
（イブ）には知られていない関数であって，メッセージの
数mを他の自然数$f(m)$に変換する．同じ暗号化が何度
も使われたら，イブは普通はその暗号化の性質を推理す
ることで，メッセージを頻度分析で読むことができる．例え
ば英語のメッセージについては，1と0からなる最も頻繁

に現れる数列を文字 e と解釈できる．そういう理由で，暗
号化には鍵を使い，しかもその鍵を頻繁に変えるのが普
通である．鍵はメッセージとは別の自然数 k で，メッセ
ージ m を鍵に依存した数 $f(m, k)$ として送る．シンプル
でよくある方法の一つは，$f(m, k)$ を積 km とすることで
ある．鍵 k がわかれば，ボブは暗号化された信号 km を
k で割るだけでメッセージ m を回復することができるが，
イブは鍵を知らなければ信号 km の自然数へのあらゆる
因数分解を試さなければならない．それにかかる時間は，
km が大きくなるとどんなべき乗よりも速く増大する．し
かし鍵を頻繁に変更するためには，アリスとボブは新しい
鍵を決めるためのメッセージを頻繁に交換しなければなら
ない．したがってこのメッセージもイブに盗聴される恐れ
がある．量子鍵配送はイブの鍵を知ろうとする企てをくじ
く．それには量子力学の特徴，すなわちどんな量でもそれ
を測定すると状態ベクトルが何か決まった値をもつ状態に
変更されるという特徴を利用する．

　広く使われている BB84 のプロトコル[1] [4]では，アリ
スは直線偏光した光子の列として鍵をボブに送る．このと
き光子は，例えば運動量が z 方向に向いていて，偏光の
ベクトルが

$$\mathbf{e} = (\cos\zeta, \sin\zeta, 0)$$

の形をしている．ここで ζ はさまざまな角度である．ア

---

〔4〕BB は提案者の人名，84 は提案の行われた 1984 年を表す．

表 11.1　BB84 プロトコル

モード	ビット	ζ
I	0	0
	1	$\pi/2$
II	0	$\pi/4$
	1	$3\pi/4$

リスは 1 と 0 を角度 ζ の値で表すが，その際二つのモードを利用し，そのどちらかで表す．連続する光子の各々について，どちらのモードで表すかはアリスがランダムに決める．モード I では 0 と 1 は各々 $\zeta=0$ と $\zeta=\pi/2$ の直交偏極ベクトルで表す．一方モード II では各々 $\zeta=\pi/4$ と $\zeta=3\pi/4$ の直交偏極ベクトルで表す（これは表 11.1 にまとめてある）．光子を受け取ると，ボブは自分の偏極分析器について，ランダムに二つのモードのどちらかを選択する．モード I では彼は $\zeta=0$ か $\zeta=\pi/2$ かを測定する（例えば $\zeta=0$ なら光子が分析器を通り過ぎるが，$\zeta=\pi/2$ なら光子が止まるようにする）．一方，モード II なら彼は $\zeta=\pi/4$ か $\zeta=3\pi/4$ かを測定する．もしアリスが光子をいずれかのモードで送信し，ボブがその偏極をアリスと同じモードで測定したら，ボブが測定した ζ の値はアリスの使った値と等しいので，記録はアリスの意図した 1 か 0 に一致する．しかし，もしアリスがモード I で送信し，ボブがたまたまモード II を使ったら，彼の観測する

偏極の角度は $\zeta = \pi/4$ または $3\pi/4$ であるが，その確率は
式（11.6.23）により各々 50% である．したがって，ボ
ブがアリスの意図した通りの 1 と 0 を記録する機会も 50
% である．アリスが偏極をモード II で選び，ボブが偏極
の測定にモード I を使っても同じ結果になる．各々の光子
についてアリスとボブが異なるモードを使う機会が 50%
あり，異なるモードが使われた場合，アリスが送ったのと
異なる 0 と 1 をボブが記録する機会〔ボブが誤判断をす
る確率〕は 50% ある．したがってボブの記録する 2 進数
は 25% が間違っている．すべての光子が送信され観測さ
れた後で，ボブとアリスはお互いの使ったモードの記録を
照合する．間違いの部分を取り除くためである．（これに
は暗号化の必要はなく，普通文（平文）でやりとりしてよ
い．）そして，モードが一致しなかった 50% のデータは
廃棄する．結果として得られた，アリスとボブが同じモー
ドを使って得た同じ 2 進数の列が，新しい鍵である[5]．

---

[5] 参考に，最初の 10 回を例示してみる．

	No.	1	2	3	4	5	6	7	8	9	10	⋯
アリス	モードの型	I	II	II	I	I	II	II	II	I	II	⋯
	ビット	0	1	0	1	1	0	0	1	0	0	⋯
ボブ	モードの型	II	II	I	I	II	I	II	I	II	I	⋯
	ビット	1	1	0	1	1	0	0	1	0	1	⋯

モードが一致したのは，No. 2, 4, 7, 8, 9, ⋯ の場合である．この
ときのビット $(1, 1, 0, 1, 0, \cdots)$ をそれぞれ手元に残し，それが鍵
の数字 k に該当する．他は廃棄する．

　アリスからボブへ送られる光子を横取りすれば，イブは
鍵の配送を妨げることができる．しかしイブが本当に望ん
でいるのは，アリスとボブが鍵を確立したとして，イブが
その鍵を知ればアリスからボブへのメッセージをひそかに
読むことができるということである．しかしイブにとって
は残念だが，たとえイブがBB84プロトコル[2]に精通し
ていたとしても，彼女が盗聴行為をはたらくと鍵は必ず壊
れてしまい，それはアリスとボブの知るところとなる．イ
ブが盗聴するための唯一の方法は，アリスが送った光子を
横取りして偏極を測定したうえで，同じ偏極をもった光子
をボブに送ることである．しかしそれを実行しようにも，
アリスが各々の光子の偏極を選ぶのにどちらのモードを
使ったか，イブにはボブと同様知る由もない．もし，アリ
スが使ったのとは違うモードでイブが光子を送ったとし
たら，アリスからボブへ送られたはずの光子とイブからボ
ブへ送られた光子の偏極が同じである確率は50％しかな
い．例えば，アリスがモードⅠを使って1を表す$\zeta = \pi/2$
の光子を送ったとし，イブは自分の分析器をモードⅡに
セットしたとすると，イブは$\zeta = \pi/4$または$\zeta = 3\pi/4$を
各々50％の確率で見出すであろう．これらの偏極のうち
イブがどちらを選んでボブに送るにせよ，ボブが自分の
分析器のモードをⅠかⅡのどちらにセットした場合でも，
ボブが1を記録する確率と0を記録する確率は等しいで
あろう．すべてが終わった後に，アリスとボブは記録を照
合し，二人が同じモードを使った光子がどれかを確かめて

326 第 11 章　輻射の量子論

いく．イブもまたその情報を入手できるかもしれないが
〔前記のとおりこのやりとりは平文で行われる〕，そのとき
にはイブの盗聴は露見している．要するに，ある光子につ
いて，アリスとボブが同じモードを使っていたとしても，
イブが二人と同じモードを使った確率は 50％ しかない．
イブが二人と同じモードを使わなかった場合，ボブがアリ
スと同じ偏極を観測する確率は 50％ しかない．したがっ
てボブがイブから受け取った鍵の 2 進数の 25％ は，アリ
スが送った鍵の数字と一致しない．アリスとボブが各々
の鍵を使って交信しようとしても，その鍵は大概はうま
く機能しないだろう．例えばアリスが，m という数で表
されるメッセージを k という数で表される鍵を使って数
km と暗号化して送り，ボブはこの信号を自分が鍵だと思
う数 k' を使って復号しようとする．その結果は mk/k' と
なり，自然数とならないのが普通だろう．たとえ割り切れ
たとしても，そしてその数がメッセージとしてあり得そう
なものを表していたとしても，アリスとボブはイブが盗聴
していたことを見破ることができる．両者の鍵を比較すれ
ば，25％ の数字が合わないことに気づくからである[6]．

────────────

〔6〕実際には次のようなことをすればよい．アリスとボブが，モー
　　ドが一致するとして残した手元の数字列（鍵のビット列）の
　　一部をサンプルとしてとりだし比較する．例えば訳注〔5〕の表
　　の No. 2, 9, …をとりだせば，当然すべて一致するはずであ
　　る．そうでなければ，不一致で誤りとなっている比率 e（量子
　　ビット誤り率：QBER〔quantum bit error rate〕とも言う）
　　を測定し，e の値がある値より大きければ，盗聴者の攻撃があっ

原　注

(1) C. H. Bennett and G. Brassard, in *Proceedings of the IEEE International Conference on Computers, Systems, and Signal Processing, Bangalore, India, 1984* (IEEE, New York, 1984), pp. 175-179.

(2) BB84 プロトコルの安全性は P. W. Shor and J. Preskill, *Phys. Rev. Lett.* **85**, 441 (2000)によって厳密に証明された.

問　題

1. 水素原子内の遷移 $3d \to 2p$, および遷移 $2p \to 1s$ の中の光子放出の率を計算せよ. 公式と数値を与えよ. 陽子は電子よりはるかに重いこと, またこの過程で放出される光子の波長は原子の寸法よりはるかに大きいことを使える. また電子のスピンは無視できる.

2. 水素原子の $4f$ 状態から $3s, 3p, 3d$ 状態への 1 光子放出崩壊の率において, 波数のどのようなべき乗が現れるか.

3. 実スカラー場 $\varphi(\mathbf{x}, t)$ と座標 $\mathbf{x}_n(t)$ の粒子の組が相互作用している場合の理論を考えよ. ラグランジアンは

$$L(t) = \frac{1}{2} \int d^3x \left[\left(\frac{\partial \varphi(\mathbf{x}, t)}{\partial t} \right)^2 - c^2 \left(\nabla \varphi(\mathbf{x}, t) \right)^2 - \mu^2 \varphi^2(\mathbf{x}, t) \right]$$
$$- \sum_n g_n \varphi(\mathbf{x}_n(t), t) + \sum_n \frac{m_n}{2} \left(\dot{\mathbf{x}}_n(t) \right)^2 - V(\mathbf{x}(t))$$

たとして, 通信を打ち切り最初からやり直す. 小さければ, サンプルに使わなかった残りの数字列を鍵 (sifted key：篩鍵と呼ぶ) として用いればよい (サンプルはイブに漏れているため鍵として使わない). e の値は, 実装した場合の環境による擾乱なども配慮して決めることになる. こうして量子鍵の配送が安全に行われる. 松井充・鶴丸豊広「量子暗号通信と光が果たす役割」, 『応用物理』**39**, 2 (2010) 参照.

とする.ここで μ, m_n, g_n は実数のパラメーターであり,V は粒子の座標の差の局所的な実関数である.

(a) φ についての場の方程式と交換関係を求めよ.

(b) 系全体のハミルトニアンを求めよ.

(c) φ を相互作用描像でスカラー場の量子を生成消滅する演算子を使って表せ.

(d) これらの量子のエネルギーと運動量を計算せよ.

(e) ハミルトニアンの物質部分(すなわちハミルトニアンの座標 $\mathbf{x}_n$ とその正準共役だけに関係する部分)の固有関数の間の 1 個の φ の量子の立体角あたりの放出率の一般公式を与えよ.

(f) 放出される量子の波長が始状態・終状態の粒子系の波長よりはるかに大きい場合に,この公式を立体角について積分せよ.また,これらの遷移についての選択則を示せ.

4. コヒーレントな状態 Φ_A を,有限の数の光子をもつ状態 (11.6.7) の重ね合わせとして表せ.

第12章 エンタングルメント

　量子力学には厄介で奇妙なところがある．おそらくその最も不気味な特徴はエンタングルメントである．エンタングルメントとは量子力学で，微視的な部分系だけではなく，巨視的な距離に拡がる系までも記述する必要性のことであって，その方法は古典的な考え方と矛盾する．

12.1　エンタングルメントのパラドックス

　アインシュタインは，量子力学で実在が完全に記述できるという考えに始めから抵抗していた．彼の抵抗の集大成が，ボリス・ポドルスキー（1896-1966）およびネイサン・ローゼン（1909-95）との共著による1935年の論文[1]である．彼らは次のような実験を考えた．二つの粒子がx軸上を運動している．その座標はそれぞれx_1とx_2，運動量はp_1とp_2であり，何らかの方法で観測可能量（オブザーバブル）$x_1 - x_2$ および $p_1 + p_2$ の固有状態として生成される．特に $p_1 + p_2$ の固有値は 0 であり，$x_2 - x_1 = x_0$ であるとしよう．ここで x_0 は何らかの長さで巨視的に大きく，粒子1と粒子2は十分に離れていてお互いに何らかの影響を及ぼすことができないと考える．量子力学自身

はこのことに何の妨げもない. なぜなら二つの観測可能量
は可換だからである. 実際, そのような状態の波動関数は
容易に書ける. すなわち

$$\phi(x_1, x_2) = \int_{-\infty}^{\infty} dk \exp[ik(x_1 - x_2 + x_0)]$$

$$= 2\pi\delta(x_1 - x_2 + x_0). \qquad (12.1.1)$$

もちろん, この波動関数は規格化可能ではないが, このこ
とは連続的な波動関数ではありふれた問題である. 波動関
数 (12.1.1) は

$$\exp(-\kappa(x_1 + x_2)^2) \int_{-\infty}^{\infty} dk \exp[ik(x_1 - x_2 + x_0)]$$

$$\times \exp(-L^2(k - k_0)^2)$$

のような規格化可能な波動関数で任意によく近似できる.
L と κ は共に非常に小さいとする.

　アインシュタインたちは, 粒子 1 を研究する観測者が
その運動量を測り, $\hbar k_1$ を得ると想像した. すると粒子 2
の運動量は $-\hbar k_1$ とわかる. そのときの不確実性はいく
らでも小さくできる. しかし観測者がその代わりに粒子
1 の位置を測って位置 x_1 を見出すとする. その場合, 粒
子 2 の位置は $x_1 + x_0$ に違いないであろう. 私たちの理解
では, 粒子 1 の位置の測定はその運動量の測定に干渉し,
その逆も成り立つ. したがって, どちらの測定を後に行っ
たとしても, それは先に行われた測定の結果に干渉する.
しかし, もし二つの粒子が遠く離れていたとしたら, こ
れらの測定はどのように粒子 2 の性質に干渉するだろう

か？ また干渉しないとしたら，粒子 2 は決まった運動量
$-k_1$ と決まった位置 $x_1 + x_0$ の両方の値をもつことになら
ないだろうか？ そうするとこれらの観測可能量が非可換
であることと矛盾する．

アインシュタインたちはどのようにそのような状態を作
るかは説明していないが，二つの粒子がはじめは何らかの
不安定な分子に束縛されて停止していると想像してもよ
い．その粒子が運動量の大きさは等しく，運動量の向きは
反対でお互いに逆方向に自由に飛び離れ，やがて粒子の間
の距離は巨視的に大きくなったとしよう．それらの最初の
距離を $x_1^{始} - x_2^{始}$ とすると（両者の質量は同じ m であると
する），時間 t の後，両者の間の距離は
$$x_1 - x_2 = x_1^{始} - x_2^{始} + (p_1 - p_2)t/m$$
となるであろう．実際には最初の距離 $x_1^{始} - x_2^{始}$ が正確に
わかっていると仮定することはできない．なぜなら相
対的な運動量 $p_1 - p_2$ は完全に不確かで，それゆえ距離
$x_1 - x_2$ もまたすぐに不確かになるからである．もし最初
の距離を $\Delta|x_1^{始} - x_2^{始}| = L$ という不確定の度合いで知るこ
とができるとしたら，相対的な運動量の差の不確定さは少
なくとも $\hbar/L$ のオーダーであろう．そこで時間 t の後に
は，距離の不確定さは少なくとも $L + \hbar t/mL$ のオーダー
であろう．したがってそれが最小になるのは $L = \sqrt{\hbar t/m}$
のときであり，そのとき $x_1 - x_2$ の不確定さは $\sqrt{\hbar t/m}$ で
ある．しかし，これはアインシュタイン - ポドルスキー -
ローゼンのパラドックスを取り除いていない．k_2 はいく

らでも正確に測ることができて, x_2 はおよそ $\sqrt{\hbar t/m}$ の
正確さで測ることができるから, これらの不確定さの積は
いくらでも小さくできる. これは不確定性原理に反する.

　アインシュタイン‐ポドルスキー‐ローゼンの示した
問題はデビッド・ボーム（1917-92）によって先鋭化され
た[2]. 全角運動量 0 の系は各々スピン 1/2 の二つの粒子
に崩壊する. スピン 1/2 とスピン 1/2 とを組み合わせて
スピン 0 を作るには, クレブシュ‐ゴルダン係数を使っ
てスピン状態のベクトルを

$$\Psi = \frac{1}{\sqrt{2}}[\Psi_{\uparrow\downarrow} - \Psi_{\downarrow\uparrow}] \qquad (12.1.2)$$

とする. ここで二つの矢印は二つの粒子のスピンの z 成
分の符号を示す. 長い時間の後, 二つの粒子は遠く離れ,
粒子 1 のスピンの成分の測定が行われる. 粒子 1 のスピ
ンの z 成分が測定されたとすると, その値は $\hbar/2$ または
$-\hbar/2$ でなければならない. そうすると粒子 2 のスピンの
z 成分はそれぞれ, $-\hbar/2$ または $+\hbar/2$ でなければならな
い. ボームは次のように論を進めた. 二つの粒子は非常に
離れているから, 粒子 1 のスピンの測定が粒子 2 のスピ
ンに影響を与えたはずはない. したがって, 粒子 2 のス
ピンはずっと z 向きだったに違いない. しかし観測者は
z 成分の代わりに x 成分を測ることもできたはずである.
そうすると粒子 2 のスピンの x 成分もずっと x 向きで,
その値は $\hbar/2$ または $-\hbar/2$ であるに違いない. y 成分に
ついても同様である. このように論じると, 粒子 2 のス

ピンは3成分とも確定した値をもつことになるが，スピンの各成分は互いに可換でないからそれは不可能である．

　ボームはこうして，量子力学の内容か解釈のどちらかが修正されるべきだと考えた．しかしほとんどの現代の物理学者はそうは考えず，アインシュタイン–ポドルスキー–ローゼンのパラドックスにもボームのパラドックスにも，二つの粒子がどんなに離れていても，二つの粒子の一方の測定が実際に他方の粒子の波動関数に影響することを受け入れると返答するだろう．二つの粒子が遠く離れていても，それらの性質はエンタングルされ続けるのである．

　量子力学の中のエンタングルメントから，次のような疑問が自然に出てくる．エンタングルした系の一つの孤立した部分の測定を，光の速さが有限だという制限なしに，別の孤立した系にメッセージを瞬時に送るのに使えないだろうか．答えは否である，使えない．アインシュタイン–ポドルスキー–ローゼンの場合には，粒子2の測定者は，粒子2が確定した運動量をもつかもたないか言えることはない．測定者が運動量を測定すればある値を得るが，他のどんな値を得られたかは知る由もない．この実験が何回も繰り返されても，粒子2の測定者は粒子1についてどういう測定が行われたかは知り得ない．測定者は粒子2の運動量についてさまざまな値を測定するだろうが，それが粒子1の位置が測定されたからか，あるいは粒子1が最初に運動量の固有状態の重ね合わせだったからかは知り得ない．

　これは非常に一般的な言葉遣いで表すことができる．ボームが考えたような系について記述するのが最も簡単である．そこでは測定される量がとびとびの値だけをとるからである．3.7節で記述したように，量子力学の状態の決定論的でユニタリーな時間発展と，新しい測定によって生まれる確率論的な変化の両方において，密度行列の線形変換 $\rho \mapsto \rho'$ が起こる．その一般形は

$$\rho'_{M'N'} = \sum_{MN} K_{M'M, N'N}\, \rho_{MN} \tag{12.1.3}$$

である．ここで K は何らかの c 数の核で ρ と独立である．トレースが 1 の任意の ρ について，ρ' のトレースが 1 であるための必要十分条件は

$$\sum_{M'} K_{M'M, M'N} = \delta_{MN} \tag{12.1.4}$$

である．系が二つの孤立した系，部分系 I と II から成り立っているとし，添え字 M, N 等を複合的な添え字 ma, nb と置き換える．その第一の文字は部分系 I の状態のラベルであり，第二の文字は部分系 II の状態のラベルである．エンタングルメントの可能性は一般に密度行列を二つの部分系の密度行列の因子の積 $\rho_{mn}^{(\mathrm{I})}\rho_{ab}^{(\mathrm{II})}$ に分解しないが，もし部分系が孤立していれば（物理的な影響もさらに情報の流れもお互いの間にないとすれば），式（12.1.3）の核は

$$K_{m'a'ma, n'b'nb} = K_{m'm, n'n}^{(\mathrm{I})} K_{a'a, b'b}^{(\mathrm{II})} \tag{12.1.5}$$

と因数分解される．ここで $K^{(\mathrm{I})}$ と $K^{(\mathrm{II})}$ は，他に部分系

がないとして，部分系 I と II の密度行列の変換を記述する核である．例えば，部分系 I で直交規格化された状態 $\Phi_\mu^{(I)}$ の組で決まった値をもつ何らかの物理量を測定し，また部分系 II で 直交規格化された状態 $\Phi_\alpha^{(II)}$ の組で決まった値をもつ何らかの物理量を測定したとすると，これは全系を射影演算子の積

$$[\Lambda_{\mu\alpha}]_{m'a', ma} = [\Lambda_\mu^{(I)}]_{m'm}[\Lambda_\alpha^{(II)}]_{a'a}$$

をもつ系に移すことになる．ここで $\Lambda_\mu^{(I)}$ と $\Lambda_\alpha^{(II)}$ は各々状態 $\Phi_\mu^{(I)}$ と $\Phi_\alpha^{(II)}$ への射影演算子である．式 (3.7.2) によると，測定の共同の効果は核

$$
\begin{aligned}
K_{m'a'ma, n'b'nb} & \\
&= \sum_{\mu\alpha} [\Lambda_{\mu\alpha}]_{m'a', ma}[\Lambda_{\mu\alpha}]_{nb, n'b'} \\
&= \left(\sum_\mu [\Lambda_\mu^{(I)}]_{m'm}[\Lambda_\mu^{(I)}]_{nn'}\right)\left(\sum_\alpha [\Lambda_\alpha^{(II)}]_{a'a}[\Lambda_\alpha^{(II)}]_{bb'}\right)
\end{aligned}
$$

$$(12.1.6)$$

による写像である．普通の，状態ベクトルのユニタリーな進展の場合には，核の因数分解は孤立系の性質

$$H_{ma, nb} = H_{mn}^{(I)}\delta_{ab} + H_{ab}^{(II)}\delta_{mn}$$

の結果である．式 (3.7.3) の中の各々の指数関数の中の二つの項は可換であるから，和の指数関数は指数関数の積であり，したがってここで式 (3.7.3) は

$$K_{m'a'ma,\,n'b'nb}$$
$$=\Big[\big[\exp(-iH^{(\mathrm{I})}(t'-t)/\hbar)\big]_{m'm}\big[\exp(+iH^{(\mathrm{I})}(t'-t)/\hbar)\big]_{nn'}\Big]$$
$$\times\Big[\big[\exp(-iH^{(\mathrm{II})}(t'-t)/\hbar)\big]_{a'a}\big[\exp(+iH^{(\mathrm{II})}(t'-t)/\hbar)\big]_{bb'}\Big]$$
$$\tag{12.1.7}$$

となる．式（12.1.6）と（12.1.7）は孤立した部分系の特徴である因数分解（12.1.5）を示している．同じ因数分解は，通常のユニタリーな時間変化に散在する任意の組み合わせの測定でも適用される．

さて，$K^{(\mathrm{I})}$ と $K^{(\mathrm{II})}$ は可能な物理的な核であって，各々式（12.1.4）に似た関係

$$\sum_{m'} K^{(\mathrm{I})}_{m'm,\,m'n} = \delta_{mn}, \quad \sum_{a'} K^{(\mathrm{II})}_{a'a,\,a'b} = \delta_{ab} \tag{12.1.8}$$

を満足する．部分系 II についての情報が何もなければ，部分系 I の密度行列は

$$\rho^{(\mathrm{I})}_{mn} = \sum_{a} \rho_{ma,\,na} \tag{12.1.9}$$

である．3.3 節で述べたように，これは部分系 I の上だけで有意に作用する演算子で，$A_{ma,\,nb} = A^{(\mathrm{I})}_{mn}\delta_{ab}$ の形で表される任意の物理量の平均値 $\mathrm{Tr}(\rho A)$ が $\mathrm{Tr}(\rho^{(\mathrm{I})}A^{(\mathrm{I})})$ に等しい，という要求から出てくる式（12.1.3），（12.1.5），および（12.1.9）から，その時間発展は

$$\rho^{(\mathrm{I})}_{m'n'} \mapsto \rho'^{(\mathrm{I})}_{m'n'} = \sum_{a'}\sum_{mnab} K^{(\mathrm{I})}_{m'm,\,n'n} K^{(\mathrm{II})}_{a'a,\,a'b}\rho_{ma,\,nb}$$

となる．式（12.1.8）および式（12.1.9）を $K^{(\mathrm{II})}$ に対

して使うと，これは

$$\rho'^{(\mathrm{I})}_{m'n'} = \sum_{mn} K^{(\mathrm{I})}_{m'm, n'n} \rho^{(\mathrm{I})}_{mn} \qquad (12.1.10)$$

である．したがって $\rho^{(\mathrm{I})}$ の時間発展は $\rho^{(\mathrm{II})}$ と独立である．エンタングルした状態では部分系 II の中で測定を行うことによって，すなわちハミルトニアンを修正することによって部分系 I の状態を変更できるとしても，これは部分系 I の密度行列を変更することはできない．その後の部分系 I の密度行列の時間発展およびこの部分系でのいかなる測定の結果も密度行列だけに依存するから，エンタングルメントは遠方での瞬間的な通信の可能性は生まない．

　しかしこれは量子力学の特別な特徴である．そのことは測定と，状態ベクトルのハミルトニアンによる時間発展の両方が密度行列の線形関数への密度行列の写像に限られ，状態ベクトルに依存しないという事実に基づいている．状態ベクトルの時間発展に小さな非線形性を許して量子力学を一般化しようとする試みは，いずれも遠方との瞬間的な通信を導入する危険がある[3]．

　もちろん現在の考え方では，一つの部分系での測定は実際に遠方の孤立した部分系の状態ベクトルを変化させるが，密度行列は変化させない．もし仮に測定とは別の方法で状態ベクトルを知ることができれば，光より速い通信が可能かもしれない．

　3.7 節で述べたように，エンタングルメントの現象はこのように，波動関数あるいは状態ベクトルに測定の結果の

予言の手段の何らかの意味を与えようとする量子力学のいかなる解釈にも障害物となっている.

* * * * *

3.3節で，フォン・ノイマン・エントロピー

$$S \equiv -k_B \mathrm{Tr}(\rho \ln \rho) = -k_B \sum_N \lambda_N \ln \lambda_N \qquad (12.1.11)$$

という量を説明した．ここでは密度行列のすべての固有値 λ_N についての総和をとる．ρ の一つの固有値が1でそれ以外の固有値がゼロの純粋状態のときには，このエントロピーは0であり，他のすべての場合には正定値である．

このように定義したエントロピーは役に立つ量である．なぜなら3.3節で示したように，エンタングルメントがなければ，エントロピーは示量的な量だからである．物質は二つの孤立系がエンタングルしている場合には非常に異なる．特に，系全体が純粋状態であるとフォン・ノイマン・エントロピーは0となるが，個々の部分系のエントロピーの値は実は0でなくて両方とも正で等しい．純粋状態 Ψ では密度行列の成分は

$$\rho_{ma,nb} = \phi_{ma}\phi_{nb}^* \qquad (12.1.12)$$

である．ここで ϕ_{ma} は規格化された状態 Ψ の，完全規格化された状態ベクトルの組に沿っての成分である．m と a は各々部分系 I および II の状態を表すラベルである．（もちろん，波動関数自身が因子分解されなければ，すなわちエンタングルメントのない場合のように，ϕ_{ma} が

m の関数と a の関数の積になっていなければ，これは
(3.3.42) の形をしていない．）式 (12.1.9) によれば，
部分系 I の密度行列は

$$\rho^{(\mathrm{I})}_{mn} = \sum_a \rho_{ma,\,na} = (\psi\psi^\dagger)_{mn} \qquad (12.1.13)$$

である．ψ は成分 ψ_{ma} の行列である．$\rho^{(\mathrm{I})}$ の固有値はし
たがって $\psi\psi^\dagger$ の固有値であり，正定値かゼロである．同
様に，部分系 II の密度行列は

$$\rho^{(\mathrm{II})}_{ab} = \sum_m \rho_{ma,\,nb} = (\psi^\dagger\psi)_{ba} \qquad (12.1.14)$$

であるから，その固有値は行列 $\psi^\dagger\psi$ の固有値であり，ま
た正定値またはゼロである．

これらの行列はゼロでない同じ固有値をもつ．なぜな
らもし $\psi\psi^\dagger u = \lambda u$ なら，$\psi^\dagger$ を乗じると $(\psi^\dagger\psi)(\psi^\dagger u) = \lambda(\psi^\dagger u)$ となり，$\psi^\dagger u$ は $\lambda \neq 0$ なら 0 となり得ない．し
たがって $\psi\psi^\dagger$ のすべてのゼロでない固有値は $\psi^\dagger\psi$ の
固有値である．同様に，もし $\psi^\dagger\psi v = \lambda' v$ で $\lambda' \neq 0$ なら
$(\psi\psi^\dagger)(\psi v) = \lambda'(\psi v)$ であり，$\psi^\dagger\psi$ のすべてのゼロでない
固有値は $\psi\psi^\dagger$ の固有値である．$\rho^{(\mathrm{I})}$ と $\rho^{(\mathrm{II})}$ のゼロでない
固有値は同じだから両者のエントロピーは同じである．こ
の共通の値は系のエンタングルメント・エントロピーと呼
ばれる．

原　注
(1) A. Einstein, B. Podolsky, and N. Rosen, *Phys. Rev.*

47, 777 (1935).

(2) D. Bohm, *Quantum Theory* (Prentice-Hall, Inc., New York, 1951), Chapter XXII〔D. ボーム（高林武彦・井上健・河辺六男・後藤邦夫訳）『量子論』みすず書房, 1964〕. D. Bohm and Y. Aharonov, *Phys. Rev.* **108**, 1070 (1957)も参照.

(3) N. Gisin, *Helv. Phys. Acta* **62**, 363 (1989); J. Polchinski, *Phys. Rev. Lett.* **66**, 397 (1991).

12.2　ベルの不等式

　量子力学で出合う不気味なエンタングルメントは，局所的な隠れた変数を導入して量子力学を修正すれば避けることができるという提案は検討に値するかも知れない. ボームは前述の状況において，2電子の状態が (12.1.2) ではなくて，まとめて λ と呼ばれる何らかのパラメーターまたはパラメーターの組で特徴づけられる状態の集合であり，その結果，第一の粒子のスピンの任意の方向 $\hat{\mathbf{a}}$ の成分は決まった関数 $(\hbar/2)S(\hat{\mathbf{a}}, \lambda)$ であって，$S(\hat{\mathbf{a}}, \lambda)$ は値 ± 1 だけをとると提案した. 経験と角運動量の保存則の両方から，第2の粒子の同じ方向のスピンは $-(\hbar/2)S(\hat{\mathbf{a}}, \lambda)$ だと言える. パラメーター λ は二つの粒子がお互いに離れる前に決まっているので，非局所性は関係していないが，量子力学の確率論的な性格を踏襲するためには，λ の値はランダムにとらねばならない. 何らかの確率密度 $\rho(\lambda)$ があって，それについては $\rho(\lambda) \geqq 0$ と $\int \rho(\lambda)d\lambda = 1$ が成り立つことだけが必要である. 二つの

粒子のスピンの間の相関は，第 1 の粒子のスピンの $\widehat{\mathbf{a}}$ 成
分と第 2 の粒子のスピンの $\widehat{\mathbf{b}}$ 成分の積の平均値

$$\langle(\mathbf{s}_1\cdot\widehat{\mathbf{a}})(\mathbf{s}_2\cdot\widehat{\mathbf{b}})\rangle = -\frac{\hbar^2}{4}\int d\lambda\, \rho(\lambda)S(\widehat{\mathbf{a}},\lambda)S(\widehat{\mathbf{b}},\lambda)$$

$$(12.2.1)$$

と表される．$\widehat{\mathbf{a}}$ と $\widehat{\mathbf{b}}$ は任意の二つの単位ベクトルである．
量子力学では粒子 1 のスピンは[1]

$$(\mathbf{s}_1\cdot\widehat{\mathbf{a}})(\mathbf{s}_2\cdot\widehat{\mathbf{b}}) = \frac{\hbar^2}{4}\widehat{\mathbf{a}}\cdot\widehat{\mathbf{b}}+i\frac{\hbar}{2}(\widehat{\mathbf{a}}\times\widehat{\mathbf{b}})\cdot\mathbf{s}_1 \quad (12.2.2)$$

を満足する演算子である．したがって状態（12.1.2）で
は $\mathbf{s}_2 = -\mathbf{s}_1$ であり，$\mathbf{s}_1$ の期待値は 0 であるから，スピン
成分の積は

$$\langle(\mathbf{s}_1\cdot\widehat{\mathbf{a}})(\mathbf{s}_2\cdot\widehat{\mathbf{b}})\rangle_{\mathrm{QM}} = -\frac{\hbar^2}{4}\widehat{\mathbf{a}}\cdot\widehat{\mathbf{b}} \quad (12.2.3)$$

である．

方向 $\widehat{\mathbf{a}}$ および $\widehat{\mathbf{b}}$ の任意の電子の対について，式（12.2.1）
と式（12.2.3）が等しくなるような関数 S と確率密度 ρ
を構成するのに何の障害もない．したがって 2 方向のス
ピン成分を研究するだけでは，実験的に局所的な隠れた変
数の理論と量子力学を区別することはできない．しかし
1964 年の論文[2]で，ジョン・ベル（1928-90）は三つの
異なる方向 $\widehat{\mathbf{a}},\widehat{\mathbf{b}},\widehat{\mathbf{c}}$ のスピン成分を考えればそのような区
別が実際にできることを示すことができた．この場合，相
関関数（12.2.1）は，量子力学的な期待値（12.2.3）に
よって一般には満足されない不等式を満足する．

　これを理解するには，上記で仮定された局所的な隠れた変数の理論の一般的な性質によれば

$$\langle (\mathbf{s}_1 \cdot \widehat{\mathbf{a}})(\mathbf{s}_2 \cdot \widehat{\mathbf{b}}) \rangle - \langle (\mathbf{s}_1 \cdot \widehat{\mathbf{a}})(\mathbf{s}_2 \cdot \widehat{\mathbf{c}}) \rangle$$
$$= -\frac{\hbar^2}{4} \int \rho(\lambda) d\lambda \left[S(\widehat{\mathbf{a}}, \lambda) S(\widehat{\mathbf{b}}, \lambda) - S(\widehat{\mathbf{a}}, \lambda) S(\widehat{\mathbf{c}}, \lambda) \right]$$

$$\text{(12.2.4)}$$

であることに注意する．$S^2(\widehat{\mathbf{b}}, \lambda) = 1$ であるから，この式は

$$\langle (\mathbf{s}_1 \cdot \widehat{\mathbf{a}})(\mathbf{s}_2 \cdot \widehat{\mathbf{b}}) \rangle - \langle (\mathbf{s}_1 \cdot \widehat{\mathbf{a}})(\mathbf{s}_2 \cdot \widehat{\mathbf{c}}) \rangle$$
$$= -\frac{\hbar^2}{4} \int \rho(\lambda) d\lambda \, S(\widehat{\mathbf{a}}, \lambda) S(\widehat{\mathbf{b}}, \lambda) \left[1 - S(\widehat{\mathbf{b}}, \lambda) S(\widehat{\mathbf{c}}, \lambda) \right]$$

$$\text{(12.2.5)}$$

と書ける．積分の絶対値は絶対値の積分以下であるから

$$\left| \langle (\mathbf{s}_1 \cdot \widehat{\mathbf{a}})(\mathbf{s}_2 \cdot \widehat{\mathbf{b}}) \rangle - \langle (\mathbf{s}_1 \cdot \widehat{\mathbf{a}})(\mathbf{s}_2 \cdot \widehat{\mathbf{c}}) \rangle \right|$$
$$\leqq \frac{\hbar^2}{4} \int \rho(\lambda) d\lambda \left[1 - S(\widehat{\mathbf{b}}, \lambda) S(\widehat{\mathbf{c}}, \lambda) \right]$$

であり，したがって

$$\left| \langle (\mathbf{s}_1 \cdot \widehat{\mathbf{a}})(\mathbf{s}_2 \cdot \widehat{\mathbf{b}}) \rangle - \langle (\mathbf{s}_1 \cdot \widehat{\mathbf{a}})(\mathbf{s}_2 \cdot \widehat{\mathbf{c}}) \rangle \right|$$
$$\leqq \frac{\hbar^2}{4} + \langle (\mathbf{s}_1 \cdot \widehat{\mathbf{b}})(\mathbf{s}_2 \cdot \widehat{\mathbf{c}}) \rangle \quad \text{(12.2.6)}$$

である．これが本来のベルの不等式である．

重要なのは，少なくとも何らかの方向 $\hat{\mathbf{a}}, \hat{\mathbf{b}}, \hat{\mathbf{c}}$ の選択によっては，この不等式は量子力学的な相関関数（12.2.3）では満足されないことである．例えば，

$$\hat{\mathbf{b}} \cdot \hat{\mathbf{a}} = 0, \quad \hat{\mathbf{c}} = [\hat{\mathbf{a}} + \hat{\mathbf{b}}]/\sqrt{2} \tag{12.2.7}$$

とすると，量子力学的な相関関数（12.2.3）について，不等式（12.2.6）の左辺は

$$\left| \langle (\mathbf{s}_2 \cdot \hat{\mathbf{a}})(\mathbf{s}_2 \cdot \hat{\mathbf{b}}) \rangle_{\mathrm{QM}} - \langle (\mathbf{s}_1 \cdot \hat{\mathbf{a}})(\mathbf{s}_2 \cdot \hat{\mathbf{c}}) \rangle_{\mathrm{QM}} \right| = \frac{\hbar^2}{4\sqrt{2}}$$
$$\tag{12.2.8}$$

であるが，右辺は

$$\frac{\hbar^2}{4} + \langle (\mathbf{s}_1 \cdot \hat{\mathbf{b}})(\mathbf{s}_2 \cdot \hat{\mathbf{c}}) \rangle_{\mathrm{QM}} = \frac{\hbar^2}{4} - \frac{\hbar^2}{4\sqrt{2}} \tag{12.2.9}$$

である．言うまでもなく，量（12.2.8）は量（12.2.9）より大きい．したがって相関関数 $\langle (\mathbf{s}_1 \cdot \hat{\mathbf{a}})(\mathbf{s}_2 \cdot \hat{\mathbf{b}}) \rangle, \langle (\mathbf{s}_1 \cdot \hat{\mathbf{a}})(\mathbf{s}_2 \cdot \hat{\mathbf{c}}) \rangle, \langle (\mathbf{s}_1 \cdot \hat{\mathbf{b}})(\mathbf{s}_2 \cdot \hat{\mathbf{c}}) \rangle$ を測定すれば量子力学の予言と局所的な隠れた変数の理論の明確な判定が下せる．

実験がそのような判定を果たせるというだけではなく，実際に果たしたのである．アラン・アスペとその共同研究者たち[3]は，実際に本来のベルの不等式の一般化をテストした．粒子 n についての任意の $S_n(\hat{\mathbf{a}})$ を考えよう．それは（電子のスピン成分 $\hat{\mathbf{a}} \cdot \mathbf{s}_n$ のように $\hbar/2$ を単位として）± 1 の値しかとらないとする．局所的な隠れた変数の理論では $S_n(\hat{\mathbf{a}})$ の測定値は決まった関数 $S_n(\hat{\mathbf{a}}, \lambda)$ である．ここで λ は何らかのパラメーターかパラメーターの組であって，粒子が離れるより前に固定されている．その

λ と $\lambda + d\lambda$ の間にある確率は $\rho(\lambda)d\lambda$ である．粒子 1 の $S_1(\widehat{\mathbf{a}})$ の値と粒子 2 の $S_2(\widehat{\mathbf{b}})$ の値の相関は積

$$\langle S_1(\widehat{\mathbf{a}})S_2(\widehat{\mathbf{b}})\rangle = \int d\lambda\, \rho(\lambda) S_1(\widehat{\mathbf{a}}, \lambda) S_2(\widehat{\mathbf{b}}, \lambda) \quad (12.2.10)$$

の平均である．次の量を考えよう．

$$\langle S_1(\widehat{\mathbf{a}})S_2(\widehat{\mathbf{b}})\rangle - \langle S_1(\widehat{\mathbf{a}})S_2(\widehat{\mathbf{b}}')\rangle$$
$$\qquad + \langle S_1(\widehat{\mathbf{a}}')S_2(\widehat{\mathbf{b}})\rangle + \langle S_1(\widehat{\mathbf{a}}')S_2(\widehat{\mathbf{b}}')\rangle$$
$$= \int d\lambda\, \rho(\lambda) \big[S_1(\widehat{\mathbf{a}}, \lambda) S_2(\widehat{\mathbf{b}}, \lambda) - S_1(\widehat{\mathbf{a}}, \lambda) S_2(\widehat{\mathbf{b}}', \lambda)$$
$$\qquad + S_1(\widehat{\mathbf{a}}', \lambda) S_2(\widehat{\mathbf{b}}, \lambda) + S_1(\widehat{\mathbf{a}}', \lambda) S_2(\widehat{\mathbf{b}}', \lambda) \big].$$

これは四つの異なる方向 $\widehat{\mathbf{a}}, \widehat{\mathbf{b}}, \widehat{\mathbf{a}}', \widehat{\mathbf{b}}'$ についての量である．任意の λ について，角括弧の中の各々の積 $S_1 S_2$ の値は ± 1 だけであるから，その総和のとり得る値は 0 または $+2$ または -2 だけである[4]．したがって平均は

$$\Big| \langle S_1(\widehat{\mathbf{a}})S_2(\widehat{\mathbf{b}})\rangle - \langle S_1(\widehat{\mathbf{a}})S_2(\widehat{\mathbf{b}}')\rangle$$
$$\qquad + \langle S_1(\widehat{\mathbf{a}}')S_2(\widehat{\mathbf{b}})\rangle + \langle S_1(\widehat{\mathbf{a}}')S_2(\widehat{\mathbf{b}}')\rangle \Big| \leqq 2$$

$$(12.2.11)$$

を満足しなければならない．この不等式は本来のベルの不等式よりも広いクラスの理論について成り立つことに注意しよう．なぜならその証明の中で以前の仮定，すなわちすべての方向 $\widehat{\mathbf{a}}$ について $S_2(\widehat{\mathbf{a}}, \lambda) = -S_1(\widehat{\mathbf{a}}, \lambda)$ という仮定を必要としないからである．

不等式（12.2.11）が隠れた変数の理論との区別に役立

つためには，量子力学によって与えられる左辺の値が不
等式を破らなければならない．この値を計算するには，も
ちろん実験装置の配置を特定しなければならない．クラ
ウザーたち[5]の以前の実験に従い，アスペたちは以前に
コチャーとコミンス[6]の研究した2光子遷移の光子偏極
相関を測定した．2光子はカルシウム原子のカスケード
崩壊で放出される．第一の光子は $j=0$ でパリティ偶の
状態から，寿命の短い $j=1$ でパリティ奇の中間状態へ
の遷移で放出され，第二の光子はその状態から $j=0$ で
パリティ偶の他の状態への遷移で放出される．これらの
光子は偏光プリズムに導かれる．一つの偏光プリズムは
光子1が $\hat{\mathbf{a}}$（光子の方向 $\hat{\mathbf{k}}$ に垂直）方向に直線偏光して
いたら，一つの光電子増倍管に導き $S_1(\hat{\mathbf{a}})=1$ と記録す
る．また $\hat{\mathbf{a}}$ および $\hat{\mathbf{k}}$ の双方と垂直な方向に直線偏光して
いたら，異なる光電子増倍管に導き $S_1(\hat{\mathbf{a}})=-1$ と記録す
る．同様に，他の偏光プリズムは光子2が方向 $\hat{\mathbf{b}}$（光子
の方向 $-\hat{\mathbf{k}}$ に垂直）の方向に直線偏光していたら一つの
光電子増倍管に導き $S_2(\hat{\mathbf{b}})=+1$ と記録する．光子2が $\hat{\mathbf{b}}$
および $-\hat{\mathbf{k}}$ の双方に垂直な方向に直線偏光していたら異
なる増倍管に導き $S_2(\hat{\mathbf{b}})=-1$ と記録する．偏光プリズム
は回転できるので，$\hat{\mathbf{a}}$ を $\hat{\mathbf{a}}'$ に置き換えたり，$\hat{\mathbf{b}}$ を $\hat{\mathbf{b}}'$ に置
き換えたり，それを両方同時に置き換えたりする．2光
子遷移は $j=0$ の原子の状態同士の遷移なので二つの偏
極のスカラー関数でなければならず，かつ原子の始状態
と終状態はパリティが偶であるからスカラー $\hat{\mathbf{k}}\cdot(\mathbf{e}_1\times\mathbf{e}_2)$

は除外され，振幅は $\mathbf{e}_1 \cdot \mathbf{e}_2$ に比例するに違いない．そこで粒子1が $\widehat{\mathbf{a}}$ 方向に偏極し，粒子2が $\widehat{\mathbf{b}}$ 方向に偏極する確率は $(\widehat{\mathbf{a}} \cdot \widehat{\mathbf{b}})^2/2$ に比例する．（因子 1/2 は二つの直交した方向 $\widehat{\mathbf{a}}$，$\widehat{\mathbf{b}}$ についての和が1でなければならないという条件から決められる．）$S_1(\widehat{\mathbf{a}})S_2(\widehat{\mathbf{b}})$ を四つの可能性 $S_1(\widehat{\mathbf{a}}) = \pm 1, S_2(\widehat{\mathbf{b}}) = \pm 1$ について上記の確率で重みづけして加えると，$S_1(\widehat{\mathbf{a}})S_2(\widehat{\mathbf{b}})$ の量子力学的な期待値は

$$\langle S_1(\widehat{\mathbf{a}})S_2(\widehat{\mathbf{b}}) \rangle_{\mathrm{QM}}$$

$$= \frac{1}{2}(\cos^2 \theta_{ab} - \sin^2 \theta_{ab} - \sin^2 \theta_{ab} + \cos^2 \theta_{ab})$$

$$= \cos 2\theta_{ab} \tag{12.2.12}$$

となる．ここで θ_{ab} は $\widehat{\mathbf{a}}$ と $\widehat{\mathbf{b}}$ の角度である．したがって量子力学では式（12.2.11）の左辺は

$$\langle S_1(\widehat{\mathbf{a}})S_2(\widehat{\mathbf{b}}) \rangle_{\mathrm{QM}} - \langle S_1(\widehat{\mathbf{a}})S_2(\widehat{\mathbf{b}}') \rangle_{\mathrm{QM}}$$

$$+ \langle S_1(\widehat{\mathbf{a}}')S_2(\widehat{\mathbf{b}}) \rangle_{\mathrm{QM}} + \langle S_1(\widehat{\mathbf{a}}')S_2(\widehat{\mathbf{b}}') \rangle_{\mathrm{QM}}$$

$$= \cos 2\theta_{ab} - \cos 2\theta_{ab'} + \cos 2\theta_{a'b} + \cos 2\theta_{a'b'} \tag{12.2.13}$$

となる．これは $\theta_{ab} = \theta_{a'b} = \theta_{a'b'} = 22.5°$ および $\theta_{ab'} = 67.5°$ なら最大である[7]．その場合

$$\langle S_1(\widehat{\mathbf{a}})S_2(\widehat{\mathbf{b}}) \rangle_{\mathrm{QM}} - \langle S_1(\widehat{\mathbf{a}})S_2(\widehat{\mathbf{b}}') \rangle_{\mathrm{QM}}$$

$$+ \langle S_1(\widehat{\mathbf{a}}')S_2(\widehat{\mathbf{b}}) \rangle_{\mathrm{QM}} + \langle S_1(\widehat{\mathbf{a}}')S_2(\widehat{\mathbf{b}}') \rangle_{\mathrm{QM}}$$

$$= 2\sqrt{2} = 2.828. \tag{12.2.14}$$

この実験での偏極は完全に効率的ではなかったため．期

待値はわずか 2.70 ± 0.05 であった．式 (12.2.11) の左辺の実験結果は 2.697 ± 0.0515 で，量子力学とよく合っており，局所的な隠れた変数の理論の満足する不等式 (12.2.11) とは明らかに一致していない[1]．

原　注

(1) これを理解する最もやさしい方法は，1/2 の場合のスピン演算子 $\mathbf{s}$ は $(\hbar/2)\sigma$ であり，ここで σ の成分はパウリ行列 (4.2.18) であることを思い出すことである．直接的な計算によりパウリ行列の積は $\sigma_i \sigma_j = \delta_{ij} 1 + i \sum_k \epsilon_{ijk} \sigma_k$ を満足することがわかる．これから式 (12.2.2) はすぐに出てくる．

(2) J. S. Bell, *Physics* **1**, 195 (1964). この雑誌はもはや出版されていない．ベルの論文は選集 *Quantum Theory and Measurement*, eds. J. A. Wheeler and W. Zurek (Princeton University Press, Princeton, NJ, 1983) にある．総合報告は

---

[1] 2015 年 Nature に発表された DELFT グループの実験は光子でなく電子スピンを用いているのでベルの不等式の破れの直接的な検証になっていて，しかも相対論を根拠に局所性を担保しているので，より教育的である．式 (12.2.11) の左辺の値 S としては 220 時間の計測結果として 2.42 を与えている．これは S が 2 以下であるという隠れた変数の理論に基づく不等式に反している．B. Hensen et al. "Loophole-free Bell inequality violating using electron spins separated by 1.3 kilometres", *Nature* **526**, 682 (2015)．

なお，ベルの不等式の上限と下限はラグランジュの未定係数法によって簡単に完全に求められる．$C = -\mathbf{a} \cdot \mathbf{b} + \mathbf{b} \cdot \mathbf{c} + \mathbf{a} \cdot \mathbf{d} + \mathbf{c} \cdot \mathbf{b}$ とする．条件 $\mathbf{a}^2 = 1$, $\mathbf{b}^2 = 1$, $\mathbf{c}^2 = 1$, $\mathbf{d}^2 = 1$ の下で C の最大最小を求めるには $\alpha, \beta, \gamma, \delta$ を未定係数として $L = C - \alpha(\mathbf{a}^2 - 1)/2 - \beta(\mathbf{b}^2 - 1)/2 - \gamma(\mathbf{c}^2 - 1)/2 - \delta(\mathbf{d}^2 - 1)/2$ の最大最小を求めればよい．L を $\mathbf{a}, \mathbf{b}, \mathbf{c}, \mathbf{d}$ について偏微分すると 0 となる（以上は細谷暁夫先生のご教示による）．

N. Brunner, D. Cavalcanti, S. Pironio, V. Scarani, and S. Wehner, *Rev. Mod. Phys.* **86**, 419 (2014)参照.

(3) A. Aspect, P. Grangier, and G. Roger, *Phys. Rev. Lett.* **47**, 460 (1981); **49**, 91 (1982); A. Aspect, J. Dalibard, and G. Roger, *Phys. Rev. Lett.* **49**, 1804 (1982). ここの議論はほとんどこれらのうちの第二論文から来ている.

(4) 被積分関数の中の和が +4 になることは, どんな λ についても不可能である. なぜなら, 最初の三つの項がすべて +1 となるためには $S_1(\hat{\mathbf{a}}, \lambda) = S_2(\hat{\mathbf{b}}, \lambda) = -S_2(\hat{\mathbf{b}}', \lambda) = S_1(\hat{\mathbf{a}}', \lambda)$ でなければならないが, そうすると 4 番目の項が -1 になる. したがって和は +2 となって +4 にはならない. 同様に和が -4 となることはどんな λ に対しても不可能である. なぜなら最初の 3 項が -1 となるためには $S_1(\hat{\mathbf{a}}, \lambda) = -S_2(\hat{\mathbf{b}}, \lambda) = S_2(\hat{\mathbf{b}}', \lambda) = S_1(\hat{\mathbf{a}}', \lambda)$ でなければならないが, そうすると 4 番目の項は +1 となり, 和は -2 となって -4 にはならない.

(5) J. F. Clauser, M. A. Horne, A. Shimony, and R. A. Holt, *Phys. Rev. Lett.* **23**, 880 (1969). ベルの不等式と実験のいろいろについての総合報告は J. F. Clauser and A. Shimony, *Rep. Prog. Phys.* **41**, 1881 (1978)参照.

(6) C. A. Kocher and E. D. Commins, *Phys. Rev Lett.* **18**, 575 (1967).

(7) $\hat{\mathbf{a}}, \hat{\mathbf{b}}, \hat{\mathbf{a}}', \hat{\mathbf{b}}'$ はすべて $\hat{\mathbf{k}}$ に垂直であるから同じ平面上にある. 式 (12.2.13) を最大値にするにはそれを $\theta_{ab'} = \theta_{ab} + \theta_{a'b} + \theta_{a'b'}$ となるよう並べ, その θ_{ab} および $\theta_{a'b}$ および $\theta_{a'b'}$ の各々についての微分を 0 となるようにすればよい.

12.3 量子コンピューティング

近年, 量子力学を用いた計算に大いに注目が集まっている[1]. この節では量子コンピューターの可能性とその限界を簡単に紹介する.

　量子力学にはエンタングルメントが存在する．このお
かげで，古典的なコンピューターでは指数関数的に大き
な資源を要する計算が量子コンピューターで可能になる．
量子コンピューターの活動するメモリー（記憶装置）は
n-Q ビット（量子ビット）と考えられる[2]．それは原子
のような全角運動量 1/2 の要素や超伝導のループの電流
のように，角運動量の z 成分や電流の向きのような何ら
かの量が二つの値しかとれない．この二つの値のラベルを
添え字 s，その値を 0 と 1 とし，$\Psi_{s_1 s_2 \cdots s_n}$ を Q ビットが
$s_1, s_2, \cdots, s_n$ の値をとる規格化された状態と定義する．

$$\Psi = \sum_{s_1 s_2 \cdots s_n} \psi_{s_1 s_2 \cdots s_n} \Psi_{s_1 s_2 \cdots s_n}. \tag{12.3.1}$$

$\psi_{s_1 s_2 \cdots s_n}$ は複素数で，規格化の条件

$$\sum_{s_1 s_2 \cdots s_n} |\psi_{s_1 s_2 \cdots s_n}|^2 = 1 \tag{12.3.2}$$

に従う．$\psi_{s_1 s_2 \cdots s_n}$ の絶対値はこの条件に従い，$\psi_{s_1 s_2 \cdots s_n}$
の全体としての位相は無関係であるから，$2^n - 1$ 個の独
立な係数がある．それを $\psi_{s_1 s_2 \cdots s_n}$ の（各成分の）比とす
る．したがって n-Q ビットのもつ量子コンピューターは
$2^n - 1$ 個の独立な複素数を含み得るメモリーをもつ．こ
のメモリーがコンピューターが計算中に作用する情報であ
る．（後でわかるように，この情報は一般にメモリーから
読み取ることはできない．）

---

　[2]「Q ビット」の表記は本節原注 1 に掲げるマーミンの邦訳書に
　　　ならう．

　これを古典的なデジタル・コンピューターと比較して
みよう. n ビットを含む古典的なメモリーは単に n 個の 0
と 1 のつながりであり, 2 進法では 0 から $2^n - 1$ までの
値をとる整数を表すと見なすことができる. 量子コンピュ
ーターと古典的コンピューターの違いは, 前者が $2^n - 1$
個の自由な複素数を一つのメモリーに記憶できるのに対し
て, 後者は 0 から $2^n - 1$ まで一つの整数しか記憶できな
い点にある. 古典的デジタル・コンピューターは量子コン
ピューターのできることは何でもできるが, その代わり指
数関数的に大きなメモリーを必要とする.

　古典的コンピューターの場合のように, ϕ と Ψ 上で複
数の添え字 $s_1, s_2, \cdots, s_n$ を 0 と 1 のつながりと考え, そ
れを 0 と $2^n - 1$ の間の一つの整数 ν で置き換えよう. ν
を 2 進法で展開したのが $s_1 s_2 \cdots s_n$ である. (例えば, $n =$
2 の場合には $\Psi_0 \equiv \Psi_{00}, \Psi_1 \equiv \Psi_{01}, \Psi_2 \equiv \Psi_{10}, \Psi_3 \equiv \Psi_{11}$ で
ある.) こうして式 (12.3.1) を

$$\Psi = \sum_{\nu=0}^{2^n - 1} \phi(\nu) \Psi_\nu \qquad (12.3.3)$$

と書き, $\phi(\nu)$ は整数 ν の一つの複素数値の関数だと考え
る.

　n-Q ビットをさまざまな外的影響にさらすことによっ
て, 原理的にそれらの状態ベクトルに $\exp(-iHt/\hbar)$ の形
の演算子を作用させることができる. ここで H は任意の
種類のエルミート演算子であり, このようにして状態ベク
トルを望むようにユニタリー変換 $\Psi \to U\Psi$ に従わせる.

波動関数への影響は

$$\phi(\nu) \mapsto \sum_{\mu=0}^{2^n-1} U_{\mu\nu}\phi(\mu) \qquad (12.3.4)$$

である．ここで $U_{\mu\nu}$ は何らかの任意なユニタリー行列である．このようにして量子コンピューターは関数を他の関数に変換できる．例えば，大きな整数を因数分解するためのアルゴリズムを構成するためには[2]ユニタリー変換

$$U_{\mu\nu} = 2^{-n/2}\exp(2i\pi\mu\nu/2^n) \qquad (12.3.5)$$

を使用する．これによって $\phi(\nu)$ は

$$\phi(\nu) \mapsto 2^{-n/2}\sum_{\mu=0}^{2^n-1}\exp(2i\pi\mu\nu/2^n)\phi(\mu) \qquad (12.3.6)$$

とフーリエ変換される．これはユニタリーである．なぜなら 0 と 2^n-1 の間の整数 μ および μ' について

$$\sum_{\nu=0}^{2^n-1} U_{\mu\nu}U_{\mu'\nu}^* = 2^{-n}\sum_{\nu=0}^{2^n-1}\exp\bigl(2i\pi(\mu-\mu')\nu/2^n\bigr) = \delta_{\mu\mu'}$$

だからである．量子コンピューターの利点を失わないためには，そのような役に立つユニタリー変換を「ゲート」，すなわち，一度に有限の数以下の Q ビットにしか作用しないユニタリー変換を作らなければならない．例えば本節の注 2 に引用した文献では，ユニタリー変換 (12.3.5) がほんの 2 種類のゲートだけで作れる．一つはゲート R_j で j 番目の Q ビットの 2 状態に作用し，そのユニタリー行列は

$$R_j : \frac{1}{\sqrt{2}}\begin{pmatrix} 1 & 1 \\ 1 & -1 \end{pmatrix}$$

である．もう一つはゲート S_{ij} で j 番目および k 番目の
Q ビット $(j < k)$ の四つの状態に作用し，そのユニタリー行列は

$$
S_{j.k}: \begin{pmatrix}
1 & 0 & 0 & 0 \\
0 & 1 & 0 & 0 \\
0 & 0 & 1 & 0 \\
0 & 0 & 0 & \exp(i\pi 2^{j-k})
\end{pmatrix}
$$

である．ここで行と列は 2-Q ビット状態に対応し，その
添え字は $00, 01, 10, 11$ の順序になっている．

　量子コンピューティングには限界がある．内的な限界
と外的な限界の両方がある．まず内的な限界として，量
子コンピューターのメモリーの内容の読み取り方がある．
一般的な状態（12.3.3）で $\phi(\nu)$ の係数が未知のメモリー
では，各々の Q ビットの 1 回の測定だけではこれらの係
数の値について正確なことは何も言えない．同じ計算を
何度も繰り返してそのたびに各々の Q ビットを測定して
も，絶対値 $|\phi(\nu)|$ がわかるだけである．しかしうまい計
算法があって，メモリーを基底ベクトル Ψ_ν の一つにでき
れば，整数 ν を見つけてその Q ビットの状態を測定する
ことができる．特に大きな数の素因数分解のときには，ア
ウトプットは Ψ_ν で表される数の組であり，これらの数を
各々の Q ビットの状態の測定から見つけることは問題が
ない．

　より一般的な測定も可能である．量子計算でメモリーの
状態が

$$\sum_{\nu=0}^{2^n-1} A^r_{\mu\nu} \psi(\nu) = a^r \psi(\mu)$$

になることがわかっているとする．但し，A^r は何らか
のエルミート行列である．その場合は適切な測定によ
って固有値 a^r を求めることができる．（以前に述べた例
では，計算がメモリーを Ψ_ν にしたのはこれらの行列が
$A^\nu_{\mu'\mu} = \nu\delta_{\nu\mu'}\delta_{\nu\mu}$ のときであった．)

　他にも内的な限界がある．メモリーのレジスター上で実
行できる演算 U の線形性のために，古典的なコンピュー
ターでは容易に行えることが量子コンピューターではで
きないことがある．その一つは，一つのメモリーのレジス
ターの内容を別のレジスターにコピーすることである[3]．
二つの独立なレジスターの状態をテンソル積 $\Psi \otimes \Phi$ で
表そう．ここで Ψ と Φ は二つのレジスターの状態であ
る（すなわち，$\Psi = \sum_\nu \psi(\nu)\Psi_\nu$ および $\Phi = \sum_\mu \phi(\mu)\Phi_\mu$ と
すると $\Psi \otimes \Phi = \sum_{\nu\mu} \psi(\nu)\phi(\mu)\Psi_{\nu\mu}$ である）．コピーする演
算子 U は

$$U(\Psi \otimes \Phi_0) = \Psi \otimes \Psi \tag{12.3.7}$$

という性質をもつ演算子だと考えられる．ここで Ψ は第
一のレジスターの任意の状態であり，Φ_0 は第二のレジス
ターの何らかの「からっぽの」レジスターである．これが
任意の Ψ について等しいなら，それは Ψ が $\Psi_A + \Psi_B$ と
いう和であっても成り立たなければならないから，

$$U\big((\Psi_A + \Psi_B) \otimes \Phi_0\big)$$

$$= (\Psi_A + \Psi_B) \otimes (\Psi_A + \Psi_B)$$

$$= \Psi_A \otimes \Psi_A + \Psi_A \otimes \Psi_B + \Psi_B \otimes \Psi_A + \Psi_B \otimes \Psi_B.$$

$$(12.3.8)$$

しかし，もし U が線形なら

$$U\big((\Psi_A + \Psi_B) \otimes \Phi_0\big) = U(\Psi_A \otimes \Phi_0) + U(\Psi_B \otimes \Phi_0)$$

$$= \Psi_A \otimes \Psi_A + \Psi_B \otimes \Psi_B \qquad (12.3.9)$$

でなければならない．これは式（12.3.8）と矛盾する．

　量子コンピューティングの外的な限界は，エラーに対処する必要性である．エラーは処理されないと長い計算過程のあいだに蓄積され，計算そのものがだめになってしまう．その種のエラーの一つは位相の変化であり，その中では環境の変化と共にある Q ビットが $\phi_0 \Psi_0 + \phi_1 \Psi_1$ から $e^{i\alpha_0}\phi_0\Psi_0 + e^{i\alpha_1}\phi_1\Psi_1$ に変化する．位相 α_i が非常に小さかったとしても，これはこの Q ビットで表される複素数の比 ϕ_1/ϕ_0 を変化させてしまう．大きな，管理不能な位相の変化についてこの Q ビットと他の Q ビットの間のエンタングルメントは破壊される．エンタングルメントの消えた状態で $\psi_{s_1\cdots s_n}$ が実質的に添え字の関数の積である場合は，$2^n - 1$ 個でなく $n - 1$ 個の独立な複素数を含み，量子コンピューターの優位は失われる．他の種類のエラーはビットの反転である．ある状態 Ψ_1 が Ψ_0 になったり，その逆になったりする．

　量子コンピューターにそのようなエラーを検知・修正する能力をもたすことができる. それは複数の実 Q ビットの集まった総合的な Q ビットでプログラムを書くことによってである[4]. その一般的な状態は[5]

$$\phi_0(\Psi_{000}+\Psi_{111})\otimes(\Psi_{000}+\Psi_{111})\otimes(\Psi_{000}+\Psi_{111})$$
$$+\phi_1(\Psi_{000}-\Psi_{111})\otimes(\Psi_{000}-\Psi_{111})\otimes(\Psi_{000}-\Psi_{111})$$

$$(12.3.10)$$

である. ここで $\otimes$ の記号で表されるテンソル積の意味を具体例で説明しよう. すなわち $\Psi_{000}\otimes\Psi_{111}\otimes\Psi_{000}$ は 9-Q ビット状態 $\Psi_{000111000}$ である. これによって実際の単一 Q ビットに影響するエラーは多数決の規則によって検知・修正される.（手続きの詳細は本節の注4および5に引用されている文献に記述されている.）

　Q ビット三つの組の状態の一つを $\Psi_{000}+\Psi_{111}$ から別の線形結合 $\Psi_{000}-\Psi_{111}$ に（または $\Psi_{000}-\Psi_{111}$ から $\Psi_{000}+\Psi_{111}$ に）変えるときに, 単一 Q ビットの位相変化が起こっても, 次のようにして修正される. 例えばビットの反転により, 一つの Q ビットが 0 状態にあり, 二つの Q ビットが 1 状態になっていれば Ψ_{111} に変更する. 一つの Q ビットが 1 状態で二つの Q ビットが 0 状態になっていれば変換するビット Ψ_{000} に変更する.

　位相変化とビットの反転は単一 Q ビットにだけ作用し, それが構成する合成 Q ビットには作用しない. したがって単一 Q ビットに影響を及ぼすエラーが上記の方法で修

正されるなら，合成 Q ビット状態（12.3.10）や多くの
そのような合成 Q ビットの集合からできるエンタングル
した状態の ψ_0 または ψ_1 の係数を乱すエラーはない．こ
の種のエラーを修正するコードのおかげで，個々の Q ビ
ットの物理的性能の向上[6]とあいまって何百もの Q ビッ
トをまとめて有用な量子コンピューターを作り，そのよう
なコンピューターのためのプログラムを書けるようになっ
た．

原　注

(1) 例えば N. D. Mermin, *Quantum Computer Science— An Introduction*（Cambridge University Press, Cambridge, 2007）〔N. D. マーミン（木村元訳）『量子コンピュータ科学の基礎』丸善, 2009〕を参照．量子計算についての総合報告は http://www.theory.caltech.edu/people/preskill/ph219/#lecture でオンラインで入手できる．

(2) P. W. Shor, *J. Sci. Statist. Comput.* **26**, 1484（1997）．そのような因数分解の暗号学での使用については簡単に 11.8 節で記述した．

(3) W. R. Wooters and W. H. Zurek, *Nature* **299**, 802（1982）; D. Dicks, *Phys. Lett.* A **92**, 271（1982）．

(4) 総合報告は http://www.theory.caltech.edu/people/preskill/ph229/#lecture の第 7 章; D. Gottesman, in *Quantum Computation: A Grand Mathematical Challenge for the Twenty-First Century and the Millennium*, ed. S. J. Lononaco, Jr.（American Mathematical Society, Providence, RI, 2002）, pp. 221-235 を参照．

(5) P. W. Shor, *Phys. Rev.* A **52**, 2493（1995）．

(6) 例えば T. P. Harty, D. T. Allcock, C. J. Ballance, L.

Guidoni, H. A. Janacek, N. M. Linke, D. N. Stacey, and D. M. Lucas, *Phys. Rev. Lett.* **113**, 220501 (2014) [arXiv: 1403.1524] を参照.

訳者あとがき

　量子力学が生まれて100年になろうとしている．ここ
で豊かになった量子力学の全体像を見わたすことは意義が
あろう．簡単にいうと量子力学は物質が粒子と波の二つの
性質を兼ね備えていることを説明する数学的・論理的な枠
組みである．本書は電磁気的相互作用と弱い相互作用を統
一し，素粒子の標準模型を確立したワインバーグ先生の量
子力学講義に基づき，きわめて評価の高いものである．

　歴史から始める．量子力学の基礎として波動方程式の解
き方を学び，状態がヒルベルト空間の射線に対応すること
が述べられる．こうしてシュレーディンガー描像とハイゼ
ンベルク描像で同じ結果の導かれることがわかる（第1〜
3章）．次にスピンを導入し，近似法，散乱の理論が展開
される（第4〜8章）．必要な準備をした上で量子力学の
成立の大きな役割を果たした双極子放射の公式の証明を行
う（第9〜11章）．最後に量子コンピューティングについ
ての見解が示される（第12章）．全体として，理解のた
めの心配りが十分なされている．第3章や第4章では理
論の根拠として対称性が重視されている．第3章の最終
節には量子力学の解釈についての貴重なコメントがある．

　できるかぎり内容の把握につとめ，途中で中村孔一，中澤宣也，関野恭弘，進藤哲央，加藤潔，荒船次郎，黒田正明，細谷暁夫の方々に数々の貴重な御指摘と御助言をいただいた．御礼申し上げる．筑摩書房の海老原勇様，北村善洋様にはお世話になった．海老原勇様の数式の入力は英雄的である．

　ワインバーグ先生は現在の理論が不完全であってもどこかに完全な理論があって，現在の理論はその低エネルギーでの有効な理論だと考えておられた．本書は，将来にわたって量子力学講義の古典であり続けるであろう．多くのことを楽しく学ばせていただいたが，これを機会にもっと学ぼうと思う次第である．

　2021 年 10 月

　　　　　　　　　　　　　　　　　　　　岡村　　浩

索　引

本書は「ちくま学芸文庫」のために新たに訳出されたものである。

現代生物学では何が問題になるのか。20世紀生物学に多大な影響を与えた大家が、複雑な生命現象を理解するためのキー・ポイントを易しく解説。

おなじみ一刀斎の秘伝公開！　極限と連続に始まり、指数関数と三角関数を経て、偏微分方程式に至る。見晴らしのきく、読み切り22講義。

1次元線形代数から多次元へ、1変数の微積分から多変数へ。応用面を軸に異なる教育的重要性を見事に展開するユニークなベクトル解析のココロ。

数楽的センスの大饗宴！　読み巧者の数学者と数学ファンの画家が、とめどなく繰り広げる興趣つきぬ数学談義。
（河合雅雄・亀井哲治郎）

理工系大学生必須の線型代数を、その生態のイメージと意味のセンスをひとつにしつつ、基礎的な概念をひとつひとつユーモアを交え丁寧に説明する。

一刀斎の案内で数の世界を気ままに歩き、勝手に遊ぶ数学エッセイ。「微積分の七不思議」「数学の大いなる流れ」他三篇を増補。
（亀井哲治郎）

「数学のノーベル賞」とも称されるフィールズ賞。その誕生の歴史、および第一回から二〇〇六年までの歴代受賞者の業績を概説。

レヴィ=ストロースと群論？　ニーチェやオルテガの遠近法主義、ヘーゲルと解析学、孟子と関数概念……。数学的アプローチによる比較思想史。

熱の正体は？　その物理的特質とは？　『磁力と重力の発見』の著者による壮大な科学史。熱力学入門書としての評価も高い。全面改稿。

「自己相似」が織りなす複雑で美しい構造とは。その数理とフラクタル発見までの歴史を豊富な図版とともに紹介。

集合をめぐるパラドックス、ゲーデルの不完全性定理からファジィ論理、P＝NP問題などのより現代的な話題まで。大家による入門書。（田中一之）

『集合・位相入門』などの名教科書で知られる著者が、懇切丁寧な入門書。初等整数論を中心に、現代数学の一端に触れる。（荒井秀男）

自然現象や経済活動に頻繁に登場する超越数e。この数の出自と発展の歴史を描いた一冊。ニュートン、オイラー、ベルヌーイ等のエピソードも満載。

コンピュータ、量子論、ゲーム理論など数多くの分野で絶大な貢献を果たした巨人の足跡を辿り、「人類最高の知性」に迫る。ノイマン評伝の決定版。

オイラー、モンジュ、フーリエ、コーシーらは数学者であり、同時に工学の課題に方策を授けていた。「ものつくりの科学」の歴史をひもとく。

偏微分方程式などへの応用をもつ関数解析。バナッハ空間論からベクトル値関数、半群の話題まで、その基礎理論を過不足なく丁寧に解説。（新井仁之）

平面、球面、歪んだ空間、そして……。幾何学的世界像は今なお変化し続ける。『スタートレック』の脚本家が誘う三千年のタイムトラベルへようこそ。

科学の魅力とは何か？　創造とは、そして死とは？　老境を迎えた大物理学者との会話をもとに書かれた、珠玉のノンフィクション。（山本貴光）

物理学に生きて　W・ハイゼンベルクほか／青木薫訳

「わたしの物理学は……」ハイゼンベルク、ディラック、ウィグナー六人の巨人たちが、それぞれの歩んだ現代物理学の軌跡や展望を語る。

調査の科学　林知己夫

消費者の嗜好や政治意識を測定するとは？集団特性の数量的表現の解析手法を開発した社会調査の論理と方法の入門書。（吉野諒三）

インドの数学　林隆夫

ゼロの発明だけでなく、数表記法、平方根の近似公式、順列組み合せ等大きな足跡を残してきたインドの数学を古代から16世紀まで原典に則して辿る。（佐々木力）

幾何学基礎論　D・ヒルベルト／中村幸四郎訳

ユークリッド幾何学を根源まで遡り、斬新な観点から厳密に基礎づける。

素粒子と物理法則　Ｒ・Ｐ・ファインマン／Ｓ・ワインバーグ／小林徹郎訳

量子論と相対論を結びつけるディラックのテーマを根源づける記念碑的著作。現代物理学の本質を構成させる三重奏。

ゲームの理論と経済行動I（全3巻）　ノイマン／モルゲンシュテルン　銀林／橋本／宮本監訳　阿部／橋本訳

20世紀数学全般の公理化への出発点となったノーベル賞学者による追悼記念講演。現代数学の本質を構成させる三重奏。第I巻はゲーム理論の形式的記述とゼロ和2人ゲームについて。

ゲームの理論と経済行動II　ノイマン／モルゲンシュテルン　銀林／橋本／宮本監訳　銀林／橋本／下島訳

今やさまざまな分野への応用いちじるしい「ゲーム理論」の嚆矢とされる記念碑的著作。第I巻はゲームの形式的記述とゼロ和2人ゲームについて。

ゲームの理論と経済行動III　ノイマン／モルゲンシュテルン　銀林／橋本／宮本監訳　銀林／宮本訳

第I巻でのゼロ和2人ゲームの考察を踏まえ、第II巻ではプレイヤーが3人以上の場合のゼロ和ゲーム、およびゲームの合成分解について論じる。（中山幹夫）

計算機と脳　J・フォン・ノイマン　柴田裕之訳

第III巻では非ゼロ和ゲームにまで理論を拡張。これまでの数学的結果をもとにいよいよ経済学的解釈を試みる。全3巻完結。

脳の振る舞いを数学で記述することは可能か？現代のコンピュータの生みの親でもあるフォン・ノイマン最晩年の考察。新訳。（野﨑昭弘）

物のかぞえかた、勝負の確率といった身近な現象を解き明かす地球物理学の大家による数理エッセイ。後半に「微分方程式雑記帳」を収録する。

一般相対性理論の核心に最短距離で到達すべく、卓抜した数学的記述で簡明直截に書かれた天才ディラックによる数学入門書。詳細な解説を付す。

哲学のみならず数学においても不朽の功績を遺したデカルト。『方法序説』の本論として発表された『幾何学』、初の文庫化！（佐々木力）

変えても変わらない不変量とは？　そしてその意味や用途とは？　ガロア理論や結び目の現代数学に付けを試みた充実の訳者解説を付す。現代の視点から数学の基礎づける、上級の数学センスをさぐる7講義。

「数とは何かそして何であるべきか？」「連続性と無理数」の二論文を収録。現代の視点から数学の基礎付けを試みた充実の訳者解説を付す。新訳。

ビジネスにも有用な数学的思考法とは？　言葉を厳密に使う数学、「量を用いて考えるといったポイントからとことん丁寧に考えると分析的に解説する。

群・環・体など代数の基本概念の構造を、構造主義の歴史をおりまぜつつ、卓抜な比喩といねいな計算で解説していく抽象代数学入門。（銀林浩）

現代数学、恐るるに足らず！　学校数学より日常の感覚の中に集合や構造、関数や群、位相の考え方を探る大人のための入門書。（エッセイ　亀井哲治郎）

文字から文字式へ、そして方程式へ。巧みな例示と丁寧な叙述で「方程式とは何か」を説いた最晩年の名著。遠山数学の到達点がここに！（小林道正）

微積分の考え方は、日常生活のなかから自然に出てくるもの。∫や lim の記号を使わず、具体例に沿って説明した定評ある入門書。

算術は現代でいう数論。数の自明を疑わない明治の読者にその基礎を当時の最新学説で説く。「解析概論」の著者若き日の意欲作。

大数学者が軽妙洒脱に学生たちに数学を語る！ 三年ぶりに復刊された人柄のにじむ幻の同名エッセイ集を含む文庫オリジナル。（高瀬正仁）

青年ガウスは目覚めとともに正十七角形の作図法を思いついた。初等幾何に露頭した数論の一端！ 創造の世界の不思議に迫る原典講読第2弾。

詩人数学者と呼ばれ、数学の世界に日本的情緒を見事開花させた不世出の天才・岡潔。その人間形成と研究生活を克明に描く。誕生から研究の絶頂期へ。（田崎晴明）

ロゲルギストを主宰した研究者の物理的センスとは。力について、示量変数と示強変数、ルジャンドル変換、変分原理などの汎論四〇講。

科学とはどんなものか。ギリシャの力学から惑星の運動解明まで、理論変革の跡をひも解いた科学入門。三段階論で知られる著者の入門書。（上條隆志）

数感覚の芽生えから実数論・無限論の誕生まで、数万年にわたる人類と数の歴史を活写。アインシュタインも絶賛した数学読み物の古典的名著。

初学者を対象に基礎理論を学ぶとともに、重要な具体例を取り上げ、それぞれの方程式の解法と解について解説する。練習問題を付した定評ある教科書。

現代的な視点から、リー群を初めて大局的に論じた古典的名著作。著者の導いた諸定理はいまなお有用性を失わない。本邦初訳。（平井武）

現代数学は怖くない！「集合」「関数」「確率」などの基本概念をイメージ豊かに解説し現代数学の全体を見渡せる入門書。図版多数。

研究者になるってどういうこと？　現役で活躍する数学者が豊富な実体験を紹介。数学との付き合い方から「してはいけないこと」まで。（砂田利一）

なぜ金属製の重い機体が自由に空を飛べるのか？　その工学と技術のエッセンスを、リリエンタール、ライト兄弟などのエピソードをまじえ歴史的にひもとく。

「ものの集まり」という素朴な概念が生んだ奇妙な世界、集合論。部分集合・空集合などの基礎から、丁寧な叙述で連続体や順序数の深みへと誘う。

ラプラス流の古典確率論とボレル─コルモゴロフ流の現代確率論。両者の関係性を意識しつつ、確率の基礎概念と数理を多数の例とともに丁寧に解説。

ユークリッドの平面幾何を公理的に再構成するには？　現代数学の考え方に触れつつ、幾何学が持つ面白さも体感できるよう初学者への配慮溢れる一冊。

初学者には抽象的でとっつきにくい〈現代数学〉。「集合」「写像とグラフ」「群論」「数学的構造」といった基本的な概念を手掛かりに解説した入門書。

諸科学や諸技術の根幹を担う数学、また「論理的・体系的な思考」を培う数学。この数学とは何ものなのか？数学の思想と文化を究明する入門概説。

医学の歴史、ヒトの体と病気のしくみを概説。現代医療で見過ごされがちな「病人の存在」を見据えつつ、「医学とは何か」を考える。　（酒井忠昭）

厖大かつ精緻な文献調査にもとづく記念碑的著作。古代エジプト・バビロニアからギリシア・インド・アラビアへいたる歴史を概観する。図版多数。

商業や技術の一環としても発達した数学。下巻は対数・小数の発明、記号代数学の発展、非ユークリッド幾何学など。文庫化にあたり全面的に校訂。

複素数が織りなす、調和に満ちた美しい数の世界とは。微積分に関する基本事項から楕円関数の話題までがコンパクトに詰まった、定評ある入門書。（野﨑昭弘）

「神が作った」とも言われる整数。そこには単純に見えて、底知れぬ深い世界が広がっている。互除法、合同式からイデアルまで。

764は3で割り切れる。それを見分ける簡単な方法があるという。数の話に始まる物語ふうの小学校高学年むけの世評名高い算数学習書。（中村桂子）

科学的知のいびつさが露呈する現代。非線形科学の泰斗が従来の科学観を相対化し、全く新しい自然の見方を提唱する。文庫オリジナル。（板倉聖宣）

地球の生成と形成を探って岩山をよじ登り洞窟を降りなる詩人。鉱物・地質学的な考察と紀行から、新しいゲーテ像が浮かび上がる。文庫オリジナル。

座標は幾何と代数の世界をつなぐ重要な概念。数直線のおさらいから四次元の座標幾何までを、世界的数学者が丁寧に解説する。訳し下ろしの入門書。

ちくま学芸文庫

ワインバーグ量子力学講義 下

二〇二一年十二月十日　第一刷発行

著　者　S・ワインバーグ

訳　者　岡村　浩（おかむら・ひろし）

発行者　喜入冬子

発行所　株式会社　筑摩書房
　　　　東京都台東区蔵前二─五─三　〒一一一─八七五五
　　　　電話番号　〇三─五六八七─二六〇一（代表）

装幀者　安野光雅

印刷所　大日本法令印刷株式会社

製本所　加藤製本株式会社

乱丁・落丁本の場合は、送料小社負担でお取り替えいたします。
本書をコピー、スキャニング等の方法により無許諾で複製する
ことは、法令に規定された場合を除いて禁止されています。請
負業者等の第三者によるデジタル化は一切認められていません
ので、ご注意ください。